多金属氧酸盐修饰的贵金属纳米材料的制备及性质研究

谭荣欣　著

北　京
冶　金　工　业　出　版　社
2019

内 容 提 要

本书全面系统地介绍了利用多金属氧酸盐作还原剂、配位剂/包覆剂以及稳定剂合成贵金属纳米粒子的方法，包括 Au/Ag/Pd/Pt@ POM 四类纳米粒子的具体合成方法，同时还介绍了它们在相关领域的卓越性质。本书对多金属氧酸盐修饰的贵金属纳米材料的合成及性质研究具有指导意义。

本书既可作为综合性大学、高等师范院校化学类、近化学类等专业的本科生或研究生在多酸化学及纳米材料化学方面的选修教材，也可作为其他相关专业的教学参考用书以及相关领域科研工作者的参考用书。

图书在版编目(CIP)数据

多金属氧酸盐修饰的贵金属纳米材料的制备及性质研究/谭荣欣著.—北京：冶金工业出版社，2019.7

ISBN 978-7-5024-8166-7

Ⅰ.①多…　Ⅱ.①谭…　Ⅲ.①贵金属—纳米材料—研究　Ⅳ.①TB383

中国版本图书馆 CIP 数据核字(2019)第 144760 号

出 版 人　谭学余
地　　址　北京市东城区嵩祝院北巷 39 号　邮编　100009　电话　(010)64027926
网　　址　www.cnmip.com.cn　电子信箱　yjcbs@cnmip.com.cn
责任编辑　夏小雪　美术编辑　彭子赫　版式设计　孙跃红
责任校对　李　娜　责任印制　李玉山
ISBN 978-7-5024-8166-7
冶金工业出版社出版发行；各地新华书店经销；三河市双峰印刷装订有限公司印刷
2019 年 7 月第 1 版，2019 年 7 月第 1 次印刷
169mm×239mm；11 印张；211 千字；163 页
49.00 元

冶金工业出版社　投稿电话　(010)64027932　投稿信箱　tougao@cnmip.com.cn
冶金工业出版社营销中心　电话　(010)64044283　传真　(010)64027893
冶金工业出版社天猫旗舰店　yjgycbs.tmall.com
（本书如有印装质量问题，本社营销中心负责退换）

前　言

最近几年，利用多金属氧酸盐作还原剂、配位剂/包覆剂以及稳定剂所合成的贵金属纳米结构，因多金属氧酸盐与贵金属纳米粒子二者之间的协同作用可以产生诸如催化（包括光催化、电催化）、表面拉曼等性质增强效应而受到越来越多的关注。尤其是多金属氧酸盐的性质可调及其在贵金属表面的自组装能力令其对所合成的复合纳米材料在各个相关领域（光、电、磁、催化、医疗等）可能产生令人着迷的应用潜力，更是吸引着无数科研工作者的研究热情。各种相关的出版物、专利层出不穷，使得这一领域呈现蓬勃发展之势。在这个领域，人们所追求的目标是那些步骤简单、反应条件温和、绿色、环保、能合成性质卓越的贵金属纳米粒子的方法，其中，最适合用于这类方法的多金属氧酸盐是还原型、高负电荷的杂多阴离子，这些杂多阴离子可以同时充当还原剂、配位剂、稳定剂和光催化剂等多种角色。

本书共分十章，系统、详细地介绍了几种有代表性的多金属氧酸盐还原/包覆/修饰的贵金属纳米结构的合成，包括 Au/Ag/Pd/Pt@ POM 四类纳米粒子的具体合成方法，并同时介绍了它们在相关领域的卓越性质，对多金属氧酸盐修饰的贵金属纳米材料的合成及性质研究具有指导意义。本书既可作为综合性大学、高等师范院校化学类、近化学类等专业的本科生或研究生在多酸化学及纳米材料化学方面的选修教材，也可作为其他相关专业的教学参考书以及相关领域科研工作者的参考用书，满足了相关领域广大师生及科研工作者的参考需求。

本书的出版得到了黑龙江省教育厅备案项目（1351MSYYB005）和牡丹江师范学院省级重点创新预研项目（SY2014002）的支持。

限于本书作者学识有限，疏漏和不当之处在所难免，敬请广大读者批评指正。

著　者

2019 年 4 月

目　　录

1 绪　　论

随着科学技术的不断发展以及人们对自然界研究的不断深入，人们对自然界的认识现已从可以用肉眼观测到的宏观现象进入了以分子、原子为基础的微观世界的研究，甚至到了在两者之间存在着的、不同于以上两者的介观微纳米领域的研究。纳米是一个长度为十亿分之一米（即 10^{-9}m）的单位，简写为 nm。通常我们界定 1～100nm 之间的体系为纳米体系。由于其尺寸约等于或略大于分子的尺寸上限，能够体现出分子或原子间强相互作用，因此其表现出的性能均与常规物质有所差异，甚至发生质变[1]。

在过去的二十几年里，纳米科技已逐渐成为人们所认识的新兴领域并日益发展起来。纳米技术是在纳米水平上对原子或分子进行操作并控制材料的结构，从而研究和发现材料的新性质、开发其新功能的科学技术。纳米材料在磁学、光学、电学、催化以及医疗等各个领域所体现出来的优异性质具有其他材料不可替代的、无法超越的优越性。世界各国的前沿领域都注意到了纳米科技的先进性以及研发纳米材料的重要性。

在众多的纳米材料中，贵金属纳米材料无与伦比的优良性质使其在纳米材料领域中占据了不可取代的重要一席。

1.1 金纳米粒子简介

在科研领域中，金的研究已是一个古老的课题。人们对金的开采始于公元前 5000 年，大约在公元 4 世纪或 5 世纪，中国和埃及出现了溶液形态的金。古时候，材料在生态意义上的使用是出于艺术和治疗目的的。古罗马时期，胶体金纳米粒子被用来将玻璃涂成浓烈的火红色以及将陶器上色，这些方法直到今天也仍在使用。1856 年，英国的物理化学家 Michael Faraday 在炼丹术的启发下，首次合成了金溶胶。到中世纪时期，人们开始注意到金胶体对各种疾病有诊断及非常显著的治疗效果。1718 年，Hans、Heinrich 和 Helcher 完成了第一部完整的关于金胶体的著作，该著作阐明，可饮用的液体金煮沸后，其金的稳定性可明显提高[2]。Jeremias Benjamin Richters 于 1818 年解释了不同方法制备出的金呈现不同颜色的原因。1857 年，Faraday 用一种含磷的二硫化碳（一种两相体系）还原氯金酸水溶液来制备深红色胶体金获得成功。他研究了将胶体金干燥后制成的薄层的光学性质并发现薄层在机械压迫下颜色变化是可逆的[3]。1861 年，Graham 创造了术语“胶体”。各种制备金胶体的方法在20世纪被相继报道和总结，在过去的十几年里，尤其是在Brust和Schmid等人的突破性报道之后，关于胶体金的报道更是层出不穷[4~6]。特别近些年来，作为重要的贵金属纳米材料之一，金纳米粒子因其独特的结构，有趣的电学、光学、磁学、催化性质和良好的化学稳定性以及生物相容性，已成为一个研究最广泛、最热门的科研领域，并应用于纳米光子学[7~9]、纳米电子学[10,11]、传感器[12]、催化[13~15]、生物标记[15]以及构建二、三维新结构材料等诸多领域中。

1.1.1 金纳米粒子的结构

金纳米粒子（Au NPs）是一个双离子层结构，其最内层是一个基础金核（原子金Au），内层负离子（$AuCl^{2-}$）紧连在金核表面构成吸附层，H^+离子则分散在胶体间溶液中构成外层离子层（扩散层），进而维持金纳米粒子的稳定[16]。图1-1是金纳米粒子微观结构示意图[17]。

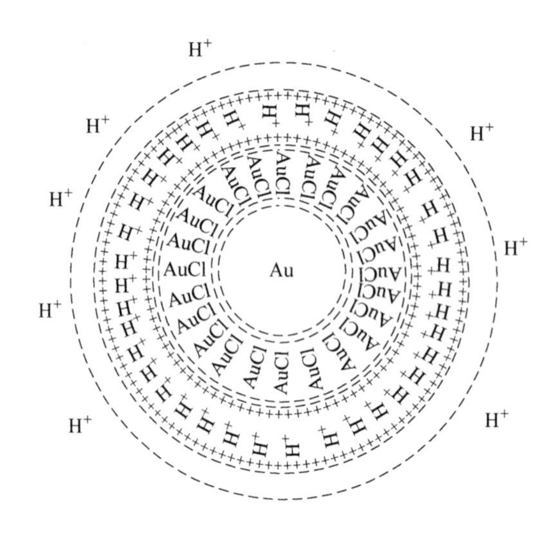

图1-1 金纳米粒子的微观结构图

金纳米粒子最内层的基础金核并不是理想的圆球形内核，较小的金纳米粒子基本上是圆球形的，较大的金纳米粒子（通常指25nm以上的）一般呈椭球形。金纳米粒子具有很高的电子密度，在电子显微镜下，金纳米粒子颗粒的形态能够很清楚地被观察到。图1-2是不同尺寸的金纳米粒子的透射电子显微镜（TEM）照片[18]。

不同尺寸的金纳米粒子会呈现相应的不同颜色，彭剑淳等人总结出金纳米粒子粒径（10~70nm）和最大吸收峰之间是呈线性关系的，其关系基本符合如下

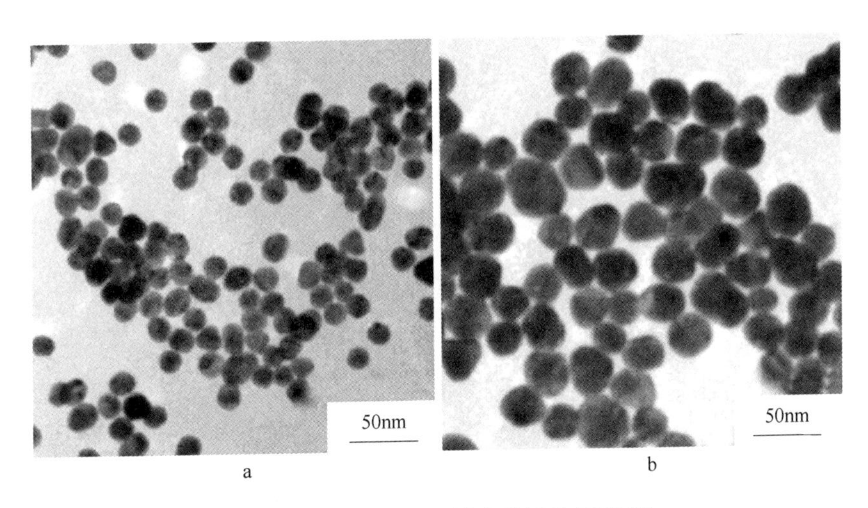

图 1-2 不同尺寸的金纳米粒子的 TEM 图

a—20nm(±10%); b—32nm(±12%)

线性回归方程:

$$Y = 0.4271X + 514.56$$

金粒子颗粒越均匀，其最大吸收峰主峰宽度越小；金粒子颗粒越不均匀，则其主峰宽度越大[19]。基于金表面原子导带 6*s* 电子云集体扰动的结果的影响，金纳米粒子的表面等离子共振谱带在 500～600nm 之间，其位置取决于金纳米粒子的粒径大小、形貌以及周围环境的温度和介电性质。

1.1.2 金纳米粒子的性质

1.1.2.1 光学性质

等离子体是指金属纳米材料中所有自由电子和正电骨架的集合作用。金属纳米粒子的等离子体通常富集在纳米粒子的表面，形成表面等离子体。当符合等离子体共振条件的入射光辐射到金纳米粒子时，纳米粒子的自由电子和正电骨架将产生集合振动，这会导致超强的吸收和散射，故而产生了金的超强消光系数，同时也会伴随着超强表面电磁场的产生，这种超强的表面电磁场导致了金纳米粒子具有表面增强拉曼（SERS）性质。到目前为止，各种不同形貌、不同尺寸的金纳米粒子的 SERS 活性已被大量的研究[20～28]。

当金纳米粒子的尺寸与价电子的德布罗意波长在同一数量级时，纳米粒子则表现出量子尺寸效应。金纳米粒子的表面等离子体共振（SPR）是由纳米粒子表面的来自 6*s* 导带的电子云的集体振动引起的，该过程与入射光的电磁场有着十分紧密的关系。当有电磁场作用时，金纳米粒子的电子云会发生位移，偏离电荷中心，产生振荡。当有光照射时，电磁场驱使金粒子中的电子在某一共振频率下共振，在此共振频率下，入射光被吸收（如图 1-3 所示）[29]。

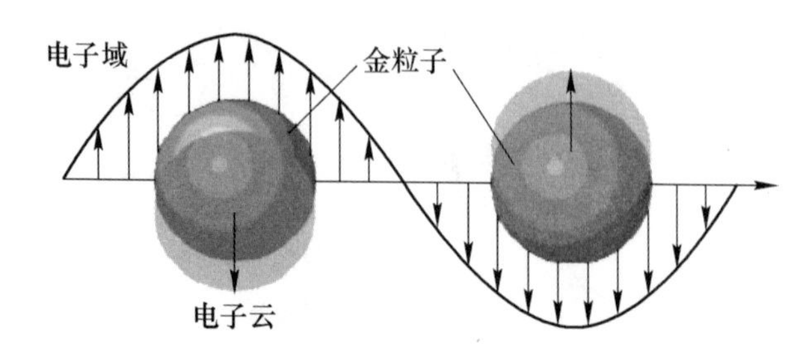

图 1-3　球体的等离子体振荡示意图（图中示出了传导电子电荷相对于核的位移）

金纳米粒子的 SPR 性质（峰强、峰位、峰宽等）受金粒子的尺寸、形貌、溶剂性质、表面配体以及粒子间距等多方面的影响。金纳米粒子水溶液的颜色则能反映其 SPR 峰的位置，酒红色代表纳米粒子的吸收带落在 520nm 左右的可见区[30,31]。基于金纳米粒子的 SPR 性质对于粒子尺寸、形貌的敏感性，常将该特性作为探针用于研究金纳米粒子的合成和机理。

1.1.2.2　催化性质

金纳米粒子具有很强的催化性能[32,33]。众所周知，纳米材料具有粒子尺寸小、比表面大、吸附能力强、化学反应活性高的特点。金纳米粒子在条件合适时，可以催化断裂氢—氢、碳—碳、碳—氢以及碳—氧等键，并且具有选择性强、使用方便、催化条件温和、可以直接投入液相体系使用、不易失活、催化效率高等一系列的优点。

1.1.2.3　其他性质

金纳米粒子有很强的导电性，可以被用于连接生物分子酶和电极，使二者之间的电子转移加快，得到性能优异的生物传感器[34~37]。

除此之外，在电化学敏感膜中，金纳米粒子还可用于提高电活性物质的氧化还原可逆性[38]。

1.1.3　金纳米粒子的制备方法

金纳米粒子有各种各样的制备方法，大致可以将其划分为两大类：物理方法和化学方法。相对来讲，物理方法对于粒子形貌的控制比较容易，但是对于设备和技术的要求比较高，通常要有特殊的设备，并且合成过程相对更复杂些，而化学方法却没有这几方面的缺点，所以更受人们的关注，其中氧化还原法更是倍受人们的青睐。氧化还原法的原理是利用金盐为起始原料，有目的地选择各种还原能力不同的还原剂来还原金盐，以控制金粒子在反应过程中的生长，使粒子维持一定的纳米尺寸。在氧化还原方法中，又可以按照金粒子的合成步骤将合成方法分为一步合成法及多步合成法（也就是种子生长法）。这两种方法相比，一步合成法制备金纳米粒子由于其在合成过程中操作简单而特别受到人们的喜爱。该方法最早始于 19 世纪，Faraday 等人在加热的 $HAuCl_4$ 溶液中用磷做还原剂，最终制得了金溶胶。自此以后，各种各样、各有优点的还原剂被不断的尝试用于合成金纳米粒子，其中，最常用的有 $NaBH_4$、柠檬酸钠、抗坏血酸等。

1.1.3.1 $NaBH_4$ 法

$NaBH_4$ 法是利用 $NaBH_4$ 的强还原性，在硫醇类配体的稳定作用下，还原 $HAuCl_4$ 来制备金纳米粒子，其特点是所制得的金粒子通常是小尺寸粒子[39~44]。

1.1.3.2 柠檬酸钠法

柠檬酸钠法是在煮沸的 $HAuCl_4$ 溶液中，注入柠檬酸钠溶液，利用柠檬酸钠的还原性将 $HAuCl_4$ 还原，制得 15~40nm 的金纳米粒子。在此过程中，柠檬酸钠同时起到了还原剂、稳定剂和 pH 调节剂三个角色的功能[45~60]。该方法的特点是，柠檬酸钠的配体作用较弱，同时又具有良好的生物相容性[61]，便于与其他功能性的配体或生物分子进行交换，使金纳米粒子在目标体系中使用起来更加方便。

1.1.3.3 抗坏血酸法

抗坏血酸法基于抗坏血酸分子内的烯二醇结构（如图 1-4 所示），使其具有较强的还原性，也被广泛用于还原金盐合成金纳米粒子。该方法的特点是抗坏血酸还原能力适中，可在室温条件下还原 $HAuCl_4$ 溶液，但由于其较弱的配体作用，合成过程中通常要加入其他稳定剂[62~64]。

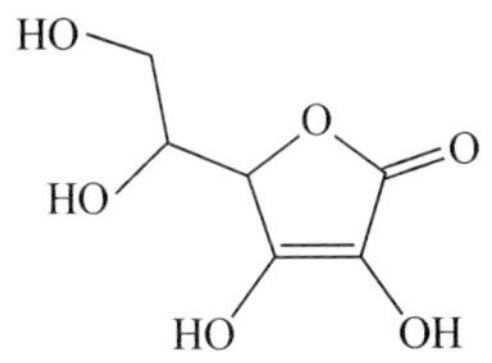

图 1-4 抗坏血酸的结构

1.2 银纳米粒子简介

银纳米粒子作为贵金属纳米粒子中的一种，有其自身独特的、无法替代的卓越性质，包括电子特性[65]、光学特性[66~70]、机械特性[71]和催化特性[72]以及良好的抗菌性[73~76]、生物兼容性和表面易修饰性。因此，银纳米粒子一直深受人们的关注。

1.2.1 银纳米粒子的制备方法

目前，银纳米子的制备方法有很多种，根据反应机理可将其分为：物理法、生物法和化学法。

1.2.1.1 物理法

（1）激光烧蚀法。激光烧蚀法是制备银纳米粒子的一门新兴技术，具有周期短、无外来杂质等优点，用激光烧蚀法制备出来的银纳米粒子纯净度更高，并且具有很好的表面增强拉曼散射活性[77]。

（2）真空冷凝法。真空冷凝法是在惰性气氛中或真空氛围中，用加热、激光或电弧高频感应等方法产生高温，使银原料气化或形成等离子体，然后骤冷使其凝结，从而得到纳米银粒子的方法。

（3）机械球磨法。机械球磨法是以粉碎与研磨操作为主体，通过改变外界物理条件得到银纳米粒子的纯元素、合金或复合材料。

1.2.1.2 生物法

利用自然界中微生物和天然有机材料制备银纳米粒子的方法称为生物法。采用生物法合成银纳米粒子耗能低并且环境友好，因此该法又被称为绿色合成法，已逐渐成为化学领域的重要研究方向。

1.2.1.3 化学法

（1）微乳液法。微乳液法是在加入表面活性剂的作用下，加入一种亲水和另一种亲油的物质，这两种物质在此条件下，相互作用形成乳液。在此乳液中，加入的银盐与还原剂发生化学反应，生成的颗粒在小液滴内，粒子在溶液中析出得到固体。该方法可以通过改变小液滴的尺寸而实现粒子尺寸的控制。由于此体系属于各向同性的热力学稳定体系，所以在此条件下制备的银纳米粒子不易发生团聚、形态尺寸比较好控制、界面性和稳定性好[78]。

（2）溶胶－凝胶法。溶胶－凝胶法包括化学和物理两个过程，是制备核－壳式纳米级金属粒子的一种方法。将少量的金属银化合物加入溶液中，搅拌混合均匀，形成黏度比较低的溶液，从而实现分子层次的混合；再向其中加入一些微量元素，形成溶胶；利用物理手段实现固化而形成凝胶；最后再经低温、干燥和热处理手段生成含有银纳米粒子的复合新材料。该方法中银纳米粒子的尺寸大小及其形貌调控可通过改变反应物初始溶液的浓度和后期热处理过程得以实现。

(3) 水热合成法。水热合成法就是令溶剂水处于高温高压的超临界状态，此时溶解在其中的物质的物理性能与化学反应性能都会发生较大的变化，其基本表现为物质在此溶剂水中的溶解度与温度呈现正比例依赖关系，很容易形成一定过饱和度的状态，从而使原本不溶解的物质出现分解的状况，生成原子或分子基元，成核再生长，再经分离和热处理即可得到纳米粒子。

(4) 还原法。银离子极易被还原，通常银离子是在很低浓度的银盐条件下，利用还原条件，并在表面活性剂保护的条件下制备出来的，其还原条件通常是化学试剂、光和电。

1) 光还原法：利用光照射银离子，反应体系中有机物产生的自由基使银离子被还原而生成银纳米粒子。

2) 电化学还原法：在电解液中，存在着稳定剂和高价态银离子，当电解液的电势达到一定值时，银离子被还原成银粒子，为了防止其出现团聚现象，稳定剂将其包覆保护起来，从而形成分散的银纳米粒子。

3) 化学还原法：一般是在液相条件下将银的前驱物充分溶解，再加入一定量的表面活性剂，在不同的反应条件下加入还原剂将溶液中的 Ag^+ 还原，制备出银纳米粒子。常用的还原剂有 $NaBH_4$[79,80]、乙二醇[81,82]、水合肼[83]、N，N－二甲基甲酰胺（DMF）[84]、乙醇、糖以及有机胺等。

在以上制备银纳米粒子的方法中，物理法能够避免在化学还原法中所避免不了的阴、阳离子等杂质的引入，能获得纯度更高的产品，但是采用该方法生产银纳米粒子具有产率低、设备昂贵并且生产成本高的缺点；采用化学法制备银纳米粒子具有尺寸范围广、反应条件简单和成本低等优点，因此化学法合成银纳米粒子受到众多研究者的青睐，但是此方法不仅涉及化学药品的毒性，需要在选材方面考虑对环境影响的问题，还会在过程中无可避免地容易引入杂质离子；生物学法合成银纳米粒子在环境友好型和生物相容性上具有一定的优越性，但如何控制稳定的银纳米粒子的尺寸、改善银纳米粒子的形貌、避免团聚和粒子均一性问题则是该方法领域一直需要解决的问题。

1.2.2 银纳米粒子的应用

银纳米材料因为具有很高的表面能和化学活性，从而在化工催化、生物医学、光学、超导材料等领域都有着广泛的应用。

1.2.2.1 催化方面的应用

银纳米粒子因其具有纳米级的小尺寸进而导致了其粒子比表面积大，因此粒子表面原子在所处的环境中具有很大的不饱和性。为了降低自身的能量稳定下来，银纳米粒子极其容易与其他原子或者分子相结合，利用这一点，银纳米粒子可以做很多反应的催化剂[85]。钱国铢等人[86]在对硝基苯甲酸的还原反应中以银溶胶做催化剂，向对硝基苯甲酸水溶液和硼氢化钠的混合溶液中，加入银溶胶，并且通过改变银溶胶的加入量来观测反应完全度。实验结果显示：对硝基苯甲酸的还原速率在加入纳米尺度的银粒子后明显增大，这是由于对硝基苯甲酸的硝基吸附在银纳米粒子表面使银纳米粒子的电荷发生转移，这个过程与溶液中的硼氢化钠向银离子提供的电荷达到一个平衡，从而加速了对硝基苯甲酸的还原速率。

1.2.2.2 生物医学方面的应用

银纳米粒子能够使细菌蛋白质发生不可恢复的变性效果，因而具有优异的抗菌活性[87,88]，其杀菌效果与普通的化学抗菌试剂相比，具有不容易产生耐药性、可以长久使用等优点，同时，银纳米粒子对不同菌种也都有着良好的抑制作用，能抑制烧伤、烫伤和创伤的表面常见的细菌、沙眼衣原体和引起性疾病的淋球菌，具有强大的杀菌能力[89]。基于此等优点，银纳米粒子已经被广泛应用于医疗器械、纺织行业[90]和环境污染治理等行业[91,92]，在这些领域中，最受研究者关注的，是银纳米粒子的抗病毒研究。

Kumar 等人[93]在研究银纳米粒子的抗乙肝病毒复制过程时，采用单分散银纳米粒子对抗 HBV 病毒，抑制效果表明，单分散银纳米粒子显著抑制了 HBV - DNA 的复制。Sun 等人[94]利用终端尿苷核苷酸标记法，检测银纳米粒子对感染 HIV 病毒的细胞活性的影响，研究结果表明，银纳米粒子能够抑制细胞进入复制期，从而使进入 HIV 的细胞死亡。最近，Chen 等人[95]发现银纳米粒子具有抗病毒活性，其抗病毒活性机理是由于它对细胞膜目标受体和 gp120 的相互作用可产生抑制作用，因此可抑制 HIV - 1，阻断细胞的感染，降低病毒对生物体的侵袭能力。

1.2.2.3 光学性能的应用

银纳米粒子因其独特的尺寸效应而具有多种独特的光学性能，并且被广泛利用，其中研究最广泛的就是银粒子的表面增强拉曼散射（SERS）效应。

入射光被认为是一种电磁波，这种电磁波引起了分子的极化，然后，诱导在入射光的光学频率波产生偶极子或散射光，导致分子振动的能量增减，这种现象称为拉曼散射效应。拉曼散射是一种非常低效的过程，每 10^{10} 弹性散射光子中大约有一个非弹性散射光子。非弹性散射光子被两位印度科学家 C. V. Raman 和 K. S. Krishnan 首次报道于 1928 年。

拉曼光谱具有丰富的光谱信息，并且能获得非透明的固体或溶液样品的光谱信息，因此，越来越多地被应用在材料表征和生物化学领域：显微拉曼技术的出现对一些材料具有高分辨率[96]；激光诱捕和拉曼显微镜结合能够空间定位研究化学组成和单个微米尺寸[97]或纳米体积[98]的反应。拉曼光谱已经成为基础研究分子结构、动力学、分析等方面强有力的工具。拉曼相关的几种技术发展，例如激发的激光光源，过滤器和光栅，探针基质，也推动了拉曼光谱的发展。

然而，由于拉曼效应低效，因此，对于痕量分析和荧光强的样品很难测定，而解决这一问题的办法之一就是利用表面增强拉曼散射（SERS）。SERS 效应是将分子吸附在具有纳米结构特点的贵金属表面，在电磁场的作用下，拉曼信号会成数量级增加。在纳米粒子粗糙表面上的 SERS 增强可达到 $10^{6\sim8}$[99,100]，甚至在特殊环境下可达到 10^{14} 倍[101,102]。目前，这样强大的增强效果机制仍然不清楚[103,104]，学术界普遍认为有两种增强机制：一是化学增强机制（CHEM），二是电磁场增强机制（EM）。

化学增强是由于晶体缺陷或金属表面的原子发生了电荷转移过程产生活性位点而导致的增强。化学增强机制用于解释原始电磁模型（约 10^4）和经验模型（约 10^6）之间的增强预测的差别。电极电势决定了最佳 SERS 激发频率，新跃迁的电子吸附在分析物表面引起拉曼散射的中间态共振[105]。目前，化学增强已得到广泛研究，如卤素离子增强 SERS[105,106]。然而，由于样品的化学环境受外部环境控制（生物媒介）或其他因素决定，目前对化学增强机制还很难进行解释。但是，电磁场增强对 SERS 起到主要贡献作用，通过改变基质材料和形貌是获得最佳拉曼增强的有效方法。随着实验科学和理论模型的进一步发展，SERS 已经可以做到更好的控制，对其机理的解释也将更进一步。

电磁场增强是由于等离子体激发提高了局域电场，放大了入射光和拉曼散射光的电场，尤其是当入射光与金属底物的等离子体发生共振时，局域电场微小的变化就能引起纳米材料表面吸附分子拉曼信号很大的增强。Ding 等人[107,108]在 1997 年就发现了单分子的 SERS，这个发现使得电磁场增强（EM）被重新审视、挖掘，重新研究。电磁场增强机制是通过放大具有粗糙表面纳米粒子的等离子体共振（LSPR）产生电磁场信号[103]。纳米粒子表面的结构以及结构相关的光学性质决定了电磁场增强的强弱。如避雷针效应就是利用纳米粒子的尖端或粒子间间隙处放大传入激发光子，斯托克斯光子转移，从而产生更强的电磁场增强[103,107,108]。因此，为了更有效地利用 SERS，必须控制纳米粒子的表面结构。对于银来说，当光子的能量超过于 3.9eV 时，必须要考虑带间跃迁的影响，这将会引起介电常数的虚部快速增大。对于金来说，带间跃迁阈值更低，大约为 2.2eV，这就使得金的 SERS 活性的激发光频率范围比银要窄得多，所以使用的激发光波长需要超过 600nm。受到纳米粒子表面粗糙与 SERS 机制的复杂性的影响，增强机制的量化分析也是非常复杂的，因此纳米粒子的尺寸、形貌等参数和相应的增强因子之间的关系很难通过实验判断。但是，伴随着计算机处理能力和基底合成技术的高速发展，研究者们已经实现了从理论计算中定量分析金属纳米材料表面的光学性质和材料表面结构以及表面增强因子的量化关系，这将大大地推动电磁场增强机制的快速发展。

时至今时，SERS 已经成为界面分析的理想工具，具有高特异性、分析物浓度微摩尔到皮摩尔敏感性和非标记信号传导性[109]等优点。另外，SERS 也被应用在了电极或胶体表面的吸附脱附、动力学研究[110]和使用脉冲激光激发探测振动弛豫、能量转移或表面电子动力学[111,112]等方面。最近研究发现，SERS 也可用于定量检测和生物分子分析[113,114]。

最近，Haynes 等人[115]根据砷离子不同价态的拉曼信号不同，采用不同形貌的银纳米粒子作为 SERS 基底材料，实现了对砷离子的不同价态的高灵敏度检测。Tian 研究组[116]利用壳层分离纳米粒子表面增强拉曼信号，检测酵母细胞和柑橘类水果上残留的杀虫剂，结果显示 SERS 应用在材料和生命科学中具有高灵敏性。SERS 也可以用于检测食品安全，药物和环境污染物。很多研究结果表明，SPR 信号与贵金属纳米粒子之间的耦合效应有关，而这种耦合效应主要取决于纳米粒子的表面结构。当采用银纳米线作为 SERS 基底材料时，银纳米线会随着电磁场方向的不同而表现出不同的增强效应。当入射电磁场与银纳米线的轴线垂直时，获得的增强效应最强[117]。

1.2.2.4　超导材料的应用

银纳米粒子具有优异的导电性能。研究表明，掺杂银纳米粒子的材料熔点会降低，这将导致材料电阻消失。据报道，将 70nm 的银粉做成轻烧结体加到制冷机材料中作热交换材料，可使其工作温度达到 0.003 ~ 0.01K[113]；把银纳米粒子做成导电油墨后，可以满足薄膜键盘与开关、电磁波屏蔽材料、电池测试器和 PBC 等印刷电子产品的需要。

1.3　其他贵金属纳米粒子简介

1.3.1　铂纳米粒子

铂纳米粒子由于具有高催化活性、高耐蚀性和特殊的电学性质，其在工业催化、燃料电池、化学传感器等各个领域的重要地位是无可替代的，同时也日益受到众多科学家的关注[118~120]。尤其在催化领域，小尺寸单分散的铂纳米粒子不仅能够大大提高催化剂的催化性能，而且也减能少铂的使用量，降低催化剂成本，这些都有利于铂催化剂的市场化。另外，尺寸和形貌可控的铂纳米粒子也是形成二维和三维纳米自组装结构的关键。因此，铂纳米粒子、纳米材料的相关研究具有非常重要的经济价值和实际意义。

制备铂纳米粒子的常用方法有模板法、化学还原法以及电化学合成法等。

1.3.1.1 模板法

模板，是用来构筑纳米材料形貌的建筑框架。模板介入反应体系后，纳米材料会选择在框架内生长，也可以以框架为基底，在该基底附近原位生长，该方法适用于合成纳米线、纳米棒和纳米管等。模板法选取的模板可以是由表面活性剂法在溶液体系构成的胶束，也可以是碳纳米管等固体材料。Teng 等人[121]采用一种新型的相转移剂作为软模板，将十二－三甲基溴化铵（12 - Trimethylammonium Bromide）加入 $Pt(acac)_2$ 与十八胺（amixture of octadecylamine）的混合溶液中，这些表面活性剂会吸附在铂离子的表面，这两种表面活性剂形成了表面胶束，当用硼氢化钠还原时，首先还原形成不稳定的细长结构，而表面胶束对其结构起到表面封端剂的作用，能够来控制合成一定长度和宽度的纳米线。

1.3.1.2 化学还原法

化学还原法的实质是通过控制还原纳米颗粒的还原过程，同时调控纳米颗粒的尺寸和形貌。化学反应还原法的影响因素有很多，根据这些影响因素，可以将化学还原法进行分类，如晶种法、化学沉淀法和超声波还原法等。对于晶种法，晶种是反应中的重要因素，需要先合成晶种，然后再选择强还原剂还原出金属原子（0 价），这些金属原子具有很高的能量，聚集后形成晶核。将已制备好的晶种添加至含此金属离子的溶液中或是含有另外不同种金属离子的溶液，再向溶液中添加还原性较弱的还原剂，晶种会吸引未被还原的金属离子聚集过来，这些聚集在晶种旁边的金属离子能被还原剂和晶种同时还原，能够避免二次成核，形貌较为可控。化学沉淀法，首先通过混合不同化学成分的物质，加入合适的沉淀剂后，得到纳米级的前驱体，再将得到的前驱体进行干燥和烧结，得到前驱体分解后的纳米级颗粒。王念榕等人[122]用 $TiCl_4$ 和 $MgCl_2$ 混合液作为原料液、NaOH 为沉淀剂，采用化学沉淀法制备出了纳米钛酸镁。

1.3.1.3 电化学合成方法

电化学合成方法的实质是有电场的作用，还原出的金属能够沉积在电极和电解质溶液的界面上。纳米粒子形貌的调控可以通过改变电流大小、电流方向、电流时间等影响电场作用的因素达到。Liu 等人[123]在 ITO 模板上采用电沉积法制备铂纳米颗粒，改变电流密度后，得到了不同形貌的铂纳米颗粒。电流密度为 $0.2mA/cm^2$ 时，铂纳米颗粒是较小的球形颗粒，随着电流密度的增大，铂纳米颗粒的形貌经历了更大的球形颗粒、花状、片状的形貌演变。

1.3.2 钯纳米粒子

和其他的贵金属纳米材料相同，钯纳米材料也拥有表面效应、量子尺寸效应、体积效应等性质，使其可以广泛应用于分析检测[124]、荧光探针[125]、超级电容器[126]、生物传感器[127]和催化[128]等方面。

值得一提的是，作为贵金属催化体系的一员，钯纳米粒子的催化活性仅次于现在商业上大范围使用的铂催化剂，并且由于钯在地球上的丰度远远大于铂，因此可以预见，在不久的将来，钯将会全面的替代铂，成为贵金属催化体系中的新贵。

钯的催化性质与铂类似，其电催化剂对甲醇氧化的活性几乎为零，氧还原反应在铂和钯电催化剂上均通过 4 电子途径进行，但重要的是，其储量是铂的 50 倍，价格仅为铂的 1/3。因此，钯被认为是替代铂催化剂降低成本的最优选择之一[129,130]。李音波等人[131]的研究结果表明，不同形貌的钯纳米粒子会表现出不同的催化活性，这一结果也说明了对催化剂形貌控制的重要性。

目前，钯纳米粒子的合成以及性质研究已取得了相当可观的进展。华南理工大学康雄武教授课题组，报道了一系列贵金属如钌、铂、钯等[132~134]，并采用有机小分子修饰贵金属纳米粒子，探究其表界面处化学键的形成以及对贵金属纳米粒子荧光性质的影响。图 1-5 所示为有机小分子修饰贵金属钯纳米粒子时，表界面处的配位情况。

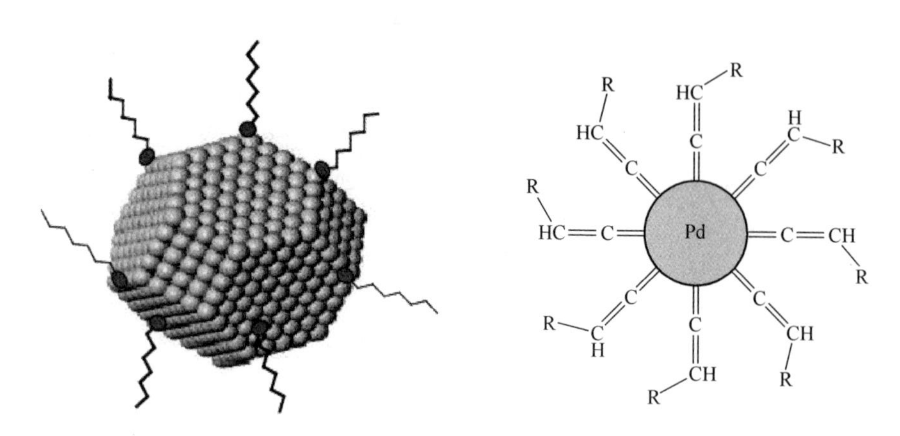

图 1-5　有机小分子修饰的钯纳米粒子的示意图

Ma[135]课题组将钯纳米粒子负载在 SnO_2 上，制成 Pd/SnO_2 的体系（样品的透射电镜图如图 1-6 所示），并将其应用在电解水产氧上获得了非常好的性能。

天津大学的范小斌课题组[136]将钯纳米粒子和石墨烯负载，成功的将钯纳米粒子均匀的分散在了石墨烯的表面（其透射电镜图如图 1-7 所示）并将其应用于 Suzuki 偶联反应，大大提高了反应的产率。

加州大学 He 课题组[137]采用有机小分子对钯纳米粒子进行修饰：首先将氯化钯溶于盐酸中制成氯钯的盐酸溶液，接着将硼氢化钠作为还原剂将钯离子还

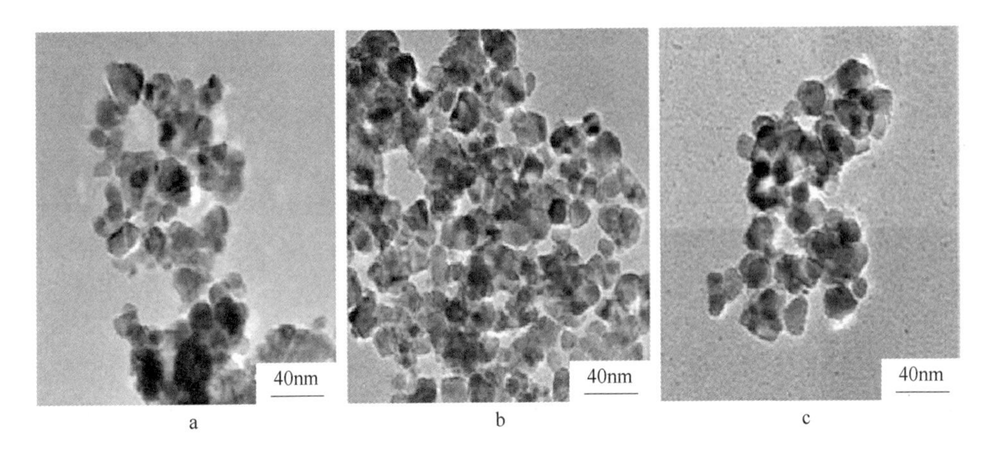

图 1-6 Pd@ SnO_2 的 TEM 图

a—SnO_2 的 TEM 图；b—0.7% 的 Pd - SnO_2；c—0.5% 的 Pd - SnO_2

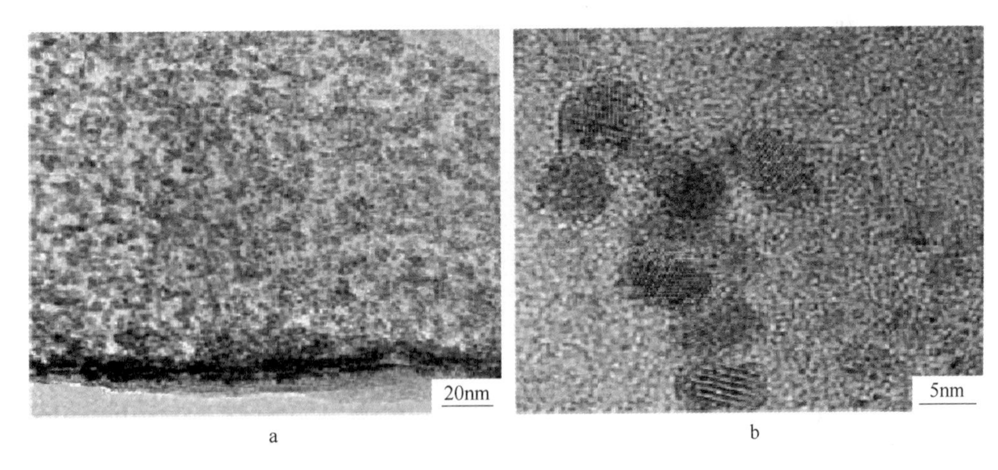

图 1-7 Pd - 石墨烯杂化物的 TEM 图像（a）和在石墨烯上均匀装饰的 Pd 纳米颗粒的相应 HRTEM 图像（b）

原，制备出钯纳米粒子，最后将有机小分子 1 - 辛炔加入，1 - 辛炔会吸附到钯纳米粒子表面，制成直径为 2.5nm 的钯 - 1 - 辛炔有机金属纳米粒子（其透射电镜图如图 1-8 所示）。研究发现，该方法制成的有机金属钯纳米材料对乙二醇的氧化有很好的催化效果。

日本科学家 Kohei Kusada[138] 利用钯和钌元素的氧化还原的能量不同，以氯化钯和氯化钌的水溶液为前驱体，三乙二醇作为还原剂，聚乙烯吡咯烷酮作为保护剂，成功的合成了原子尺寸上的钯钌合金固溶体（其结构示意图如图 1-9 所示），并将其应用在电催化一氧化碳氧化上，取得了非常好的效果。

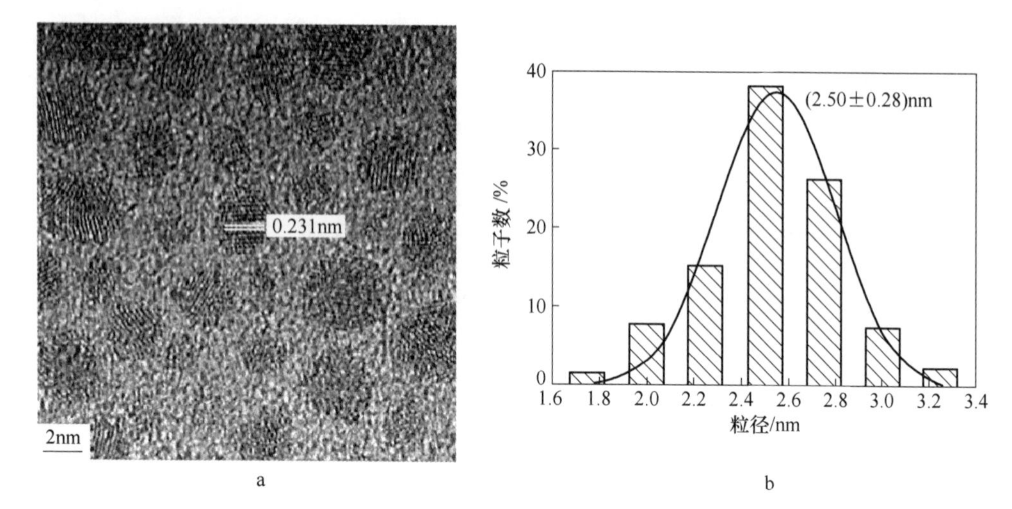

图 1-8　钯 – 1 – 辛炔的 TEM 图
a—钯 – 1 – 辛炔的 TEM 图；b—相应的尺寸直方图

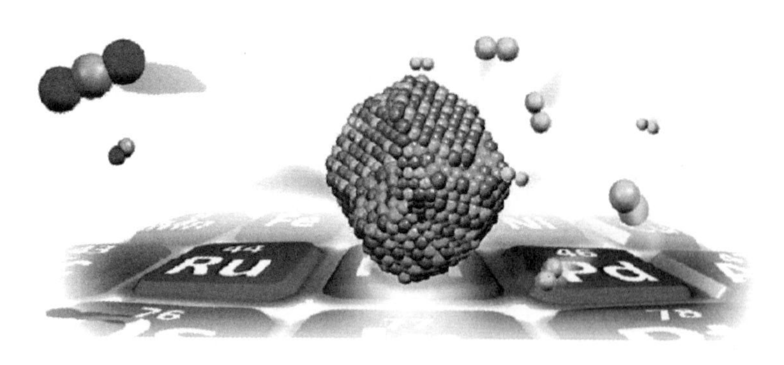

图 1-9　钯钌合金纳米粒子的混溶方案示意图

1.4　多金属氧酸盐简介

近些年来，随着纳米科技的发展以及各领域对可修饰的、功能性的纳米材料的急迫需求，贵金属纳米粒子的合成方法也在不继的改进，某些功能性的多金属氧酸盐也被尝试作为还原剂和稳定剂用于贵金属纳米粒子的制备并取得了可观的应用前景。

自 1826 年 J. Berzerius 成功合成首例多金属氧酸盐（$(NH_4)_3PMo_{12}O_{40} \cdot H_2O$ 后，200 多年来，多酸化学的发展无论是在理论方面还是在应用方面，都有突破性进展。尤其是近几十年来，多金属氧酸盐化学已逐渐地被更多的人熟悉并掀起了一场多金属氧酸盐的研究热潮，其研究领域、研究人员还有不断发展壮大的趋势。

1.4.1 多金属氧酸盐的形成

多金属氧酸盐（Polyoxometalate），简称多酸（POM），是一种大的过渡金属氧簇阴离子团，故人们也常将之称为金属－氧簇（Metal-Oxygen Clusters），是一种新颖的、有多种用途的、可修饰性强大的经典化合物[139]。

POM 按其组成成分的不同，可以分为两大类：同多金属氧酸盐（Isopolyanion）和杂多金属氧酸盐（Heteropolyanion）。同多金属氧酸盐由同种含氧酸盐缩合形成；杂多金属氧酸盐由不同种含氧酸盐缩合形成[139~143]。

目前所知，周期表中超过一半的元素都可以用为杂多化合物中的杂原子。由于杂多酸盐比同多酸盐数量更多、结构种类更丰富、电子性质更容易被修饰，同时其尺寸可调、氧化还原性质可逆，因此，杂多酸盐有着更广泛的应用，尤其是在修饰及催化方面，是一类无法超越的多变性分子。

杂多酸盐的形成是一个在水溶液中的自组装过程，其物种的形成依赖于溶液中存在的阴离子、抗衡阳离子及二者比例、离子强度、溶液酸碱度以及反应温度等因素。例如，Keggin 型钨磷酸盐 $PW_{12}O_{40}^{3-}$ 的形成，钨磷比是 1∶12，Well-Dawson 型钨磷酸盐 $P_2W_{18}O_{62}^{6-}$ 和 Preyssler 型钨磷酸盐 $P_5W_{30}O_{110}^{14-}$ 的形成，钨磷比则是 1∶6，三者的形成如下：

$$PO_4^{3-} + 12WO_4^{2-} + 24H^+ \longrightarrow [PW_{12}O_{40}]^{3-} + 12H_2O$$

$$2PO_4^{3-} + 18WO_4^{2-} + 36H^+ \longrightarrow [P_2W_{18}O_{62}]^{6-} + 18H_2O$$

$$5PO_4^{3-} + 30WO_4^{2-} + 60H^+ + Na^+ \longrightarrow [NaP_5W_{30}O_{110}]^{15-} + 30H_2O$$

可以形成杂多酸盐的金属仅限于那些有着合适的离子半径和离子电荷、易于组装的金属离子[144~148]。这一准则可以通过观察杂多酸盐中的金属离子和氧化物阴离子占据八面体空穴的密堆积排列而得到确认（如图 1-10 所示）。金属离子必须具备适当的尺寸以适应八面体空穴，再通过有着匹配电荷的氧化物阴离子的连接进而形成六配位的八面体构型。

多金属氧酸盐的基本构筑单元是 MO_6 八面体或 MO_4 四面体（M = V，Nb，Ta，Mo，W，…），POM 的结构就是通过这些八面体（或四面体）的连接而形成的（如图 1-11 所示）。在构筑多酸的八面体的众多连接方式中，共角连接和共边连接是其中两种最普遍的连接方式。在共角连接中，两个金属离子八面体仅通过共用一个氧原子连接；在共边连接中，两个金属离子八面体通过共用两个氧原子连接；另外，还有一些金属离子八面体则以共用三个氧原子的共面的方式连接。

1.4.2 多金属氧酸盐的发展

第一例 POM 的合成者是 J. Berzerius，他在 1826 年首先合成了钼磷酸盐 $(NH_4)_3PMo_{12}O_{40} \cdot H_2O$，但其结构并没有在当时被确认。

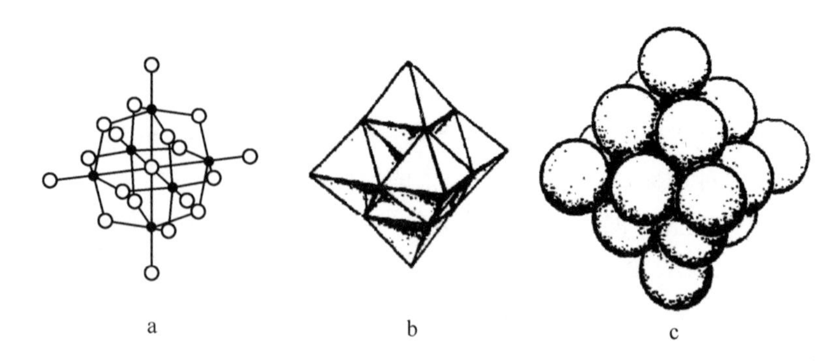

图 1-10　六金属氧簇 $M_6O_{19}^{n-}$ 的结构

a—球棍图（小阴影圆圈代表金属中心，大圆圈代表氧中心，线代表金属氧键）；b—多面体示意图（多面体表示：每个八面体代表一个金属离子配位六个氧离子，金属位于八面体的中心，氧离子位于八面体的顶点）；c—空间填充模型（阴影球表示氧原子，范德华半径为 0.14nm；氧形成三个立方密堆积层（ABC 方式），与球棍图相比，空间填充示意图的形式揭示了金属中心在氧原子之间的八面体空隙中的位置）

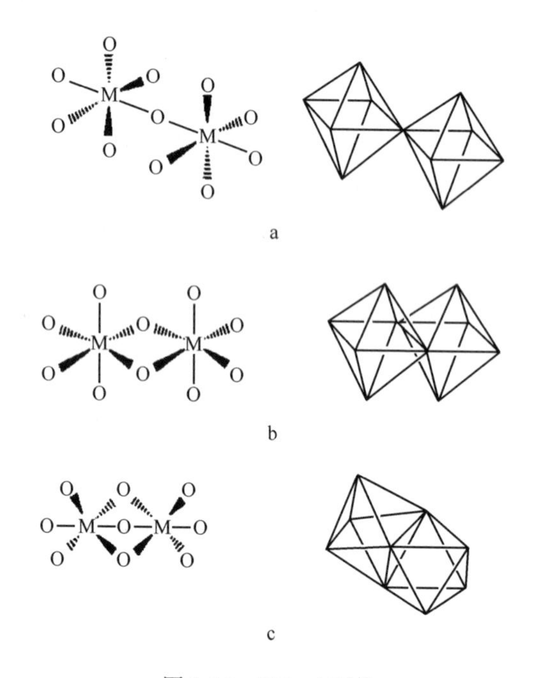

图 1-11　MO_6 八面体

a—共角连接形式（金属 - 金属距离 = 0.37nm）；b—共边连接形式（金属 - 金属距离 = 0.34nm）；c—共面连接形式

对杂多酸盐组成的确定始于 1864 年，由 C. Marignac 在合成了首例杂多钨硅酸盐后，通过化学分析的方法确认之后，1893 年，Werner 采用配位原理进行了实验证实，从而，为多酸化学的发展奠定了划时代的意义。

1908 年，A. Miolati 和 Rosenheim 在确定了杂多钼磷酸盐 $H_7P(Mo_2O_7)_6$ 的分子式后，提出了钼、钨系的杂多酸，中心离子是 MO_4^{2-}，而杂原子则是六配位的，进而否定了人们原来对多酸是复合氧化物组成的错误认知。

1929 年,Pauling 构建了 1∶12 系列饱和结构的 POM 的立体模型。在这个模型中,他提出了十二钨硅酸和十二钨磷酸的化学式应写成 $H_4[SiO_4W_{12}O_{18}(OH)_{36}]$ 和 $H_3[PO_4W_{12}O_{18}(OH)_{36}]$，并且这两类杂多酸盐的中心是 SiO_4 四面体或 PO_4 四面体（MO_4），12 个钨原子则以 WO_6 八面体的配位方式共角连接成笼状，将 MO_4 四面体关入其中心。但他只是提出了笼形结构的概念，并没有提出 12 个八面体每三个一组形成四组三金属氧簇的具体结构。直到 1933 年，英国的物理学家 J. F. Keggin 对 POM 笼形结构及三金属氧簇的进一步明确，也就是著名的 Keggin 结构的提出，从而开始了多酸化学史上的另一次划时代的篇章。

1937 年，J. A. Anderson 提出了一种 1∶6 系列的新型结构的杂多酸盐，之后被命名为 Anderson 结构，该结构的特点是 6 个 MO_6 八面体共处于同一个平面上，1 个八面体的杂原子被该 6 个 MO_6 八面体围绕在中心。直到 1948 年，具有 Anderson 结构的杂多酸盐 $[TeMo_6]O_{24}^{6-}$ 才被 Evans 首次报道。

2∶18 系列结构的杂多化合物由 Wells 于 1945 年提出，Dawson 于 1953 年用 X 射线证实，故称为 Wells-Dawson 结构。

多酸溶液化学的概念于 1956 年由 P. Souchay 和 J. Bye 共同提出。

1959 年,Baker 等人在用 X 射线技术测定一种十二钨钴酸盐 $K_5[Co^{3+}W_{12}O_{40}]\cdot20H_2O$ 的 O 原子的位置时，发现 POM 中 MO_6 八面体存在一定的扭曲，这个发现为之后解释多金属氧酸盐的特殊性质提供了依据。

20 世纪 50 ~ 60 年代，多酸溶液化学的主要贡献者有 Lindqvist、法国的 P. Souchay、斯特拉斯堡（Strasboarg）的 J. Bye、前苏联的 V. I. Spitsyn 以及美国的 L. C. W. Baker 等[149]。

在各领域科研者的不懈努力下，随着科技水平的不断提高，进入 20 世纪 70 年代后，多酸化学的发展全面开花，呈现繁荣景象。在此期间，由于电子计算机技术的迅速发展，与计算机关联的许多物理测试仪的速度、灵敏度和准确度均被大大提高，这无疑为多酸化学的发展提供了便捷之门，大大的加快了其发展速度。尤其四圆 X 射线衍射仪的普及，使多酸及其衍生物结构的确定再无障碍，大量结构新颖、功能多元、应用广泛的杂多化合物被合成、被确定。

这其中，多金属氧酸盐因其选择性好、腐蚀性小、催化活性高、反应条件温和而被作为催化剂的研究最引人关注，并且研究十分活跃。目前，全世界共有 5 个多酸研究中心，分别分布在美、中、法、日、俄五个国家。功能性多金属氧酸盐的合成、开发前景是促使多酸化学蓬勃发展的长足动力。

1.4.3 多金属氧酸盐的结构

目前为止，已确定的多金属氧酸盐及其衍生物的结构有上百种，其经典的代表结构共有 6 种，分别是 Keggin 结构、Dawson 结构、Anderson 结构、Waugh 结构、Silverton 结构和 Lindqvist 结构，在这 6 种结构中，最常见的当属 Keggin 结构（如图 1-12 所示）。

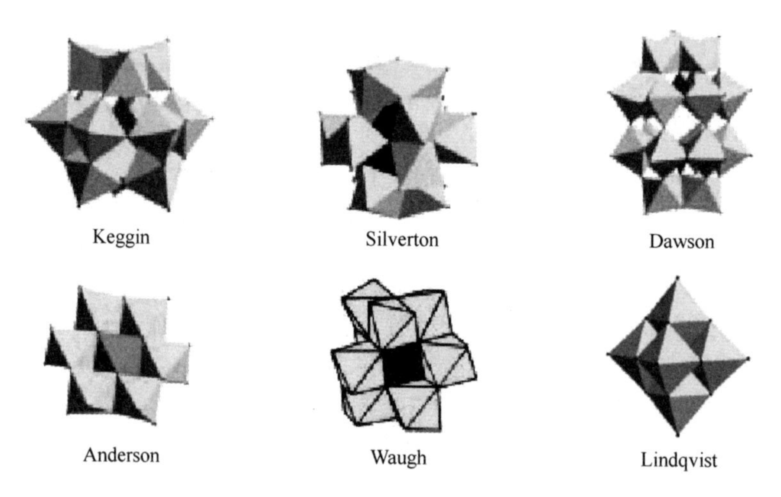

图 1-12　杂多阴离子的 6 种经典结构

1.4.3.1 Keggin 结构

Keggin 结构杂多阴离子为 1∶12 系列的饱和结构，其通式可写为 $[XM_{12}O_{40}]^{n-}$（X = P，Si，Ge，As，…；M = Mo，W），并且存在五种异构体，其中最常见的是 α－异构体。α－异构体呈 T_d 对称，有一个中心原子和十二个配原子。中心原子即杂原子，是一个 XO_4 的四面体簇，配原子则为 MO_6 八面体簇。十二个 MO_6 八面体每三个一组，形成四组 M_3O_{13} 三金属氧簇。四组 M_3O_{13} 三金属氧簇彼此间以及与 XO_4 中心体间共角连接，而每组 M_3O_{13} 三金属氧簇内部的每一个 MO_6 八面体间则共边连接，即十二个 MO_6 八面体围绕着一个中心原子四面体形成一个饱和的笼形结构。β－Keggin 结构杂多阴离子呈 C_{3v} 对称，可通过将 α－体中的一组 M_3O_{13} 三金属氧簇绕 C_3 轴旋转 60°获得。γ－异构体、δ－异构体和 ε－异构体可分别通过旋转 α－体中的两组、三组、四组 M_3O_{13} 三金属氧簇 60°获得（如图 1-13 所示）[150]。

1.4.3.2 Wells-Dawson 结构

Wells-Dawson 结构杂多阴离子为 2∶18 系列，其通式可写为 $[X_2M_{18}O_{62}]^{n-}$

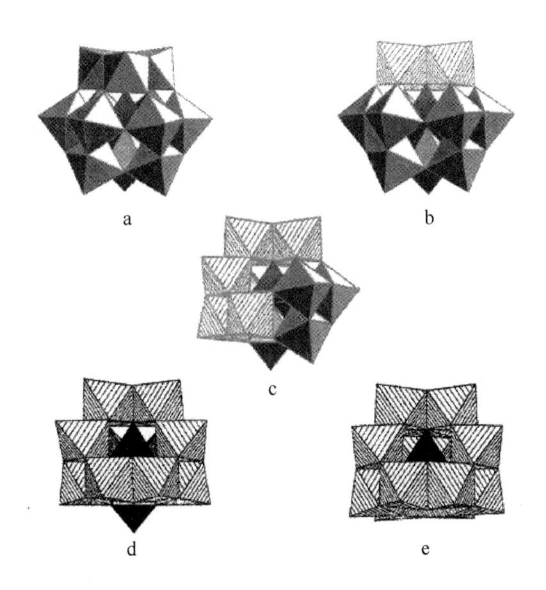

图 1-13　Keggin 结构的 5 种 Baker-Figgis 异构体
（条纹状的是相对于 α 异构体旋转 60°的 M_3O_{13} 单元）
a—α 异构体（T_d）；b—β 异构体（C_{3v}）；c—γ 异构体（C_{2v}）；d—δ 异构体（C_{3v}）；e—ε 异构体（T_d）

（X = P，Si，Ge，As，…；M = Mo，W），可以看成是 Keggin 结构的衍生物。该结构的 M_3O_{13} 三金属氧簇分为“极位”和“赤道位”两种。

1.4.3.3　Silverton 结构

Silverton 结构杂多阴离子是一类比较有特点的杂多阴离子，其通式可写为 $[XM_{12}O_{42}]^{n-}$。该类杂多阴离子有一个二十面体配位的高配位中心原子 XO_{12} 和十二个 MO_6 八面体。十二个 MO_6 八面体每两个共面相连，共形成六组共面体，这六组共面体又围绕着中心原子的 XO_{12} 二十面体共角相连，构成 Silverton 结构杂多阴离子，其中，每个 MO_6 八面体中的 M 原子都有两个顺式端基 O 原子[151]。

1.4.3.4　Anderson 结构

Anderson 结构杂多阴离子为 1∶6 系列，其通式可写为 $[H_x(XO_6)M_6O_{18}]^{n-}$（M = Mo 或 W，$x = 0 \sim 6$，$n = 2 \sim 6$）。金属原子和非金属原子都可以做 Anderson 结构的 X 杂原子。Anderson 结构有 α－和 β－两种异构体，二者均含有共边的八面体。

1.4.3.5　Waugh 结构

Waugh 结构杂多阴离子为 1∶9 系列，其通式可写为 $[X^{n+}M_9O_{32}]^{(10-n)-}$，杂

原子主要是 Mn^{IV} 和 Ni^{IV}。Waugh 结构杂多阴离子很少，其结构可以认为是从假想的 Anderson 物种中除去三个交替的 MO_6 八面体，并将三个八面体分别置于 XM_3 单元的下面所得到的 D_3 对称的结构。

1.4.3.6 Lindqvist 结构

Lindqvist 结构多阴离子是同多阴离子，其通式可写为 $[M_6O_{19}]^{n-}$（M = Mo, W, Nd, Ta）。Lindqvist 结构属于 O_h 对称，由六个 MO_6 八面体共边相连构成。

1.4.4 Keggin 型多金属氧酸盐的应用

多金属氧酸盐是一个应用范围极其广阔的物种，无论是对有机分子的选择性氧化，还是对各种病毒、肿瘤的抑制活性，POM 都能发挥其强大的作用[139]。作为无机金属氧簇的一个重要分支，POM 因其新颖的、多元化的、可调、可修饰的结构而成为构建具有光、电、磁、催化、医疗等新型功能材料的基础建筑单元。正是 POM 的这种强大的、可功能化的特性，使它受到了许多相关领域科研者的关注和重视，人们对 POM 化合物的研究也几乎涉及、涵盖了所有领域，包括功能材料领域[152~161]、催化领域[162~170]以及生物医学领域[171~179]，对多金属氧酸盐的合成也已由过去简单的定向合成发展到了目前有目的的分子剪裁和组装，研究对象也从对稳定态的多酸物种的合成、研究，进入了对亚稳态多酸物种和变价多酸物种及超分子化合物的合成、研究[141,180~187]。

多金属氧酸盐的应用有着其他化合物无可取代、无法超越的优点：(1) POM 在溶剂中可依然保持原来固态时的基本多酸骨架结构不变；(2) POM 种类繁多，有着丰富多样的不同电荷、不同尺寸、不同形状的多酸可供选择，这为实现分子设计和组装奠定了坚实的基础，使合成目标分子聚集体和目标功能性材料成为可能；(3) POM 可以作为电子受体，被还原在混合价态的杂多蓝，与有机 π 电子给体结合，形成无机 - 有机杂化簇。

人们早期对 POM 的研究仅仅是热衷于对新的 POM 物种的合成和表征，直到 20 世纪 60 年代，人们才逐渐对 POM 的性质和应用产生兴趣，从而开始了多酸应用的新纪元。自此以后，POM 因其优良的性质得到了各个领域广泛的应用，尤其是 Keggin 型杂多钨酸盐的多功能性、可修饰性和可调性，使得这一类化合物在医疗、磁学、催化及材料科学等领域展现了广阔的应用前景。这一类杂多酸盐的骨架由含 d^0 电子的 W^{VI} 原子键连接、配位到氧（O^{2-}）配原子上构成，因而这一类 POM 有一定的抗氧化能力，能够被用于各种均相、多相催化体系，这在催化中是极大的优势[165]。

1.4.4.1 Keggin 型杂多钨酸盐的催化

最先使用 Keggin 型杂多钨酸盐做催化剂的是 Hill 和 Khenkin 等人[188,189]。

他们发现四取代的 Keggin 型杂多酸 $[Fe_4(H_2O)_2(PW_9O_{34})_2]^{10-}$ 对烯环氧化反应具有很高的选择性，这是其他含铁的 POM 所不具备的。在同样的反应体系中，分别以三种不同的含铁杂多酸 $Fe^{II}PW_{11}O_{39}$、$[(Fe^{III})(SiW_9O_{37})]^{7-}$ 和 $[Fe_4(H_2O)_2(PW_9O_{34})_2]^{10-}$ 做催化剂，它们对己烯环氧化反应的选择性分别是 7%、49% 和 90%。由此可见，多铁夹心的杂多化合物对该反应的催化选择性更强。之后，Neumann 和 Gara 在 H_2O_2 氧化烯烃的环氧化反应中，使用了具有较高电荷的杂多钨酸盐 $[WZnMn_2^{II}(ZnW_9O_{34})_2]^{12-}$ 做催化剂，也同样取得了良好的催化效果。说明杂多化合物高的电荷对催化也有帮助。因此，高电荷的 Keggin 型夹心结构 POM 成为催化领域研究的热门话题，这一类杂多化合物被认为是最有希望的催化剂，它们在催化过程中表现出了许多其他化合物所不具备的优点：(1) 它们的 pH 稳定范围为 6～10；(2) 它们夹心位置的取代点可被多种其他过渡金属替换，如 Mn(Ⅱ、Ⅲ)、Fe(Ⅱ、Ⅲ)、Co(Ⅱ)、Ni(Ⅱ)、Cu(Ⅱ)、Zn(Ⅱ)、Pd(Ⅱ)、Pt(Ⅱ) 等，这为设计更新、更好、更高效的催化剂提供了机会；(3) 它们的元素组成可替换、溶解度可调整、氧化还原可逆、尺寸、电荷密度、形态等均是可调的，进而能满足各种不同反应对催化剂这些方面性质的要求；(4) 它们在有机氧化还原中的选择性、反应速率和催化活性都是非常高的；(5) 可循环使用的寿命长，可达上百甚至上千次。

1.4.4.2 Keggin 型杂多钨酸盐的药物化学

人们对多酸在药学上的应用研究最早开始于 1971 年，首先被发现的具有体内、体外抗病毒活性的 POM 是 Keggin 型 $[SiW_{12}O_{40}]^{4-}$、$[BW_{12}O_{40}]^{5-}$、$[P_2W_{18}O_{62}]^{6-}$、$[As_2W_{18}O_{62}]^{6-}$ 等杂多阴离子簇。20 世纪 80 年代中期，杂多钨锑酸盐 $(NH_4)_{17}Na[NaSb_9W_{21}O_{86}]$(HPA-23) 被发现可抑制艾滋病毒逆转录酶，并且实现了抗艾滋病药物的临床应用[190]，之后又发现 Keggin 型夹心杂多酸 $[(VO)_3(SbW_9O_{33})_2]^{12-}$ 对艾滋病毒 HIV-1 具有强有效的抑制能力[191,192]，除此之外，还有许多其他的 Keggin 型多金属氧酸盐均表现出了抗癌、抗病毒和抗肿瘤活性[193]。迄今为止，已被发现的具有各种抗癌、抗病毒、抗肿瘤活性的 POM 已有上百种，其在药学上的低毒性、高稳定性和高活性的特性，具有极其可观的应用价值和开发前景，引起了众多科研者的浓厚兴趣，包括化学、生物、医学等众多领域，自此，多酸药物化学也迅速发展起来。

多酸化合物应用于药学领域的主要优点是：(1) 其结构、组成、氧化还原电势、电荷密度、极性、酸度等性质可调，这对生物大分子靶的识别起着关键的作用；(2) 许多杂多阴离子可直接穿透细胞壁到达细胞膜；(3) 多酸分子骨架可设计再修饰，如其骨架上的一个或多个 d^0 过渡金属离子可以用 d 区或 p 区的其他金属离子替换，甚至可以直接在其骨架上修饰、连接与生理条件匹配的有机基团。

1.4.4.3 Keggin 型杂多钨酸盐的其他性质

Keggin 型夹心结构的多钨酸盐在磁学上表现出了良好的磁特性，具有极其重要的研究价值。具有磁性的夹心结构 POM 通常是由两个抗磁性的多聚阴离子簇（如 $[PW_9O_{34}]^{9-}$）夹心一个多核磁性带（如 Z_4O_{16}）构建而成[194~199]。

Keggin 型多金属氧酸盐具有良好的电子转移、电子贮存功能，利用这一特质，将此类 POM 用于修饰电极，可以得到性能稳定、易于修饰到电极表面的杂多酸功能材料，在电化学和电催化上有着广泛的应用前景[200]。

另外，过渡金属取代的 Keggin 型多钨酸盐具有导电性好、稳定性好、氧化还原可逆等优点，可以被用做电池的电解质，其特点是无污染、对环境友好，是绿色能源、电化学器件，具有极大的开发价值。

1.5 多金属氧酸盐修饰的贵金属纳米材料

迄今为止，合成金属纳米粒子的方法多种多样，使用的稳定剂也种类繁多[201~209]。多金属氧酸盐不同于其他的还原剂、稳定剂，其合成可在水溶液中完成，合成方法简单、反应条件温和、对设备无腐蚀、安全、可分离，对环境是绿色无害的，因此，POM 成为最有前途的绿色材料之一。不同于其他的稳定剂，POM 作为稳定剂，由于其自身也具备电催化、光催化、氧化还原等性质，因此可以使由其包覆的金属纳米粒子在这些方面的性质得到增强[210]，尤其是杂多酸包覆的贵金属纳米粒子，其对贵金属粒子的催化、表面拉曼散射等作用的增强效果十分显著[211~214]。

POM 所表现出来的许多性质，使 POM 作为还原剂、稳定剂、光催化剂用来合成贵金属纳米粒子有许多的优势：(1) 合成步骤少、合成方法简单；(2) 水溶液中的溶解度大，同时又可以采用适当的反核阳离子合成在非水溶剂中也易溶的相应化合物，这是其他化学试剂难以做到的；(3) 氧化和还原形式都可以稳定地存在于一个较大的 pH 值范围内；(4) 其电势可以细微的调整，以匹配金属阳离子的还原；(5) 可以同时做还原剂、稳定剂和光催化剂[139,215~217]；(6) 得到的纳米粒子可以通过外面包覆的 POM 的强大配位能力进行再修饰，配位、连接其他功能分子以获得新型功能材料。

因此，使用 POM 合成新型功能性纳米粒子并研究其应用，渐渐吸引了人们的视线，成为人们研究的热点。

时至今日，人们在调控金属纳米粒子的尺寸和形貌上做了许多努力，尝试了许多不同的还原剂、稳定剂，以调整其光、电、催化以及医疗性质。

不同于其他的还原剂、稳定剂，多金属氧酸盐在合成金属纳米粒子时，可以同时扮演多种角色，既能做还原剂，又能做稳定剂、配位剂以及光催化剂，合成纳米粒子的过程简单、方便。同时，多金属氧酸盐还有许多其他方面无以匹敌的优秀性质，如结构稳定，在较宽的 pH 范围内可依然保持结构不变，具有氧化还原可逆性，负电荷高，空间位阻大，配位能力强，具有强大的可再修饰能力，是合成新型功能材料理想的选择。多金属氧酸盐自身也在光、电、磁、催化、医疗等方面表现出了极易吸引人的优越性。

因此，将贵金属纳米粒子与多金属氧酸盐结合，制备出多金属氧酸盐包覆的贵金属纳米粒子，将有望通过二者的协同、增强作用，得到性质优越的、有特殊功能的新型材料。

参考文献

[1] 方云，杨澄宇，陈明清，等．纳米技术与纳米材料（Ⅰ）- 纳米技术与纳米材料简介[J]. 日用化学工业，2003，33（1）：55～59.

[2] Helcher H H. Aurum Potabile oder Gold Tinstur [J]. Herbord Klossen: Breslau and Leipzig, 1718.

[3] Faraday M. Experimental Relations of Gold (and Other Metals) to Light [J]. Philos. Trans, 1857, 147: 145～181.

[4] Schmid G, Chi L F. Metal Clusters and Colloids [J]. Advanced Materials, 1998, 10: 515～527.

[5] Bethell D, Brust M, Schiffrin D J, et al. From Monolayers to Nanostructured Materials: An Organic Chemist's View of Self-Assembly [J]. Journal of Electroanalytical Chemistry, 1996, 409: 137～143.

[6] Brust M, Kiely C. Some Recent Advances in Nanostructure Preparation from Gold and Silver: A Short Topical Review [J]. Colloids Surface A: Physicochemisty Engineering Aspects, 2002, 202: 175～186.

[7] Creighton J A, Eadon D G. Ultraviolet-visible absorption spectra of the colloidal metallic elements [J]. J. Chem. Soc., Faraday Trans., 1991, 87: 3881～3891.

[8] Dirix Y, Bastiaansen C, Smith P, et al. Oriented Pearl-Necklace Arrays of Metallic Nanoparticles in Polymers: A New Route Toward Polarization-Dependent Color Filters [J]. Adv. Mater., 1999, 11: 223～227.

[9] Hu M, Chen J Y, Xia Y N, et al. Gold nanostructures: engineering their plasmonic properties for biomedical applicat [J]. Chem. Soc. Rev., 2006, 35: 1084～1094.

[10] Hussain I, Graham S, Brust M, et al. Size-Controlled Synthesis of Near-Monodisperse Gold Nanoparticles in the 1～4 nm Range Using Polymeric Stabilizers [J]. J. Am. Chem. Soc., 2005, 127: 16398～16399.

[11] Templeton A C, Chen S, Murray R W, et al. Water-Soluble, Isolable Gold Clusters Protected by Tiopronin and Coenzyme A Monolayers [J]. Langmuir, 1999, 15: 66～76.

[12] Mohamed M B, Volkov V, El-sayed M A, et al. The 'lightning' gold nanorods: fluorescence enhancement of over a million compared to the gold metal [J]. Chem. Phys. Lett., 2000, 317: 517 ~ 523.

[13] Van Der Zande B M I, Bohmer M R, Fokkink L G J, et al. Aqueous Gold Sols of Rod-Shaped Particles [J]. J. Phys. Chem. B, 1997, 101: 852 ~ 854.

[14] Link S, Mohamed M B, El-sayed M A. Simulation of the Optical Absorption Spectra of Gold Nanorods as A Function of Their Aspect Ratio and the Effect of the Medium Dielectric Constant [J]. J. Phys. Chem. B, 1999, 103: 3073 ~ 3077.

[15] Lind S, El-sayed M A. Spectral Properties and Relaxation Dynamics of Surface Plasmon Electronic Oscillations in Gold and Silver Nanodots and Nanorods [J]. J. Phys. Chem. B, 1999, 103: 8410 ~ 8426.

[16] Leontidis E, Kleitou K, Lianos P, et al. Gold Colloids from Cationic Surfactant Solutions. 1. Mechanisms That Control Particle Morphology [J]. Langmuir, 2002, 18: 3659 ~ 3668.

[17] M A Hayat. Hayat, Colloidal Gold: Principles, Methods and Applications [J]. Academic Press, San Diego, Toronto, 1989.

[18] 吴维明，等. 纳米金在生物检测中的应用 [J]. 国外医学生物医学工程分册，2003，26 (5): 193 ~ 197.

[19] 纪小会. 胶体纳米晶的水相合成与室温表面配体化学 [D]. 长春：吉林大学，2001.

[20] 彭剑淳，等. 可见光光谱法评价胶体金粒径及分布 [J]. 军事医学学院院刊，2000，24 (3): 211 ~ 212.

[21] Michaels A M, Jiang J, Brus L. Ag nanocrystal junctions as the site for surface-enhanced raman scattering of single rhodamine 6G molecules [J]. Journal of Physical Chemistry B, 2000, 104 (50): 11965 ~ 11971.

[22] Itoh K, Nishizawa T, Yamagata J, et al. Raman microspectroscopic study on polymerization and degradation processes of a diacetylene derivative at surface enhanced raman scattering active substrates. 1. Reaction kinetics [J]. Journal of Physical Chemistry B, 2005, 109 (1): 264 ~ 270.

[23] Orendorff C J, Gole A, Sau T K, et al. Surface-enhanced raman spectroscopy of self-assembled monolayers: Sandwich architecture and nanoparticle shape dependence [J]. Analytical Chemistry, 2005, 77 (10): 3261 ~ 3266.

[24] Anderson D J, Moskovits M. A SERS-active system based on silver nanoparticles tethered to a deposited silver film [J]. Journal of Physical Chemistry B, 2006, 110 (28): 13722 ~ 13727.

[25] Zhao L L, Jensen L, Schatz G C. Surface-enhanced Raman scattering of pyrazine at the junction between two Ag-20 nanoclusters [J]. Nano Letters, 2006, 6 (6): 1229 ~ 1234.

[26] Dieringer J A, Lettan R B, Scheidt K A, et al. A frequency domain existence proof of single-molecule surface-enhanced Raman spectroscopy [J]. Journal of the American Chemical Society, 2007, 129 (51): 16249 ~ 16256.

[27] Olson T Y, Schwartzberg A M, Orme C A, et al. Hollow gold-silver double-shell nanospheres: Structure, optical absorption, and surface-enhanced raman scattering [J]. Journal of Physical

Chemistry C, 2008, 112 (16): 6319 ~ 6329.

[28] Camden J P, Dieringer J A, Wang Y M, et al. Probing the structure of single-molecule surface-enhanced raman scattering hot spots [J]. Journal of the American Chemical Society, 2008, 130 (38): 12616 ~ 12617.

[29] Vlckova B, Moskovits M, Pavel I, et al. Single-molecule surface-enhanced raman spectroscopy from a molecularly-bridged silver nanoparticle dimer [J]. Chemical Physics Letters, 2008, 455 (4 ~ 6): 131 ~ 134.

[30] Kelly K L, Coronado E, Zhao L L, et al. The optical properties of metal nanoparticles: The influence of size, shape, and dielectric environment [J]. Journal of Physical Chemistry B, 2003, 107 (3): 668 ~ 677.

[31] Matijevic E. Controlled colloid formation [J]. Colloid Interface Science, 1996, 1: 176 ~ 180.

[32] Lewis L N. Chemical catalysis by colloids and clusters [J]. Chemical Reviews, 1993, 93: 2693 ~ 2730.

[33] Xiong Y J, Wiley B, Xia Y N. Nanocrystals with unconventional shapes—A class of promising catalysts [J]. Angewandte Chemie-International Edition, 2007, 46 (38): 7157 ~ 7159.

[34] Xiao Y, Patolsky F, Katz E, et al. "Plugging into enzymes": Nanowiring of redox enzymes by a gold nanoparticle [J]. Science, 2003, 299: 1877 ~ 1881.

[35] Patolsky F, Weizmann Y, Willner I. Long-range electrical contacting of redox enzymes by Swcnt connectors [J]. Angewandte Chemie-International Edition, 2004, 43 (16): 2113 ~ 2117.

[36] Zhao W, Xu J J, Chen H Y. Extended-range glucose biosensor via layer-by-layer assembly incorporating gold nanoparticles [J]. Frontiers in Bioscience, 2005, 10: 1060 ~ 1069.

[37] Zhao J, Zhu X L, Lib T, et al. Self-assembled multilayer of gold nanoparticles for amplified electrochemical detection of cytochrome c [J]. Analyst, 2008, 133 (9): 1242 ~ 1245.

[38] Pandey P C, Upadhyay S. Bioelectrochemistry of glucose oxidase immobilized on ferrocene encapsulated ormosil modified electrode [J]. Sensors and Actuators B-Chemical, 2001, 76 (1 ~ 3): 193 ~ 198.

[39] Brust M, Walker A, Bethell D. Synthesis of thiol derivatised gold nanoparticles in a two-phase liquid-liquid system [J]. Chem. Soc. Chem. Commun., 1994, 994: 801.

[40] Wang S, Li Y L, Du C M, et al. Self-organization of gold nanoparticles protected by 9-(5-thiopentyl)-carbazole [J]. Chinese Chemical Letters, 2001, 12 (12): 1141 ~ 1144.

[41] Yonezawa T, Onoue S, Kimizuka N. Formation of uniform fluorinated gold nanoparticles and their highly ordered hexagonally packed monolayer [J]. Langmuir, 2001, 17 (8): 2291 ~ 2293.

[42] Yonezawa T, Yasui K, Kimizuka N. Controlled formation of smaller gold nanoparticles by the use of four-chained disulfide stabilizer [J]. Langmuir, 2001, 17 (2): 271 ~ 273.

[43] Kwon K, Lee K Y, Kim M, et al. High-yield synthesis of monodisperse polyhedral gold nanoparticles with controllable size and their surface-enhanced-raman scattering activity [J]. Chemical Physics Letters, 2006, 432 (1 ~ 3): 209 ~ 212.

[44] He P, Zhu X Y. Phospholipid-assisted synthesis of size-controlled gold nanoparticles [J]. Ma-

terials Research Bulletin, 2007, 42 (7): 1310 ~ 1315.

[45] Caswell K K, Bender C M, Murphy C J. Seedless, surfactantless wet chemical synthesis of silver nanowires [J]. Nano Letters, 2003, 3 (5): 667 ~ 669.

[46] Zhu H F, Tao C, Zheng S P, et al. One step synthesis and phase transition of phospholipid-modified Au particles into toluene [J]. Colloids and Surfaces A-Physicochemical and Engineering Aspects, 2005, 257: 411 ~ 414.

[47] Mpourmpakis G, Vlachos D G. Insights into the early stages of metal nanoparticle formation via first-principle calculations: the roles of citrate and water [J]. Langmuir, 2008, 24 (14): 7465 ~ 7473.

[48] Philip D. Synthesis and spectroscopic characterization of gold nanoparticles [J]. Spectrochimica Acta Part A-Molecular and Biomolecular Spectroscopy, 2008, 71 (1): 80 ~ 85.

[49] Tabrizi A, Ayhan F, Ayhan H. Gold Nanoparticle Synthesis and Characterisation [J]. Hacettepe Journal of Biology and Chemistry, 2009, 37 (3): 217 ~ 226.

[50] Turkevich J, Hillier J, Stevenson P C. A study of the nucleation and growth processes in the synthesis of colloidal gold [J]. Discuss. Faraday Soc., 1951, 11: 55 ~ 75.

[51] Frens G. Controlled nucleation for the regulation of the particle size in monodisperse gold suspensions [J]. Nature (London), Physical Science, 1973, 241 (105): 20 ~ 22.

[52] Chow M K, Zukoski C F. Sol formation mechanisms: role of colloidal stability [J]. Journal of Colloid and Interface Science, 1994, 165 (1): 97 ~ 109.

[53] Henglein A, Giersig M. Formation of colloidal silver nanoparticles: Capping action of citrate [J]. Journal of Physical Chemistry B, 1999, 103 (44): 9533 ~ 9539.

[54] Teranishi T, Hosoe M, Tanaka T, et al. Size control of monodispersed Pt nanoparticles and their 2D organization by electrophoretic deposition [J]. Journal of Physical Chemistry B, 1999, 103 (19): 3818 ~ 3827.

[55] Pei L H, Mori K, Adachi M. Formation process of two-dimensional networked gold nanowires by citrate reduction of $AuCl_4^-$ and the shape stabilization [J]. Langmuir, 2004, 20 (18): 7837 ~ 7843.

[56] Kimling J, Maier M, Okenve B, et al. Turkevich method for gold nanoparticle synthesis revisited [J]. Journal of Physical Chemistry B, 2006, 110 (32): 15700 ~ 15707.

[57] Pong B K, Elim H I, Chong J X, et al. New insights on the nanoparticle growth mechanism in the citrate reduction of Gold (Ⅲ) salt: Formation of the au nanowire intermediate and its nonlinear optical properties [J]. Journal of Physical Chemistry C, 2007, 111 (17): 6281 ~ 6287.

[58] Xiong Y J, Cai H G, Wiley B J, et al. Synthesis and mechanistic study of palladium nanobars and nanorods [J]. Journal of the American Chemical Society, 2007, 129 (12): 3665 ~ 3675.

[59] Polte J, Ahner T T, Delissen F, et al. Mechanism of Gold Nanoparticle Formation in the Classical Citrate Synthesis Method Derived from Coupled in Situ Xanes and Saxs Evaluation [J]. Journal of the American Chemical Society, 2010, 132 (4): 1296 ~ 1301.

[60] Eliyahu S, Vaskevich A, Rubinstein I. On the Formation Mechanism of Metal Nanoparticle Nanotubes [J]. Thin Solid Films, 2010, 518 (6): 1661 ~ 1666.

[61] Ji X H, Song X N, Li J, et al. Size control of gold nanocrystals in citrate reduction: The third role of citrate [J]. Journal of the American Chemical Society, 2007, 129 (45): 13939 ~ 13948.

[62] Fu Y, Du Y, Yang P, et al. Shape-controlled synthesis of highly monodisperse and small size gold nanoparticles [J]. Sci. China Ser. B, 2007, 50: 494 ~ 500.

[63] Lee J H, Kamada K, Enomoto N, et al. Morphology-selective synthesis of polyhedral gold nanoparticles: What factors control the size and morphologh of gold nanoparticles in a wet-chemical process [J]. J. Colloid Interf. Sci, 2007, 316: 887 ~ 892.

[64] Kuo C H, Huang M H. Synthesis of branched gold nanocrystals by a seeding growth approach [J]. Langmuir, 2005, 21: 2012 ~ 2016.

[65] Li Y N, Wu Y L, Ong B S. Facile synthesis of silver nanoparticles useful for fabrication of high conductivity elements for printed electronics [J]. Am. Chem. Soc, 2005, 127 (10): 3266 ~ 3267.

[66] Sun X, Dong S, Wang E. One-Step Preparation and Characterization of Poly (propyleneimine) Dendrimer-Protected Silver Nanoclusters [J]. Macromolecules, 2004, 37 (19): 7105 ~ 7108.

[67] Hu J W, Han G B, Ren B, et al. Theoretical consideration on preparing silver particle films by adsorbing nanoparticles from bulk colloids to an air-water interface [J]. Langmuir the Acs Journal of Surfaces & Colloids, 2004, 20 (20): 8831 ~ 8838.

[68] 王悦辉, 周济, 王婷. 纳米银与表面吸附荧光素的荧光性能的影响 [J]. 光谱学与光谱分析, 2007, 8: 1555 ~ 1559.

[69] Kawasaki M, Mine S. Enhanced Molecular Fluorescence Near Thick Ag Island Film of Large Pseudotabular Nanoparticles [J]. The Journal of Physical Chemistry B, 2005, 109 (36): 17254 ~ 17261.

[70] Wygladacz K, Radu A, Xu C, et al. Fiber-Optic Microsensor Array Based on Fluorescent Bulk Optode Microspheres for the Trace Analysis of Silver Ions [J]. Analytical Chemistry, 2005, 77 (15): 4706 ~ 4712.

[71] Nickel U, Schneider S, Pöppl, et al. A Silver Colloid Produced by Reduction with Hydrazine as Support for Highly Sensitive Surface-Enhanced Raman Spectroscopy [J]. Langmuir, 2000, 16 (23): 9087 ~ 9091.

[72] Morones J R, Elechiguerra J L, Camacho A, et al. The bactericidal effect of silver nanoparticles [J]. Nanotechnology, 2005, 16 (10): 2346 ~ 2353.

[73] Jeong S H, Hwang Y H, Yi S C. Antibacterial properties of padded PP/PE nonwovens incorporating nano-sized silver colloids [J]. Journal of Materials Science, 2005, 40 (20): 5413 ~ 5418.

[74] 华明扬, 翁永珍, 梅成国, 等. 新型纳米银系列抗菌剂的制备及性能研究 [J]. 安徽化工, 2008, 5: 29 ~ 31.

[75] 王晓凑, 徐水凌. 纳米银抗菌织物的研究进展 [J]. 棉纺织技术, 2008, 36 (2): 62 ~ 64.

[76] 谢瑜, 张昌辉, 赵霞. 纳米银粉抗菌剂的合成及其应用性能评价 [J]. 中国胶粘剂,

2008, 17 (6): 19 ~ 22.

[77] 汪菲，徐维平，杨金敏，等. 纳米银的制备进展 [J]. 亚太传统医药, 2012, 8 (2): 184 ~ 186.

[78] 刘春华，李春丽. 纳米银粒子的制备方法进展 [J]. 化学研究与应用, 2010, 226 (6): 670 ~ 673.

[79] 王静，刘亚君，胡爱云，等. 单分散的银纳米粒子的制备及表征 [J]. 江苏科技大学学报, 2010, 24 (4): 350 ~ 352.

[80] 刘翠. 海藻酸钠 - 银纳米粒子的合成与表征 [J]. 徐州师范大学学报 (自然科学版), 2010, 28 (1): 71 ~ 74.

[81] 肖旺钏，赖文忠，郑先湿，等. 乙二醇法合成稳定纳米银溶胶的研究 [J]. 化学世界, 2009, 5: 257 ~ 259.

[82] 耿涛，蔡红，史洪伟，等. 银纳米粒子的制备及表征 [J]. 枣庄学院学报, 2010, 27 (5): 68 ~ 71.

[83] 徐光年，乔学亮，邱小林，等. 纳米银制备研究进展 [J]. 材料导报 (综述篇) 2010, 24 (11): 139 ~ 143.

[84] Isabel P S, Luis M L M. Formation of PVP-protected metal nanoparticals in DMF [J]. Langmuir, 2002, 18: 2888 ~ 2894.

[85] 李敏娜，罗青枝，安静，等. 纳米银粒子制备及应用研究进展 [J]. 化工进展, 2008, 27 (11): 1765 ~ 1771.

[86] 钱国铢，赵金金，朱昱，等. 银纳米粒子上对硝基苯甲酸的催化还原 [J]. 光谱实验室, 2007, 24 (4): 643 ~ 645.

[87] Garciavidal F J, Pendry J B. Collective theory for surface enhanced raman scattering [J]. Physical Review Letters, 1996, 77 (6): 1163 ~ 1166.

[88] Panacek A, Kvitek L, Prucek R, et al. Silver colloid nanoparticles: Synthesis, characterization, and their antibacterial activity [J]. Journal of Physical Chemistry B, 2006, 33: 16248 ~ 16253.

[89] Chen Q, Lei Y, Xie F, et al. Preferential Facet of Nanocrystalline Silver Embedded in Polyethylene Oxide Nanocomposite and Its Antibiotic Behaviors [J]. Journal of Physical Chemistry C, 2008, 112 (27): 10004 ~ 10007.

[90] Margaret I P, Sau L L, Vincent K M P, et al. Antimicrobial activities of silver dressings: an in vitro comparison [J]. Journal of Medical Microbiology, 2006, 55: 59 ~ 63.

[91] Niño-martínez N, Martínez-castañón G A, Aragón-piña A, et al. Characterization of silver nanoparticles synthesized on titanium dioxide fine particles [J]. Nanotechnology, 2008, 19 (6): 065711.

[92] Jin M, Zhang X T, Nishimoto S, et al. Light-stimulated composition conversion in TiO_2-based nanofibers [J]. Journal of Physical Chemistry C, 2007, 111 (2): 658 ~ 665.

[93] Kumar A, Vemula P K, Ajayan M, et al. Silvernanoparticle-embedded antimicrobial paints based on vegetable oil [J]. Nature Materials, 2008, 7: 236 ~ 241.

[94] Lu L, Sun R, Chen R, et al. Silver nanoparticles inhibit hepatitis B virus replication [J]. An-

tiviral Therapy, 2008, 13 (2): 253 ~ 262.

[95] Sun R W, Chen R, Chung N P, et al. Silvernanoparticles fabricated in Hepes buffer exhibit cytoprotective activitiestoward HIV-1 infected cells [J]. Chemical Communications, 2005, 28: 5059 ~ 5061.

[96] Raman C V, Krishnan K S. A new type of secondary radiation [J]. Nature, 1928, 121: 501 ~ 502.

[97] Schatz G C, Duyne R P V. Electromagnetic Mechanism of Surface-Enhanced Spectroscopy [J]. In Handbook of Vibrational Spectroscopy, Chalmers J M, Griffiths P R, Eds. Wiley, New York, 2002, 1: 759 ~ 774.

[98] Musick J, Popp J, Trunk M, et al. Investigations of radical polymerization and copolymerization reactions in optically levitated microdroplets by simultaneous raman spectroscopy, mie scattering, and radiation pressure measurements [J]. Applied Spectroscopy, 1998, 52 (5): 692 ~ 701.

[99] Ajito K, Han C X, Torimitsu K. Detection of glutamate in optically trapped single nerve terminals by raman spectroscopy [J]. Analytical Chemistry, 2004, 76 (9): 2506 ~ 2510.

[100] Haynes C L, Van Duyne R P. Plasmon-Sampled Surface-Enhanced Raman Excitation Spectroscopy [J]. Journal of Physical Chemistry B, 2003, 107: 7426 ~ 7433.

[101] Mcfarland A D, Young M A, Dieringer J A, et al. Wavelength-Scanned Surface-Enhanced Raman Excitation Spectroscopy [J]. Journal of Physical Chemistry B, 2005, 109: 11279 ~ 11285.

[102] Nie S, Emory S R. Probing Single Molecules and Single Nanoparticles by Surface-Enhanced Raman Scattering [J]. Science, 1997, 275: 1102 ~ 1106.

[103] Mccreery R L. Raman Spectroscopy for Chemical Analysis [J]. John Wiley & Sons, Inc., New York, 2000, 157: 420 ~ 425.

[104] Kneipp K, Wang Y, Kneipp H, et al. Single molecule detection using surface-enhanced raman scattering [J]. Physical Review Letters, 1997, 78 (9): 1667 ~ 1670.

[105] Otto A, Mrozek I, Grabhorn H, et al. Surface-Enhanced Raman-Scattering [J]. Journal of Physics-Condensed Matter, 1992, 4 (5): 1143 ~ 1212.

[106] Doering W E, Nie S M. Single-molecule and single-nanoparticle SERS: Examining the roles of surface active sites and chemical enhancement [J]. Journal of Physical Chemistry B, 2002, 106 (2): 311 ~ 317.

[107] Ding S Y, Wu D Y, Yang Z L, et al. Some Progresses in Mechanistic Studies on Surface-Enhanced Raman Scattering [J]. Chemical Journal of Chinese Universities-Chinese, 2008, 29 (12): 2569 ~ 2581.

[108] Genov D A, Sarychev A K, Shalaev V M, et al. Resonant field enhancements from metal nanoparticle arrays [J]. Nano Letters, 2004, 4 (1): 153 ~ 158.

[109] Baruah B, Gabriel G J, Akbashev M J, et al. Facile Synthesis of Silver Nanoparticles Stabilized by Cationic Polynorbornenes and Their Catalytic Activity in 4-Nitrophenol Reduction [J]. Langmuir, 2013, 29 (13): 4225 ~ 4234.

[110] Zhang X, Young M A, Lyandres O, et al. Rapid detection of an anthrax biomarker by surface-enhanced raman spectroscopy [J]. Journal of the American Chemical Society, 2005, 127 (12): 4484 ~ 4489.

[111] Sun L. Time-resolved surface enhanced raman scattering studies of substrate morphology transformation and surface adsorption/desorption kinetics at colloidal and electrochemical interfaces [D]. Evanston: Northwestern University, IL 60208, 1990.

[112] Bokor J. Ultrafast dynamics at semiconductor and metal-surfaces [J]. Science, 1989, 246 (4934): 1130 ~ 1134.

[113] Hofer U, Shumay I L, Reuss C, et al. Timeresolved coherent photoelectron spectroscopy of quantized electronic states on metal surfaces [J]. Science, 1997, 277 (5331): 1480 ~ 1482.

[114] Kneipp K, Kneipp H, Itzkan I, et al. Ultrasenstive chemical analysis by raman spectroscopy [J]. Chemical Reviews, 1999, 99: 2957 ~ 2975.

[115] Haynes C L, Yonzon C R, Zhang X Y, et al. Surface-enhanced raman sensors: early history and the development of sensors for quantitative biowarfare agent and glucose detection [J]. Journal of Raman Spectroscopy, 2005, 36 (6 ~ 7): 471 ~ 484.

[116] Tao A R, Yang P D. Polarized surface-enhanced raman spectroscopy on coupled metallic nanowires [J]. Journal of Physical Chemistry B, 2005, 109: 15687 ~ 15690.

[117] Mulvihill M, Tao A, Benjauthrit K, et al. Surface-enhanced raman spectroscopy for trace arsenic detection in contaminated water [J]. Angewandte Chemie International Edition, 2008, 47: 6456 ~ 6460.

[118] Bo X J, Ndamanish J C, Bai J, et al. Noncnzymatic ampcro-metric sensor of hydrogen peroxide and glucose based on Pt nanoparticles/ordered mesoporous carbon nanocompositc [J]. Talanta, 2010, 82 (1): 85.

[119] Chen J, Lec E P. Shape-controlled synthesis of platinum nanocrystals for ctalytic and electroctalytic applications [J]. Nano Today, 2009, 4 (1): 81.

[120] Qiu H J, Huang X R. Effects of Pt decoration on the electrocatalytic activity of nanoporous gold electrode toward glucose and its potential application for constructing a nonenzymatic glucose sensor [J]. Journal of Electroanalytical Chemistry, 2010, 643 (1 ~ 2): 39 ~ 45.

[121] Teng X, Yang H. Synthesis of platinum multipods: An induced anisotropicgrowth [J]. Nano Letters, 2005, 5 (5): 885 ~ 891.

[122] 王念榕，刘晓林，闫涛，等. 化学沉淀法制备纳米钛酸镁粉体 [J]. 北京化工大学学报（自然科学版），2005，32（6）：1 ~ 4.

[123] Liu J, Zhong C, Yang Y, et al. Electrochemical preparation and of Pt particleson ITO substrate: Morphological effect on ammonia oxidation [J]. International Journal of Hydrogen Energy, 2012, 37 (11): 8981 ~ 8987.

[124] Yamamoto S, Kinoshita H, Hashimoto H, et al. Facile preparation of Pd nanoparticles supported on single-layer graphene oxide and application for the Suzuki-Miyaura cross-coupling reaction [J]. Nanoscale, 2014, 6 (12): 6501 ~ 6505.

[125] Yuan M, Liu A, Zhao M, et al. Bimetallic Pd Cu nanoparticle decorated three-dimensional

graphene hydrogel for non-enzymatic amperometric glucose sensor [J]. Sensors & Actuators B Chemical, 2014, 190 (1): 707~714.

[126] Cheng N, Wang H, Li X, et al. Amperometric Glucose Biosensor Based on Integration of Glucose Oxidase with Palladium Nanoparticles/Reduced Graphene Oxide Nanocomposite [J]. American Journal of Analytical Chemistry, 2012, 3 (4): 312~319.

[127] Gobal F, Faraji M. Electrodeposited polyaniline on Pd-loaded TiO_2, nanotubes as active material for electrochemical supercapacitor [J]. Journal of Electroanalytical Chemistry, 2013, 691 (69): 51~56.

[128] Zhang J, Xu Y, Zhang B. Facile synthesis of 3D Pd-P nanoparticle networks with enhanced electrocatalytic performance towards formic acid electrooxidation [J]. Chemical Communications, 2014, 50 (88): 13451~13455.

[129] 吴晓飞，郗雨林. ITO 薄膜性能、应用及其磁控溅射制备技术的研究 [J]. 热加工工艺, 2013, 42 (2): 88~90.

[130] 向光，王友乐. ITO 的制备与发展趋势 [J]. 中国玻璃, 2013, 4 (4): 41~44.

[131] 李音波，李卫华，闫琳，等. ITO 靶材的研究现状与发展趋势 [J]. 功能材料, 2004, 35: 996~1000.

[132] Kang X, Zuckerman N B, Konopelski J P, et al. Alkyne-Stabilized Ruthenium Nanoparticles: Manipulation of Intraparticle Charge Delocalization by Nanoparticle Charge States [J]. Angewandte Chemie, 2010, 122 (49): 9496~9499.

[133] Kang X, Zuckerman N B, Konopelski J P, et al. Alkyne-functionalized ruthenium nanoparticles: ruthenium-vinylidene bonds at the metal-ligand interface [J]. Journal of the American Chemical Society, 2012, 134 (3): 1412~1415.

[134] Kang X, Chen W, Zuckerman N B, et al. Intraparticle charge delocalization of carbene-functionalized ruthenium nanoparticles manipulated by selective ion binding [J]. Langmuir the Acs Journal of Surfaces & Colloids, 2011, 27 (20): 12636~12639.

[135] Ma N, Suematsu K, Yuasa M, et al. Pd size effect on the gas sensing properties of Pd-loaded SnO_2 in humid atmosphere [J]. Acs Applied Materials & Interfaces, 2015, 7 (28): 15618~15625.

[136] Li Y, Fan X, Qi J, et al. Palladium nanoparticle-graphene hybrids as active catalysts for the Suzuki reaction [J]. Nano Research, 2010, 3 (6): 429~437.

[137] He G, Yang S, Kang X, et al. Alkyne-functionalized palladium nanoparticles: Synthesis, characterization, and electrocatalytic activity in ethylene glycol oxidation [J]. Electrochimica Acta, 2013, 94 (4): 98~103.

[138] Kusada K, Kobayashi H, Ikeda R, et al. Solid Solution Alloy Nanoparticles of Immiscible Pd and Ru Elements Neighboring on Rh: Changeover of the Thermodynamic Behavior for Hydrogen Storage and Enhanced CO-Oxidizing Ability [J]. Journal of the American Chemical Society, 2014, 136 (5): 1864~1871.

[139] 王恩波，胡长文，许林. 多酸化学导论 [M]. 北京: 化学工业出版社, 1997.

[140] 胡长文，黄如丹. 多金属氧酸盐化学研究进展与展望 [J]. 无机化学学报, 2003, 19

(4): 334 ~ 337.

[141] Pope M T. Heteropoly and Isopoly Oxometalates [M]. Springer-Verlag: Berlin, 1983: 1 ~ 10.

[142] Gouzerh P, Proust A. Main-Group Elemnt, Organic, and Organometallic Derivatives of Polyoxometalates [J]. Chem Rev, 1998, 98: 77 ~ 111.

[143] Muller A, Peters F, Pope M T, et al. Polyoxometalates: Very Large Clusterss Nanoscale Magnets [J]. Chem Rev, 1998, 98: 239 ~ 271.

[144] Pope M T. In Comprehensive coordination Chemistry [M]. New York, 1987, 3: 38.

[145] Chen Q, Zubieta J. Coordination chemistry of soluble metal oxides of molybdenum and vanadium [J]. Coord. Chem. Rev., 1992, 114: 107 ~ 167.

[146] Pope M T. In Progress in Inorganic Chemistry [M]. New York, 1991, 39: 181 ~ 257.

[147] Pope M T, Muller A. Polyoxometalate chemistry: An old field with new dimensions in several disciplines [J]. Angew. Chem., Int. Ed. Engl., 1991, 30: 34 ~ 48.

[148] Day V W, Klemperer W G. Metal Oxide Chemistry in Solution: The Early Transition Metal Polyoxoanions [J]. Science, 1985, 228: 533 ~ 541.

[149] Pope M T, 王恩波, 等译. 杂多和同多金属氧酸盐 [M]. 长春: 古林大学出版社, 1991.

[150] Mialane P, Dolbecq A, Lisnard L, et al. [e-$PMo_{12}O_{36}(OH)_4\{La(H_2O)_4\}_4]^{5-}$, The First e-$PMo_{12}O_{40}$ Keggin Ion and Its Association with the Two-Electron-Reduced a-$PMo_{12}O_{40}$ Isomer [J]. Angew. Chem. Int. Ed., 2002, 41: 2398 ~ 2401.

[151] Wu C D, Lu C Z, Zhuang H H, et al. Hydrothermal assembly of a novel three-dimensional framework formed by $(GdMo_{12}O_{42})^{9-}$ anions and nine coordinated Gd^{III} canons [J]. J. Am. Chem. Soc., 2002, 124: 3836 ~ 3837.

[152] Mizumo N, Misono M. Heterogeneous catalysis [J]. Chem Rev, 1998, 98: 199 ~ 205.

[153] Wang E B, Li B T, Zhang B J. Researches into the proton conductivity of molybdovanadophosphotic acids with Well-Dawson structure [J]. Chem Res Chin Univ, 1996, 12 (4): 322 ~ 325.

[154] 刘术侠, 刘彦勇, 王恩波, 等. Keggin结构钨磷酸稀土错盐杂多蓝的合成及抗艾滋病毒(HIV-1)活性的研究 [J]. 高等学校化学学报, 1996, 17 (8): 1188.

[155] 胡长文, 许林, 王恩波. 杂多金属氧酸盐的磁性 [J]. 科学通报, 1998, 43 (12): 1234.

[156] Xu L, Hu C W, Wang E B. Magnetic properties of heteropolyoxometalates [J]. Chin Sci Bull, 1999, 44 (6): 481 ~ 486.

[157] Cassan-Pastor N, Baker L C W. Magnetic properties of mixed-valence heteropoly blues interactions with complexes containing paramagnetic atoms in obvious sites as well as 'blue' electrodes delocalized over polytungstate frameworks [J]. J Am Chem Soc, 1992, 114 (26): 10384 ~ 10389.

[158] 刘术侠, 李白涛, 王恩波, 等. 新型穴状结构阴离子 $NaSb_9W_{21}O_{86}^{18-}$ 杂多蓝合成及抗艾滋病毒 (HIV-1) 活性 [J]. 科学通报, 1997, 42 (15): 1622.

[159] Borshch A, Bigot B. Magnetic properties of the mixed-valence heteropoly blues with a Keggin structure [J]. Chem Phys Lett, 1993, 212 (3 ~4): 398 ~342.

[160] Clemente-Juan J M, Coronado E, Gomez-Garcia C J. Increasing the nuclearity of magnetic polyoxometalates: Syntheses, structure, and magnetic properties of salts of the heteropoly complexes $[Ni_3(H_2O)(PW_{10}O_{39})H_2O]^{n-}$, $[Ni_4(H_2O)_2(PW_{10}O_{34})_2]^{10-}$, $[Ni_9(OH)_3(H_2O)_6(HPO_4)_2(PW_{10}O_{34})_2]^{16-}$ [J]. Inorg Chem, 1999, 38: 55 ~61.

[161] 王力，刘宗瑞，周石山，等. 取代型钨钵杂多配合物导电性及磁性研究 [J]. 高等学校化学学报，1997，18 (6): 846 ~849.

[162] Baker L C W, Click D C. Present general status of understanding of heteropoly electrolytes and traeing of some major highlights in the history of their elucidations [J]. Chem Rev, 1998, 98: 3 ~21.

[163] Pope M T, Muller A. Chemistry of polyoxometalates, Actual variation on an old theme with interdisciplinary references [J]. Angew Chem Int Ed Engl, 1991, 103 (1): 56 ~61.

[164] Chen X, Xu Z, Okuhara T. Liquid-phase esterification of acrylic acid with 1 – butanol catalyzed by solid acid catalysts [J]. Applied Catalysis A General, 1999, 180 (1 ~2): 261 ~269.

[165] Katsoulis D E. A survey of applications of polyoxometalates [J]. Chem Rev, 1998, 98: 359 ~364.

[166] Hu C W, He Q L, Wang E B. Synthesis, stability and oxidative activity of polyoxometalates pillared anionic clays ZnAl-SiW_{11} and ZnAl-SiW_{11}Z [J]. Catl Today, 1996, 30: 141 ~145.

[167] Hu C W, He Q L, Zhang Y H, et al. Synthesis of new types of polyoxometalate pillared anionic clays: ^{31}P and ^{27}Al NMR study of the orientation of intercalated $PW_{11}VO_{40}{}^{4-}$ [J]. J Chem Soc, Chem Commun, 1996, 2: 121 ~124.

[168] Anne G, Pascal B, Edmond P. Preparation of hydrodesulfurization catalysts by impregnation of alumina with new heteropoly compounds [J]. Chem Lett, 1997, 12: 1259 ~1263.

[169] Harrup M, Hill C L. Triniobium polytungstophosphates, suntheses, structures, clarification of isomerism and reactivity in the presence of H_2O_2 [J]. Inorg Chem, 1998, 37 (21): 5550 ~5559.

[170] Carrier X, Caillerie J B, Lambert J F. The support as a chemical reagent in the preparation of $W_{ox/y}$-Al_2O_3 catalysts formation and deposition of aluminotungstic heteropolyanions [J]. J Am Chem Soc, 1999, 121 (14): 3377 ~3381.

[171] Liu J F, Chen Y G, Meng L. Synthesis and characterization of novel heteropolytungstatoarsenates containing lanthanides $\{LnAs_4W_{40}O_{140}\}^{25-}$ and their biological activity [J]. Polyhedron, 1998, 17 (9): 1541 ~1548.

[172] 周云山. 多酸型超分子功能化合物、表征与三阶非线性光学性质研究 [D]. 长春：东北师范大学，1998.

[173] 刘术侠，刘彦勇，王恩波. 13 – 钼镍（锰）杂多酸稀土盐的合成及其镨盐抗肿瘤活性研究（Ⅰ）[J]. 化学学报，1996，54: 673 ~677.

[174] Yamase T, Fujita H, Fukushima K. Medical chemistry of polyoxometalates part 1. potent antitumor activity of polyoxomolybdates on animal transplantable tumors and human cancer xeno-

graft [J]. Inorg Chim Acta, 1988, 152: 15 ~ 19.

[175] 余新武，刘术侠，王戈，等. 三取代过渡技术钨镓杂多配合物的磁性及导电性能研究 [J]. 化学学报，1996, 54: 864 ~ 869.

[176] Wang X H, Dai H C, Liu J F. Synthesis and characterization of organotin-substituted heteropolytungstosilicates and their biological activity Ⅰ [J]. Polyhedron, 1999, 18: 2293 ~ 2298.

[177] Fugita H, Fugita T, Skural T. A new type of antiumor substances, polyoxomolybdates [J]. Chemotherapy, 1992, 40 (2): 173 ~ 177.

[178] Wang X H, Liu J F, Pope M T. Synthesis, characterization and biological activity of organotitanium substituted heteropolytungstates [J]. J Chem Soc, Dalton Trans., 2000: 1139 ~ 1146.

[179] Wang X H, Hill C L. Synthesis and anti-HIV activity of bis (methanofullerene) polyoxometalates. Proc-Electrochem [J]. Soc., 1998, 98 (8): 1222 ~ 1228.

[180] Pome M T, Muller A, et al. Polyoxometalates: From Platonic Solids to Anti-retrovirl Activity [M]. Dordrecht, Netherlands: Kluwer Academic Publisders, 1993.

[181] Hill C L, Guest E D. Special issue on polyoxometalate catalysis [J]. J Mol Cat A, 1996, 114: 1 ~ 371.

[182] Hill C L, Uest E D. Topical issue on polyoxomealates [J]. Chem Rev, 1998, 98: 1 ~ 389.

[183] Pope M T, Muller A, et al. Polyoxometalate Chemistry: From Topology via Self-Assembly to Applications [M]. Dordrecht, Netherlands: Kluwer Academic Publisders, 2001.

[184] Yamase T, Pope M T, et al. Polyoxometalate Chemistry for Nano-Composite Design: Nanostructure Science and Technology [M]. New York: Kluwer Academic/Plenum Publishing, 2002.

[185] Kozhevnikov I V. Catalysis by Polyoxometalates [M]. Chichester, England: Wiley, 2002, 2.

[186] Pope M T, Wedd A G, et al. Polyoxo Anions: Synthesis and Structure [M]. In Comprehensive Coordination Chemistry Ⅱ: Transition Metal Groups 3 ~ 6. New York: Elsevier Science, 2004, 4: 635 ~ 678.

[187] Hill C L, Wedd A G, et al. Polyoxometalates: Reactivity [M]. In Comprehensive Coordination Chemistry Ⅱ: Transition Metal Groups 3 ~ 6. New York: Elsevier Science, 2004, 4: 679 ~ 759.

[188] Zhang X, Chen Q, Duncan D C, et al. Multiiron Polyoxoanions: Synthesis, Characterization, X-ray Crystal Structure, and Catalytic H_2O_2 – Based Alkene Oxidation by $[(n\text{-}C_4H_9)_4N]_6[Fe_4^{III}(H_2O)_2(PW_9O_{34})_2]$ [J]. Inorg Chem, 1997, 36: 4381 ~ 4386.

[189] Zhang X, Chen Q, Hill C L. Multiiron polyanions: Syntheses, characterization, X-ray crystal structures, and catalysis of H_2O_2 – based hydrocarbon oxidations by $[Fe_4^{III}(H_2O)_2(P_2W_{15}O_{56})_2]^{12-}$ [J]. Inorg Chem, 1997, 36: 4208 ~ 4215.

[190] Moskovitz B L. Clinical trial of tolerance of HPA – 23 in patients with acquired immune deficiency syndrome [J]. Antimicrobial Agents and Chemotherapy 1988, 32: 1300 ~ 1303.

[191] Yamase T, Botar B, Ishikawa E, et al. Chemical Structure and Intramolecular Spin-Exchange Interaction of $[(VO)_3(SbW_9O_{33})_2]^{12-}$ [J]. Chem. Lett., 2001, 1: 56 ~ 57.

[192] Shigeta S, Mori S, Kodama E, et al. Broad spectrum anti-RNA virus activities of titanium and vanadium substituted polyoxotungstates [J]. Antiviral Research, 2003: 265 ~ 271.

[193] Rhule J T, Hill C L, Judd A. Polyoxometalates in Medicine [J]. Chem. Rev., 1998, 98: 327 ~ 358.

[194] Gomez-Garcia C J, Coronado E, Gomez-Romero P, et al. A tetranuclear rhomblike cluster of manganese (Ⅱ). Crystal structure and magnetic properties of the heteropoly complex $K_{10}[Mn_4(H_2O)_2(PW_9O_{34})_2] \cdot 20H_2O$ [J]. Inorg Chem, 1993, 32: 3378 ~ 3381.

[195] Gomez-Garcia C J, Coronado E, Bottas-Almerar J J. Magnetic characterization of tetranuclear copper (Ⅱ) and cobalt (Ⅱ) exchange-coupled clusters encapsulated in heteropolyoxotungstate complexes study of the nature of the ground states [J]. Inorg Chem, 1992, 31: 1667 ~ 1673.

[196] Anders H, Clemente-Juan J M, Coronado E. Magnetic excitations in polyoxometalte for anisotropic ferromagnetic exchange interactions in the tetrameric cobalt (Ⅱ) cluster $[Co_4(H_2O)_2(PW_9O_{34})_2]^{10-}$, comparision with the magnetic and specific heat properties [J]. J Am Chem Soc, 1999, 121: 10028 ~ 10034.

[197] Clemente-Juan J M, Andres H, Borras-Almenar J J. Magnetic excitations in polyoxometalate clusters observed by inelastic neutron scattering: evidence for ferromagnetic exchange interactions and spin anisotropy in the tetrameric nickel (Ⅱ) cluster $[Ni_4(H_2O)_2(PW_9O_{34})_2]^{10-}$ and comparision with the magnetic properties [J]. J Am Chem Soc, 1999, 121: 10021 ~ 10027.

[198] Casan-Pastor N, Bas-Serra J, Coronado E. First ferromagnetic interaction in a heteropoly complex: $[Co_4O_{14}(H_2O)_2(PW_9O_{27})_2]^{10-}$ experiment and theory for intramolecular anisotropic exchange Ⅱ involving the four Co (Ⅱ) atoms [J]. J Am Chem Soc, 1992, 114: 10380 ~ 10383.

[199] Gomez-Garcia C J, Borras-Almenar J J, Coronado E. Single-crystal X-ray structure and magnetic properties of the polyoxometalte complexes $Na_{16}[M_4(H_2O)_2(P_2W_{15}O_{56})_2] \cdot nH_2O$ ($M = Mn^{Ⅱ}$, $n = 53$; $M = Ni^{Ⅱ}$, $n = 52$); An antiferromagnetic $Mn^{Ⅱ}$ tetramer and a ferromagnetic $Ni^{Ⅱ}$ tetramer [J]. Inorg Chem, 1994, 33: 4016 ~ 4022.

[200] Coronado E, Gomez-Garcia C J. Polyoxometalate-based molecular materials [J]. Chem Rev, 1998, 98: 273 ~ 296.

[201] Dimitrijevic N M, Kamat P V. Photoelectrochemistry in particulate systems. 8. Photochemistry of colloidal selenium [J]. Langmuir, 1988, 4: 782 ~ 784.

[202] Frattini A, Pellegri N, Nicastro D, et al. Effect of amine groups in the synthesis of Ag nanoparticles using aminosilanes [J]. Mater. Chem. Phys., 2005, 94: 148 ~ 152.

[203] Zhang J, Wang H, Bao Y, et al. Nano red elemental selenium has no size effect in the induction of seleno-enzymes in both cultured cells and mice [J]. Life Sciences, 2004, 75: 237 ~ 244.

[204] Kim F, Song J H, Yang P. Photochemical synthesis of gold nanorods [J]. J. Am. Chem. Soc., 2002, 124: 14316 ~ 14317.

[205] Niidome Y, Nishioka K, Kawasaki H, et al. Rapid synthesis of gold nanorods by the combination of chemical reduction and photoirradiation processes; morphological changes depending on the growing processes [J]. Chem. Commun., 2003: 2376 ~ 2377.

[206] Zhu Y, Qian Y, Huang H, et al. Preparation of nanometer-size selenium powders of uniform particle size by [gamma] - irradiation [J]. Mater. Lett, 1996, 28: 119 ~ 122.

[207] Yu Y Y, Chang S S, Lee C L, et al. Gold nanorods: electrochemical synthesis and optical properties [J]. J. Phys. Chem. B, 1997, 101: 6661 ~ 6664.

[208] Chen W, Cai W, Zhang L, et al. Sonochemical processes and formation of gold nanoparticles within pores of mesoporous silica [J]. Colloid Interface Sci., 2001, 238: 291 ~ 295.

[209] Wang X, Zheng X, Lu J, et al. Reduction of selenious acid inducedby ultrasonic irradiation-formation of Se nanorods [J]. Ultrason. Sonochem., 2004, 11: 307 ~ 310.

[210] Wang Y L, Weinstock I A. Polyoxometalate-decorated nanoparticles [J]. Chem. Soc. Rev., 2012, 41: 7479 ~ 7496.

[211] Ernst A Z, Sun L, Wiaderek K, et al. Synthesis of Polyoxometalate-Protected Gold Nanoparticles by a Ligand-Exchange Method: Application to the Electrocatalytic Reduction of Bromate [J]. Electroanalysis, 2007, 19: 2103 ~ 2109.

[212] Zoladeka S, Rutkowska A I A, Skorupska A K, et al. Fabrication of polyoxometallate-modified gold nanoparticles and their utilization as supports for dispersed platinum in electrocatalysis [J]. Electrochimica Acta, 2011, 56: 10744 ~ 10750.

[213] Wiaderek K M, Cox. Preparation and electrocatalytic application of composites containing gold nanoparticles protected with rhodium-substituted polyoxometalates [J]. J. A. Electrochimica Acta, 2011, 56: 3537 ~ 3542.

[214] Yuan J H, Chen Y X, Han D X, et al. Synthesis of highly faceted multiply twinned gold nanocrystals stabilized by polyoxometalates [J]. Nanotechnology, 2006, 17: 4689 ~ 4694.

[215] Papaconstantinou E. Photochemistry of polyoxometallates of molybdenum and tungsten and/or vanadium [J]. Chem. Soc. Rev., 1989, 18: 1 ~ 31.

[216] Keita B, Mbomekalle I M, Nadjo L, et al. Tuning the formal potentials of new VIV-substituted Dawson-type polyoxometalates for facile synthesis of metal nanoparticles [J]. Electrochem. Commun., 2004, 6: 978 ~ 983.

[217] Troupis A, Hiskia A, Papaconstantinou E. Synthesis of metal nanoparticles by using polyoxometalates as photocatalysts and stabilizers [J] Angew. Chem. Int. Ed., 2002, 41: 1911 ~ 1913.

2 Keggin 结构非还原型多金属氧酸盐 SiW_9 包覆的金纳米粒子的合成

2.1 引言

多年来，人们一直不断尝试寻找一些步骤简单、反应条件温和、绿色、环保的方法来合成高分散的、尺寸可调的金纳米粒子，各种还原剂、配位剂被尝试着引入了合成体系[1~11]。

近些年，多金属氧酸盐在合成金属纳米粒子时所表现出来的优越性（合成方法简单、环保，水溶液中的溶解度大，氧化和还原形式都可以稳定地存在于一个较大的 pH 值范围内，电势可以细微的调整，可以同时做还原剂、稳定剂和光催化剂[12~18]，所得纳米粒子可以进行再修饰）逐渐引起了人们的兴趣，并发展至今日成为一个热点研究领域。用 POM 所合成出来的金属纳米粒子层出不穷，合成方法多样，并越来越趋于人们所追求的简单、方便、环境友好，所合成的粒子也被进一步修饰、赋予了各种各样的特殊功能而在催化、医疗等领域被广泛应用[19~36]。

然而，到目前为止，对于 POM 包覆的金属纳米粒子的合成这一研究课题，POM 大多数都是既被用做还原剂，又被用做稳定剂、包覆剂甚至光催化剂，即使有少量的报道，POM 在合成中被用于做稳定剂，其研究也仅止于合成方法，并没有明确 POM 只做配体、稳定剂时具体的调控作用。将某一个参数单独从反应体系中分离出来，明确其所发挥的具体作用一直以来都是一个难题与挑战。为了明确 POM 的稳定剂角色在调控金纳米粒子的尺寸时所发挥的作用，我们选择了 Keggin 型三缺位杂多钨酸盐，$Na_{10}SiW_9O_{34}\cdot 18H_2O$（简写为 SiW_9）[37]做稳定剂，抗坏血酸（AA）做还原剂，来研究 POM 在合成金纳米粒子时作为稳定剂所体现的具体调控机理。选择无还原性的 Keggin 型三缺位 SiW_9 做 POM 稳定剂作用的研究代表，是因为 SiW_9 具备如下优点：（1）没有还原性，故只能做稳定剂，不会同时起到还原剂的作用，可以使稳定剂这一单独参数的作用分离出来；（2）SiW_9 可以高产量一步制得，合成方法简单、方便，在 POM 中具有代表性和普遍性；（3）有高的负电荷（10 个负电荷），其 POM 间高的负电荷斥力会使所得粒子更稳定；（4）有多个缺位（3 个缺位），其与金的配位能力会更强[38]。

本章中，我们以 AA 做还原剂，系统、定量地研究了 Au^{III}/SiW_9 体系。在

$Au^{Ⅲ}$浓度（0.15mmol/L）、NaOH 浓度（1.5mmol/L）和 AA 浓度（0.225mmol/L）不变的条件下，不同 SiW_9 比例下的 Au 纳米粒子被制得。当 $Au^{Ⅲ}$: SiW_9 : AA = 2 : r : 3（r = 0 ~ 32），SiW_9 的比例 r 从 1 增加至 22 时，金纳米粒子的尺寸从 81.5nm 下降至 30.0nm，其下降依赖于反应体系的金前体活性。本章明确了，SiW_9 的引入会产生一种新的配合物（这里记为 $Au^{Ⅲ}-SiW_9$），该配合物的活性高于 $HAuCl_4$ 在碱性环境中的金前体——氢氧化金的活性。溶液中的氢氧化金和所形成的配合物 $Au^{Ⅲ}-SiW_9$之间存在着竞争平衡。配合物 $Au^{Ⅲ}-SiW_9$越多，反应速率就越快，并且粒子尺寸就越小；相反，氢氧化金越多，反应速率就越慢，粒子尺寸就越大。本章阐述了一种通过改变 SiW_9 的摩尔比来调控金纳米粒子尺寸的方法，并明确了 SiW_9 作为配体，在反应体系中的具体调控作用。另外，本章还初步探讨了溶液的 pH 的改变以及 AA 的量对所合成金粒子的尺寸及形貌的影响，并制得了一系列类花、类菱形金纳米粒子。所得到的 SiW_9 包覆的金纳米粒子因其外面所包覆的强配位作用的 POM 而被寄予再修饰、功能化的厚望。

2.2　实验部分

2.2.1　试剂

实验所用试剂及厂家见表 2-1。

表 2-1　试剂及厂家

试　剂	厂　家
四氯金酸（$HAuCl_4$）	国药集团化学试剂有限公司
氢氧化钠（NaOH）	Sigma 公司
抗坏血酸（$C_6H_8O_6$）	国药集团化学试剂有限公司
钨酸钠（$Na_2WO_4 \cdot 2H_2O$）	国药集团化学试剂有限公司
硅酸钠（$Na_2SiO_3 \cdot 5H_2O$）	国药集团化学试剂有限公司
盐酸（HCl）	国药集团化学试剂有限公司

所有化学试剂均为分析纯并且使用前没有进一步纯化。实验所用的水为 Millipore Milli-Q 纯水仪新制高纯水，电阻率为 18.3MΩ · cm。

2.2.2　仪器

实验所用仪器及厂家见表 2-2。

表 2-2 仪器及厂家

仪 器	仪器型号及厂家
紫外－可见吸收光谱仪	日本导津公司 UV-1800
时间分辨－紫外可见吸收光谱仪	海洋光学公司 HR4000-UV-NIR
透射电子显微镜	日本日立公司 JEOL JEM－2010
红外光谱仪	美国尼高力公司 FT-IR（550Ⅱ）
电子天平	北京 Sartorius 公司 BS124S
磁力搅拌器	德国 ika 公司 RO10
电动离心机	Sigma 1-13
pH 计	北京 Sartorius 公司 PB-20

2.3 结果与讨论

2.3.1 SiW_9 包覆的球形金纳米粒子的制备

$Na_{10}SiW_9O_{34} \cdot 18H_2O$（简写为 SiW_9）是根据文献报道的方法合成的[37]，其具体步骤如下：182g 钨酸钠和 11g 硅酸钠溶于 200mL 水中，130mL（6mol/L）盐酸边搅拌边逐滴加入。混合溶液沸腾 1h 浓缩至 300mL，将少量固体残渣过滤掉。50g 无水碳酸钠溶于 50mL 水后加入上述溶液，将所得溶液轻微搅拌即得产品。

30.0～81.5nm 球形金纳米粒子制备的具体步骤如下：取一 20mL 玻璃瓶，注入一定量的水和 $HAuCl_4$ 溶液，磁力搅拌（300r/min）下水浴加热至 65℃ 恒温后，加入 NaOH 溶液（150μL，0.1mol/L）用以保持 SiW_9 结构不变，搅拌 15s 后加入一定量的 SiW_9。反应溶液 65℃ 恒温搅拌 50min，冷却至室温后，加入还原剂 AA，搅拌至溶液颜色不再变化为止。在整个反应体系中，溶液总体积保持为 10mL 不变，$Au^{Ⅲ}$、NaOH 和 AA 的浓度分别保持为 0.15mmol/L、1.5mmol/L 和 0.225mmol/L，$Au^{Ⅲ}$：SiW_9：AA 的摩尔比为 2：r：3（r=0～32）。得到金纳米粒子的尺寸为 30.0～81.5nm 的球形纳米粒子。

2.3.2 SiW_9 的配体作用对金纳米粒子的尺寸调控机制

在合成球形金纳米粒子的所有反应中，$Au^{Ⅲ}$：SiW_9：AA 的摩尔比是 2：r：3，金前体 $Au^{Ⅲ}$ 的浓度以及还原剂 AA 的浓度被固定为 0.15mmol/L 和 0.225mmol/L。为了使杂多酸 SiW_9 的结构在反应过程中保持不变，在加 SiW_9 前，先向溶液中加 NaOH(150μL，0.1mol/L)，使溶液中 OH^- 的浓度达到 1.5mmol/L。

反应中 POM 的摩尔比 *r* 是通过加入不同量的 SiW_9（5mmol/L）溶液实现的。由于 $Au^{Ⅲ}$ 浓度是不变的，所以 $Au^{Ⅲ}$ ：SiW_9 ：AA 的摩尔比也同时反映了该比例下 SiW_9 的浓度。图 2-1 显示了在不同 SiW_9 摩尔比下制备的金纳米粒子的透射电子显微镜照片（TEM）。每种尺寸的粒子至少测量 200 个来计算粒子的平均尺寸和标准偏差。

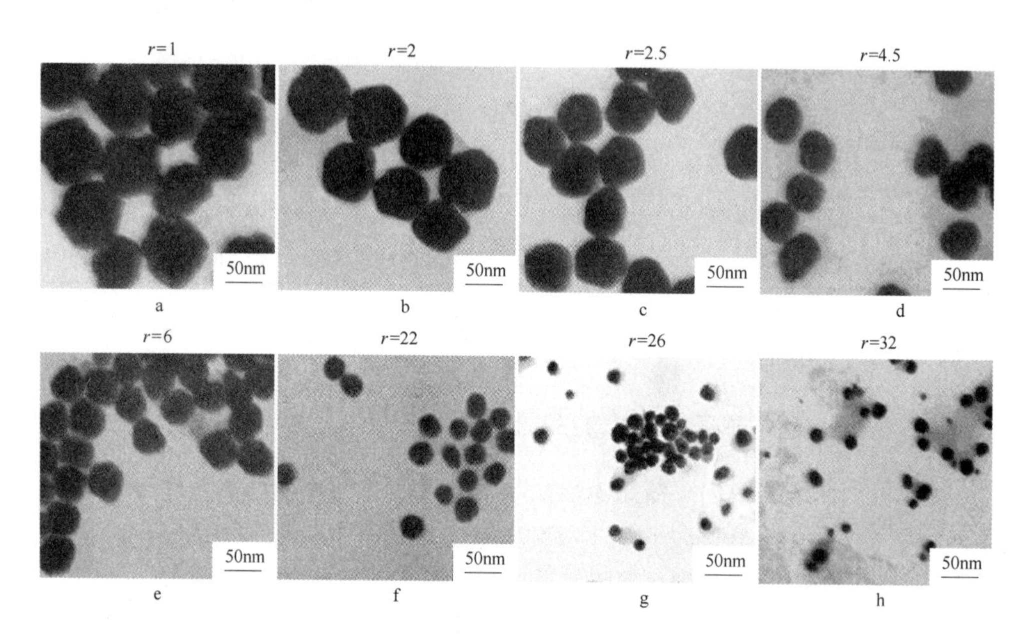

图 2-1　制备于不同 SiW_9 摩尔比下的 Au^0 纳米粒子的 TEM 图
（以上所有反应中的 $Au^{Ⅲ}$、NaOH 和 AA 的浓度都固定在 0.15mmol/L、1.5mmol/L 和 0.225mmol/L，$Au^{Ⅲ}$ ：SiW_9 ：AA 的摩尔比为 2 ：*r* ：3，*r* = 1 ~ 32）

从图 2-1 中可以看到，当 $Au^{Ⅲ}$ ：SiW_9 ：AA 的摩尔比为 2 ：*r* ：3，*r* 值分别为 1、2、2.5、4.5、6 和 22 时，所得金纳米粒子的尺寸相应为 81.5(±8.8%) nm、73.8(±7.0%)nm、62.6(±6.8%)nm、52.6(±5.0%)nm、44.0(±4.7%)nm 和 30.0(±4.5%)nm，可见粒子尺寸随着 SiW_9 摩尔比的增加而逐步减小。我们也尝试了在 SiW_9 的摩尔比 *r* = 22 ~ 32 下制备金纳米粒子，但这个比例范围的金粒子的多分散性和各向异性明显增大，已无研究价值。

图 2-2 是对应于图 2-1 的、不同的 SiW_9 摩尔比下制得的金纳米粒子的紫外 - 可见吸收光谱。从图 2-2 中可以看出，所得粒子的吸收峰随着 SiW_9 摩尔比的增加逐渐蓝移。当 $Au^{Ⅲ}$ ：SiW_9 ：AA 的摩尔比为 2 ：*r* ：3，*r* 值分别为 1、2、2.5、4.5、6 和 22 时，所得金粒子的吸收峰从 560nm 逐步蓝移至 544nm、539nm、533nm、531nm 和 526nm，这与粒子尺寸随 *r* 值的上升而下降是相符的[39]。当 *r* = 22 ~ 32 时，金粒子的吸收强度在 600 ~ 800nm 波长范围处，随着 SiW_9 浓度的

增加明显的上升，这恰好与代表金粒子形貌的多分散性和各向异性的升高相符合[40,41]。

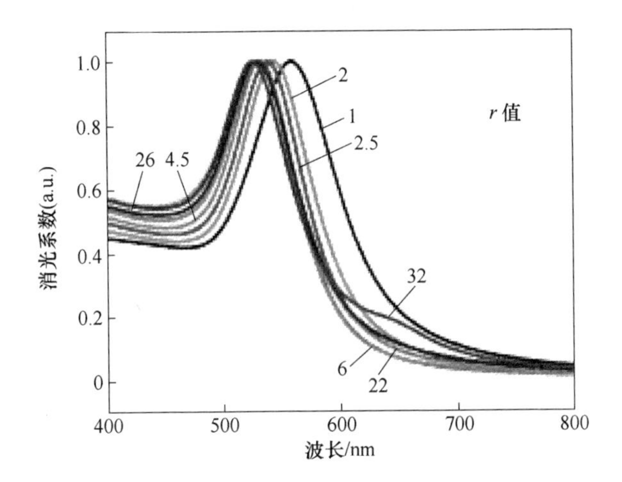

图 2-2　制备于不同 SiW_9 摩尔比下的 UV－vis 光谱

（以上所有反应中的 $Au^{Ⅲ}$、NaOH 和 AA 的浓度都固定在 0.15mmol/L、1.5mmol/L 和 0.225mmol/L，$Au^{Ⅲ}$：SiW_9：AA 的摩尔比为 2：r：3，r=1～32）

图 2-3 是制备于不同 SiW_9 摩尔比下的金纳米粒子的尺寸和吸收峰对照图。从图 2-3 中可以看出，随着 SiW_9 摩尔比的增加，粒子尺寸的下降和吸收峰位的蓝移是十分明显的。值得注意的是，粒子尺寸下降和吸收峰位蓝移的趋势在 r = 4.5 以前是很快的，在 4.5 以后则变慢。

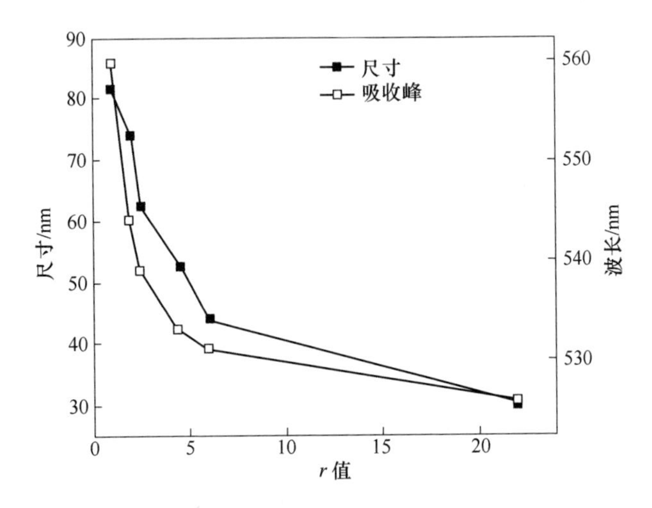

图 2-3　在不同 SiW_9 摩尔比下制备的 Au^0 NP 的尺寸和吸收峰的汇总

图 2-4 给出了不同 SiW_9 摩尔比（即不同 r 值）下金粒子的吸收峰强随时间的变化曲线。当 $r=1$，反应时间为 300s 时达最高吸收强度；当 $r=2$、2.5、4.5 和 6，反应时间分别为 240s、150s、150s 和 150s 时达最高吸收强度。很明显，SiW_9 摩尔比的增加促进了反应的速度。

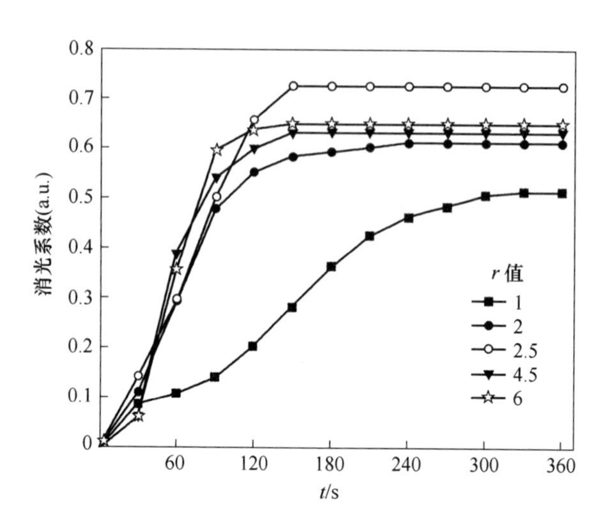

图 2-4　不同 SiW_9 摩尔比（即不同 r 值）下金粒子的吸收峰强随时间的变化曲线

取 Au^{III}：SiW_9：AA 摩尔比等于 2：4.5：3 为代表反应，将 $HACl_4$ 和 NaOH 加入溶液后，继而加入 SiW_9，此时反应体系是氢氧化金和 SiW_9 的混合物，将此混合物在 65℃ 的水域中恒温，使反应恒温时间分别为 0min、5min、25min、40min 和 45min，冷却至室温后，分别加 AA 制备金纳米粒子。所得金纳米粒子的紫外 - 可见吸收光谱如图 2-5 所示。从图 2-5 中可以看到，在加入还原剂 AA 前，混合物分别在水域中恒温 0min、5min、25min、40min 和 45min 时，其冷却至室温后加 AA 还原，对应所得的金粒子吸收峰分别从 540nm 蓝移至 539nm、535nm、533nm 和 533nm，说明金纳米粒子的尺寸随着 Au^{III} 和 SiW_9 反应时间的增加而下降。这说明，SiW_9 的加入提高了金前体的活性，且 Au^{III} 和 SiW_9 的反应时间越长，金前体 Au^{III} 的活性越强。这一结果暗示 Au^{III} 和 SiW_9 的反应产生了一个新的物种，而且，这个新的物种的反应活性更高。随着反应时间的增加，这种反应活性更强的新物种的量也在增加，因此，实际上是这种新产生的配合物物种（记作 $Au^{III}-SiW_9$）的增加，导致了反应速率的增加和金纳米粒子尺寸的下降。

上述的每一个反应中，在加入杂多酸 SiW_9 前，都先在体系中加入 150μL、0.1mol/L 的 NaOH 溶液用以维持 SiW_9 的结构不变（SiW_9 在 pH 高于 9.0 时稳定）[37]。加入 NaOH 溶液以后，溶液的 pH 值大约是 11.0，此时金前体的存在形

式是 $Au(OH)_3Cl^-$ 和 $Au(OH)_4^-$[40]。图 2-6 是 SiW_9、氢氧化金和新的配合物 $Au^{Ⅲ}-SiW_9$ 的紫外－可见吸收光谱，该光谱明确证明了新物种的形成。

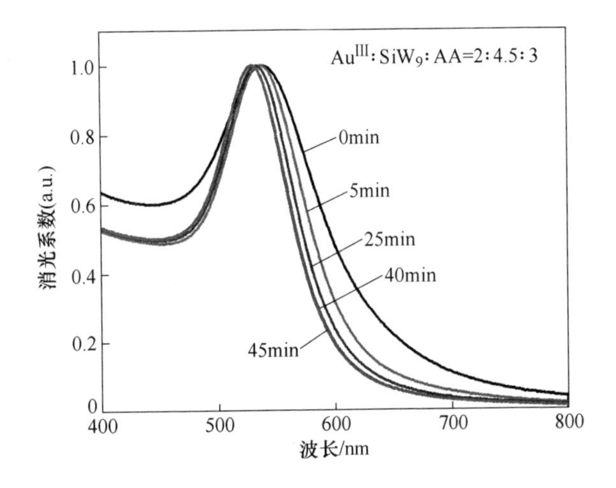

图 2-5 制备于不同水浴（65℃）时间的 Au NPs 的紫外可见光谱
（$Au^{Ⅲ}$: SiW_9 : AA 摩尔比为 2 : 4.5 : 3）

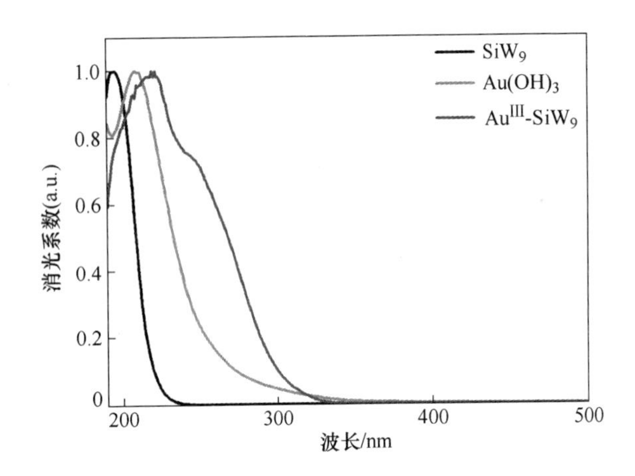

图 2-6 SiW_9、氢氧化金和新的配合物 $Au^{Ⅲ}-SiW_9$ 的紫外－可见吸收光谱

从图 2-6 中可以看到，SiW_9 在 195nm 处有一个吸收峰，其归属为 Od→W（Od，Terminal Oxygen）的荷移跃迁；氢氧化金则在 208nm 处出现了一个峰，其归属为 $p_\pi \to 5dx^2-y^2$ 的配位基－金属电子跃迁[42]；新的配合物 $Au^{Ⅲ}-SiW_9$[43] 则在 215nm 和 252nm 两处出现了吸收峰。215nm 处的尖峰归属为 Od→W 的荷移跃迁，252nm 处的肩峰则归属为 Ob/Oc→W（Ob，Oc，Bridging Oxygen）的荷移跃迁，这是典型的 SiW_9 缺位点被金属离子占据的特征。因此，对比 SiW_9、氢氧化

金和配合物 $Au^{Ⅲ}-SiW_9$ 这三种化合物的紫外可见光谱，可以证明在 $Au^{Ⅲ}$ 和 SiW_9 的反应体系中，有配合物 $Au^{Ⅲ}-SiW_9$ 的产生。这个结果看起来也符合成核－生长模型，即快的成核速率导致小的粒子尺寸。再者，吸收峰的宽度随着配合物 $Au^{Ⅲ}-SiW_9$ 的增加而变窄，说明金纳米粒子的多分散性和各向异性程度也在随着配合物 $Au^{Ⅲ}-SiW_9$ 的增加而下降。

将 $Au^{Ⅲ}$：SiW_9：AA＝2：4.5：3 时所制得的金纳米粒子离心分离后，再用高纯水清洗 3 次，离心分离出来。最后一次离心分离的上清液的紫外－可见吸收光谱如图2-7 所示。由图2-7 可以看到，上清液中已几乎没有杂多酸 SiW_9 的特征吸收峰，说明游离的杂多酸 SiW_9 已被清除。图 2-8 给出了用高纯水清洗 3 次后所得金粒子的红外光谱。在图 2-8 中可以看到，所得金纳米粒子在 931cm^{-1}、859cm^{-1}、831cm^{-1}、809cm^{-1}、730cm^{-1}和720cm^{-1}处有特征振动峰，其分别归属为杂多酸 SiW_9 的 ν_{as}（Si－Oa）(Oa，Central Oxygen)、ν_{as}（W－Od）、ν_{as}（W－Ob－W）和 ν_{as}（W－Oc－W）特征伸缩振动，这说明杂多酸 SiW_9 已被成功包覆在了金粒子表面。

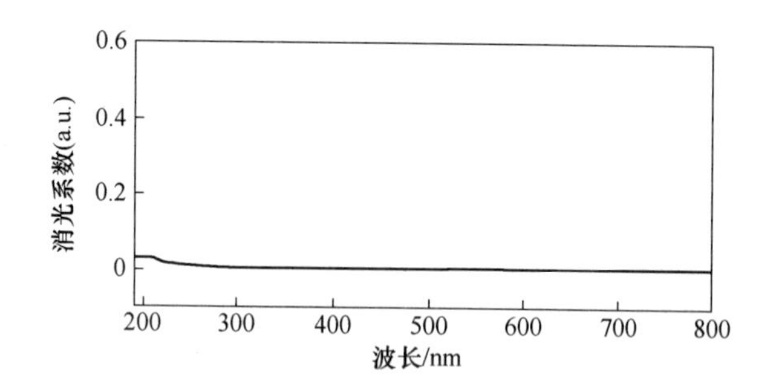

图 2-7　用高纯水洗涤 3 次后所得的 Au^0 NP 上清液的紫外－可见光谱

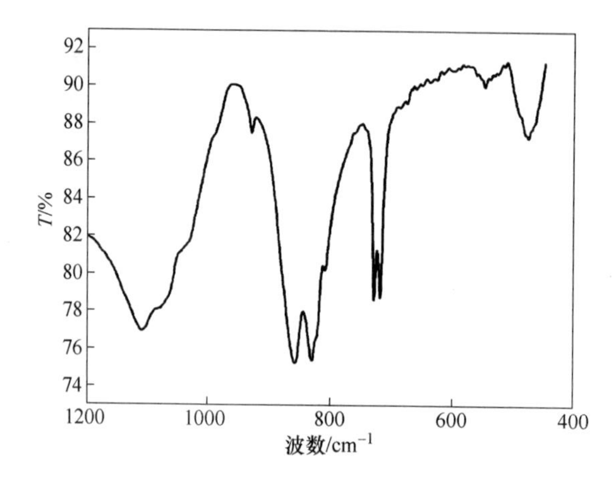

图 2-8　用高纯水清洗 3 次后所得的表面被 SiW_9 包覆的 Au^0 NP 的红外光谱

拥有三个缺位点和九个端氧原子的杂多阴离子 SiW_9 具有很强的配位能力，其结构示意图如图 2-9a 和 b 所示。因此，受杂多阴离子 SiW_9 之间大的空间位阻（约 1nm）和高的负电荷（10 个负电荷）斥力的影响，杂多阴离子包覆的纳米金胶体溶液是很稳定的，如图 2-9c 所示。得到的金粒子因为表面包覆的杂多阴离子具有很强的配位能力，因而可以再修饰而进一步具有功能化前景[18,44~48]，这也是我们未来工作的一个重要的研究方向。值得注意的是，图 2-3 中 $r=4.5$ 处的拐点，在杂多酸 SiW_9 的比例达到 4.5 之前，金粒子的尺寸随 SiW_9 比例的增加而迅速减小，吸收峰位也迅速蓝移，r 在 1 ~ 4.5 之间，金粒子减小幅度为 40nm；4.5 之后，金粒子的尺寸随 SiW_9 比例的增加，减小的趋势变得缓慢，吸收峰位也缓慢蓝移，在 $r=4.5\sim22$ 这一较宽范围之间，减小幅度仅有 20nm。这一拐点前后的变化说明，当杂多酸 SiW_9 的比例高于 4.5 时，配合物 $Au^{III}-SiW_9$ 的量不再有明显的增加趋势，因而会导致反应速率也没有明显的增加。因此，我们猜测金前体 Au^{III} 和杂多酸 SiW_9 之间配位反应生成配合物 $Au^{III}-SiW_9$ 的化学计量比应该在 2：4.5 左右。再者，由于 SiW_9 三缺位的有限空间和 SiW_9 之间大的空间位阻（直径约为 1nm）以及 Au^{III} 离子较大的体积，金前体 Au^{III} 和杂多酸 SiW_9 之间配位反应最可能的计量比是摩尔比 1：2，推测可能的

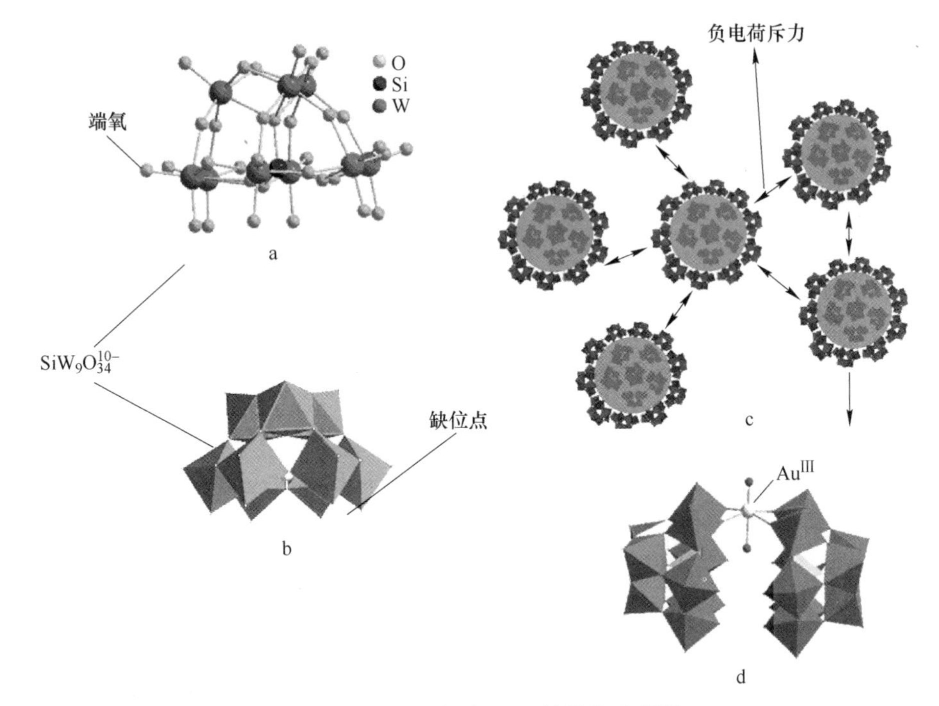

图 2-9 杂多阴离子 SiW_9 的结构示意图

a—球棍图；b—多面体图；c—SiW_9 包覆的金纳米粒子；d—$Au^{III}-SiW_9$

反应过程见式（2-1）和式（2-2）：

$$2SiW_9O_{34}^{10-} + Au(OH)_4^- \longrightarrow AuO_2(SiW_9O_{34})_2^{21-} + 2H_2O \quad (2\text{-}1)$$

$$2SiW_9O_{34}^{10-} + Au(OH)_3Cl^- \longrightarrow AuO_2(SiW_9O_{34})_2^{21-} + H_2O + Cl^- + H^+ \quad (2\text{-}2)$$

所得产物 $Au^{Ⅲ}-SiW_9$ 的可能结构如图 2-9d 所示，即一个 $Au^{Ⅲ}$ 离子被两个杂多阴离子 SiW_9 夹在中间，形成一个夹心结构。这个设想与 SiW_9 的摩尔比在 $r=4.5$ 处出现拐点是吻合的，$r=4.5$ 恰好是稍过量的计量比。超过 4.5 的计量比时，由于前体配合物 $Au^{Ⅲ}-SiW_9$ 的生成、增加明显变慢，反应速率加快的趋势也相应的明显下降。

既然我们已经证实了配合物 $Au^{Ⅲ}-SiW_9$ 的存在，那么，我们就可以建立一个假设，即在加还原剂 AA 之前，反应体系中，氢氧化金和 $Au^{Ⅲ}-SiW_9$ 之前存在着一个竞争平衡，配合物 $Au^{Ⅲ}-SiW_9$ 的反应活性要比氢氧化金前体更活跃。因此，随着体系中所加 SiW_9 的量的增多，SiW_9 与氢氧化金竞争生成配合物 $Au^{Ⅲ}-SiW_9$ 的量也不断增加，于是，导致前体活性增强，反应速率加快，生成的金纳米粒子的尺寸下降。当氢氧化金的量增加时，所得结果是相反的。图 2-10 是取 $Au^{Ⅲ}:SiW_9:AA$ 摩尔比为 2：4.5：3 的反应体系，向其中加入不同量的 NaOH，所得金纳米粒子的紫外 - 可见吸收光谱。此光谱直接给出了竞争平衡存在的证据。当反应体系中，NaOH 的浓度是 1.5mmol/L、2.5mmol/L 和 3.0mmol/L 时，所得金纳米粒子的吸收峰从 533nm 红移到了 544nm 和 557nm，金纳米粒子的尺寸从 52.6(±5.0%)nm 增大到了 61.9(±6.0%)nm 和 75.8(±8.9%)nm。这说明，随着 NaOH 浓度的增大，金粒子的尺寸也在增加；而 NaOH 浓度的增加，则意味着活性相对较差的金前体——氢氧化金的增加。因此，金前体——氢氧化金的增加会降低反应活性，导致粒子尺寸上升这一结论可以得到证实。

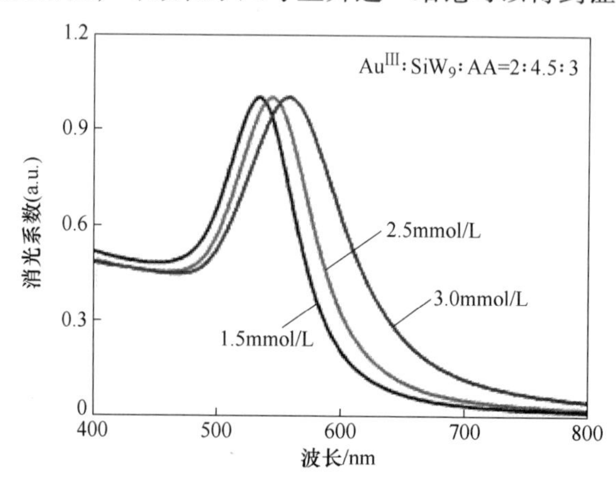

图 2-10　在不同浓度的 NaOH 溶液中制备的 Au^0 NP 的紫外 - 可见光谱

（$Au^{Ⅲ}:SiW_9:AA$ 摩尔比为 2：4.5：3）

图 2-11 是取 $Au^{Ⅲ}$: SiW_9 : AA 摩尔比为 2 : 4.5 : 3 的反应体系，在不同浓度的 NaOH 溶液中制备的 Au^0 NP 的 TEM 图。

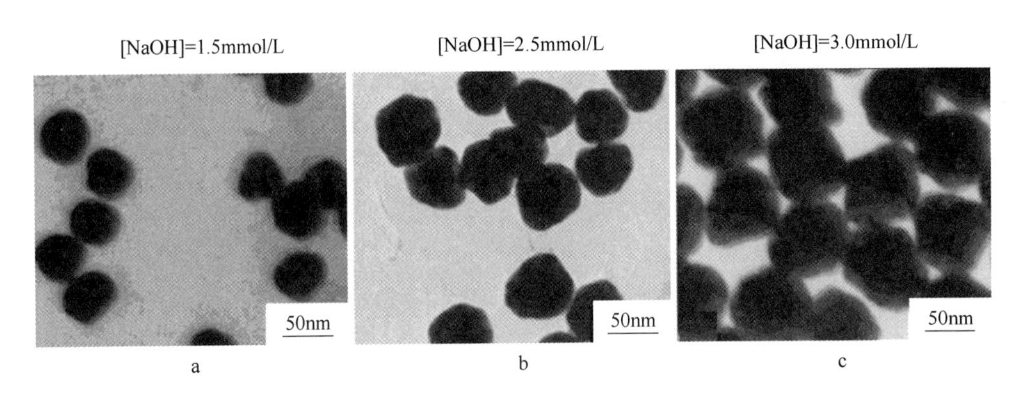

图 2-11 在不同浓度的 NaOH 溶液中制备的 Au^0 NP 的 TEM 图
（$Au^{Ⅲ}$: SiW_9 : AA 摩尔比为 2 : 4.5 : 3）

总之，在反应体系中，金前体 $Au^{Ⅲ}$ 和 SiW_9 在加还原剂 AA 之前，会先发生配位反应，生成新的配合物物种 $Au^{Ⅲ}-SiW_9$，该物种比氢氧化金前体更活跃，该配合物随着加入的杂多酸阴离子 SiW_9 的增加而增加，进而导致了反应速率加快，金粒子尺寸下降。我们的工作是通过改变杂多酸 SiW_9 摩尔比的方法为调控金纳米粒子的尺寸提供一种新的途径，金粒子的尺寸可以从 30nm 连续调到 81.5nm。所得的粒子由于被杂多阴离子 SiW_9 包覆、稳定，而被寄予再修饰的功能化前景。

2.3.3 溶液的 pH 值对合成金纳米粒子的影响

在 2.3.2 节中，所有实验都是在反应体系加入还原剂 AA 之前，先加入了 NaOH，使体系 pH 值达到 9.0 以上，以保证杂多阴离子 SiW_9 的结构。SiW_9 自身是碱性的，与 $Au^{Ⅲ}$ 配位反应之后会释放一定的质子而使溶液的 pH 有所下降，见式（2-1）、式（2-2）。为了明确 pH 值下降对反应体系的影响，我们将 $Au^{Ⅲ}$: SiW_9 按摩尔比为 1 : 10 混合，不加 NaOH，溶液总体积 10mL 不变，仍固定 $HAuCl_4$ 浓度为 0.15mmol/L，SiW_9 浓度为 1.5mmol/L。将上述反应前体溶液，即 $Au^{Ⅲ}$ 和 SiW_9 的混合溶液，分别水浴加热至 40℃、60℃、80℃和 90℃，恒温 5min 后，冷却至室温，加还原剂 AA，使反应体系按摩尔比 $Au^{Ⅲ}$: SiW_9 : AA = 1 : 10 : 1.5 反应，即反应体系中 AA 的浓度为 0.225mmol/L，反应直至体系颜色再无变化为止，所得粒子的透射电子显微镜照片（TEM）如图 2-12 所示（每种尺寸的粒子至少测量 200 个来计算粒子的平均尺寸和标准偏差）。

从图 2-12 中可以看到，当加还原剂 AA 前，反应前体溶液被分别恒温至

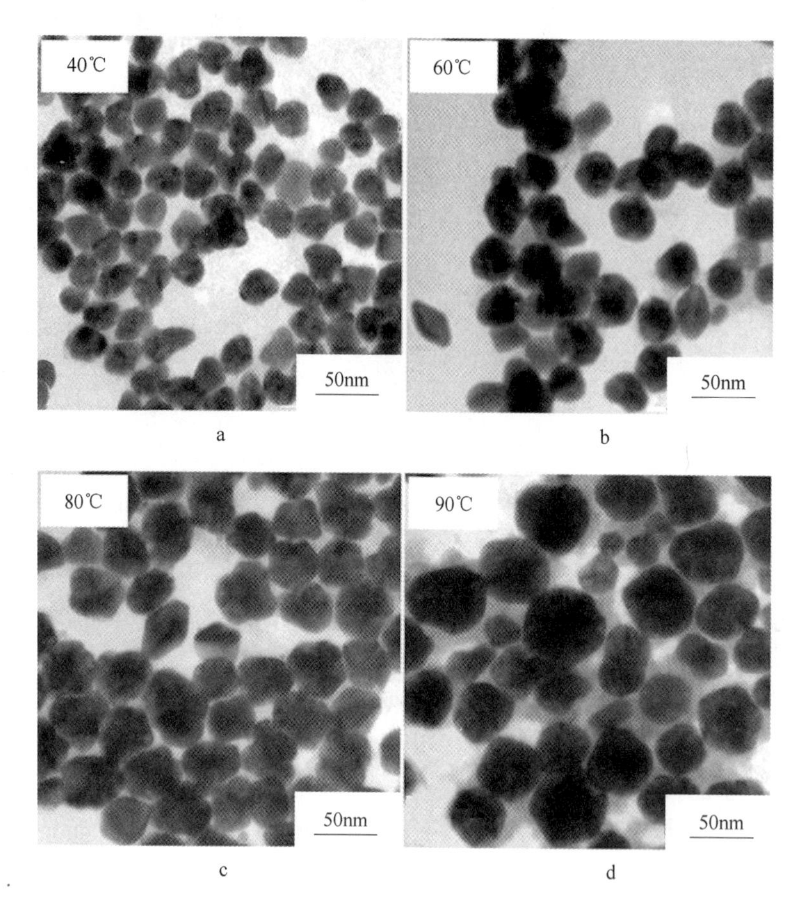

图 2-12　在不同水浴温度下制备的 Au^0 NPs 的 TEM 图
（$Au^{Ⅲ}$: SiW_9 : AA = 1 : 10 : 1.5，$Au^{Ⅲ}$、SiW_9 和 AA 的浓度分别为 0.15mmol/L、1.5mmol/L 和 0.225mmol/L）

40℃、60℃、80℃和90℃时，体系被还原后所得的金纳米粒子由类花形逐渐变圆至类菱形、类球形，粒子尺寸由 31.6(±4.33%) nm 增加到 38.1(±4.33%) nm、45.9(±5.20%) nm 和 51.8(±8.39%) nm，可见粒子尺寸随着反应前水浴温度的增加而逐渐增大，粒子的各向异性程度也逐渐减弱。

图 2-13 是对应于图 2-12 的、反应前体溶液在不同的水浴温度下恒温 5min 后，制得的金纳米粒子的紫外-可见吸收光谱。从图 2-13 中可以看出，当反应前体溶液被 40℃水浴加热 5min，冷却至室温加还原剂后，所得粒子在 541nm 和 730nm 处有两个吸收峰位，表现为明显的各向异性，从其对应于图 2-12a 上也可以看到，此时粒子是类花形的；当反应前体溶液被 60℃水浴加热 5min，冷却至室温加还原剂后，所得粒子在 534nm 和 669nm 处有两个吸收峰位，两个吸收峰

宽明显变窄，长波区峰尾抬起明显下降，说明各向异性程度有所下降，这与图2-12b中所看到的粒子由类花形变为类菱形是一致的；当反应前体溶液被80℃水浴加热5min，冷却至室温加还原剂后，所得粒子在542nm和686nm处有两个吸收峰位，长波区686nm处的吸收峰强已变得很弱，粒子的各向异性程度继续减弱，与图2-12c上对应的粒子由类菱形变为类球形也是一致的；当反应前体溶液被90℃水浴加热5min，冷却至室温加还原剂后，所得粒子在长波区的吸收峰消失，仅在短波区536nm处有一个吸收峰位，由图2-12d可以看出，此时粒子已基本变为球形[39~41]。

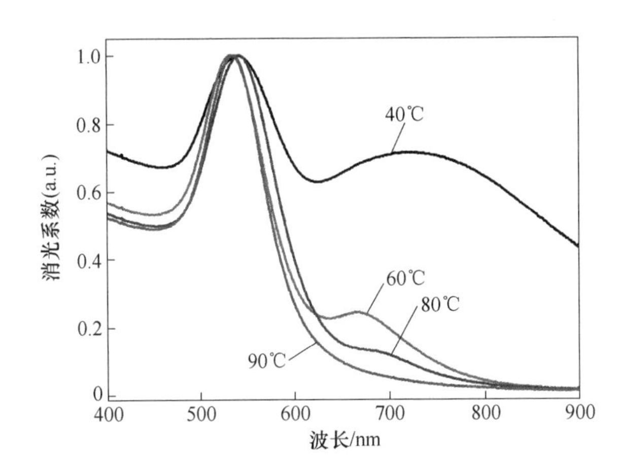

图2-13 在不同水浴温度下制备的 Au^0 NPs 的 UV－vis 光谱
（Au^{III} : SiW_9 : AA = 1 : 10 : 1.5，Au^{III}、SiW_9 和 AA 的浓度
分别为0.15mmol/L、1.5mmol/L 和0.225mmol/L）

图2-14所示为反应前体溶液在不同的水浴温度下恒温5min后的pH值变化趋势图。从图2-14中可以看到，随着反应前体溶液随水浴加热温度的升高，Au^{III}和 SiW_9 反应的量增多，释放的氢质子增多，溶液的pH值逐渐降低。溶液pH值的降低会导致还原剂AA的还原活性降低[49]，反应速率下降，进而导致了粒子尺寸的逐渐增大，粒子各向异性程度逐渐减弱[39~41]。

2.3.4 还原剂AA对合成金纳米粒子的影响

在2.3.2节和2.3.3节，所有反应中所加的还原剂AA均为恰好完全还原 Au^{III}的计量比（Au^{III} : AA = 1 : 1.5）。将2.3.3节所述方案中，Au^{III} : AA的摩尔比由原来的1 : 1.5调整为1 : 0.7，其他不变，即仍将 Au^{III} 和 SiW_9 按摩尔比为1 : 10混合，溶液总体积10mL，$HAuCl_4$ 浓度为0.15mmol/L，SiW_9 浓度为1.5mmol/L。将 Au^{III} 和 SiW_9 的混合溶液，分别水浴加热至60℃、65℃、70℃和

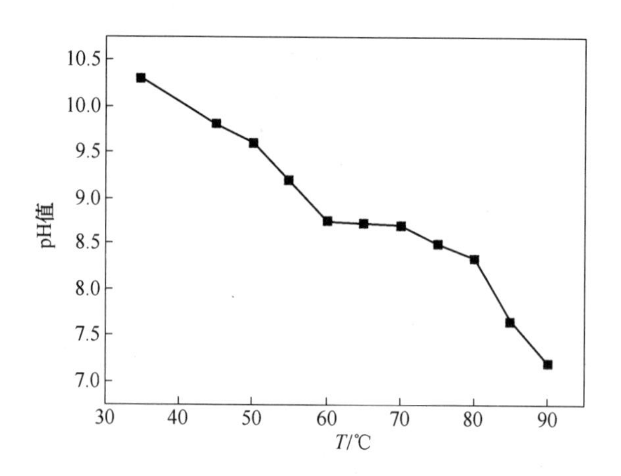

图 2-14　在不同水浴温度下 $Au^{Ⅲ}$ 和 SiW_9 混合溶液的 pH 值

（$Au^{Ⅲ}$ 和 SiW_9 的浓度固定在 0.15mmol/L 和 1.5mmol/L）

90℃，恒温 5min 后，冷却至室温，加还原剂 AA，使反应体系按摩尔比 $Au^{Ⅲ}$：SiW_9：AA = 1：10：0.7 反应，即反应体系中 AA 的浓度为 0.105mmol/L，少于恰好将体系中的 $Au^{Ⅲ}$ 完全还原的剂量比，反应直至体系颜色再无变化为止，所得粒子的透射电子显微镜照片（TEM）如图 2-15 所示（每种尺寸的粒子至少测量 200 个来计算粒子的平均尺寸和标准偏差）。

从图 2-15 中可以看到，当还原剂 AA 不足时，与 2.3.3 节部分还原剂 AA 恰好计量比相对比，金粒子的尺寸和形貌的变化趋势没变，依然是随着 $Au^{Ⅲ}$ 和 SiW_9 前体反应溶液随加热温度的升高，粒子尺寸变大，形貌的各向异性程度减弱。长轴由 37.4（±5.45%）nm 增大到 35.7（±4.75%）nm、37.3（±5.18%）nm 和 44.8（±5.31%）nm，短轴由 24.7（±2.86%）nm 增大到 25.6（±2.62%）nm、27.8（±4.23%）nm 和 33.4（±4.87%）nm，长短轴比由 1.57 降低到 1.39、1.34 和 1.34（见表 2-3），这与粒子形貌的各向异性程度变弱，粒子由最初的菱形（如图 2-15a、b 所示）变为类花形（如图 2-15c 所示）和类球形（如图 2-15d 所示）是一致的。引起这种变化趋势的原因与 2.3.3 节相同，即随着反应前体溶液随水浴加热温度的升高，$Au^{Ⅲ}$ 和 SiW_9 反应释放的氢质子增多，溶液的 pH 逐渐降低，导致还原剂 AA 的还原活性降低[49]，反应速率下降，故粒子尺寸增大，各向异性程度减弱[39~41]。尽管此时，AA 的剂量比 2.3.3 节方案中的剂量更少，但该变化趋势依然没变，说明 AA 的剂量对金纳米粒子的尺寸、形貌的影响不是很大；但是由于还原剂 AA 的不足，导致本合成方案中所得金纳米粒子与图 2-12 中的粒子相比，整体各向异性程度均稍有增强。

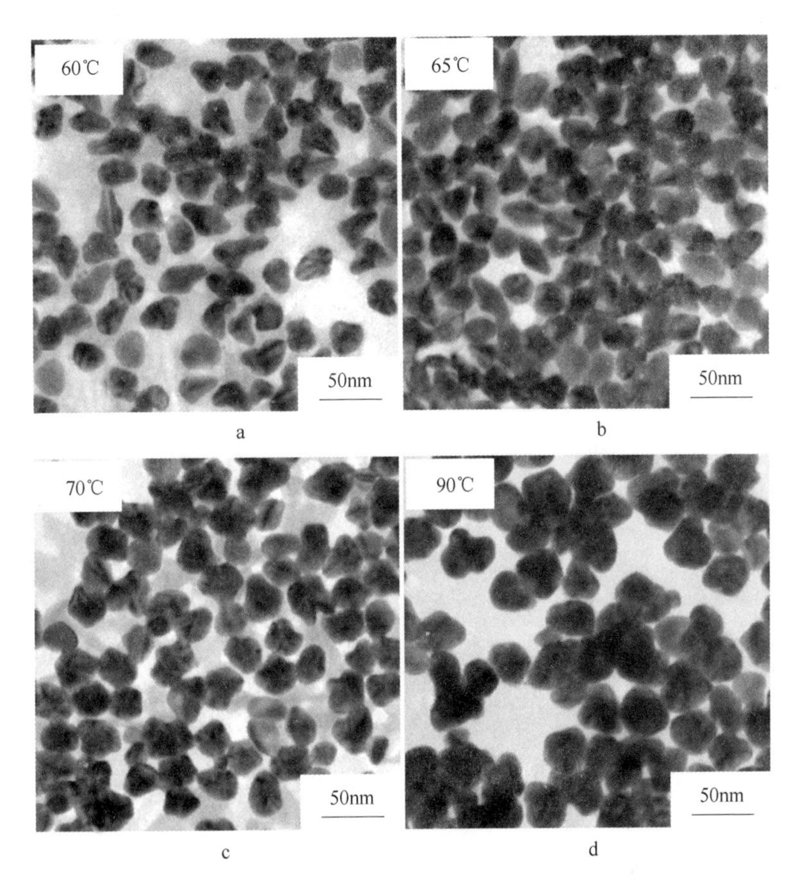

图 2-15 在不同水浴温度下制备的 Au NPs 的 TEM 图
（$Au^{Ⅲ}$ ：SiW_9 ：AA = 1 ：10 ：0.7，$Au^{Ⅲ}$ 、SiW_9 和 AA 的浓度固定为 0.15mmol/L、1.5mmol/L 和 0.105mmol/L）

表 2-3 在不同水浴温度下制备的 Au NPs 的尺寸（$Au^{Ⅲ}$ ：SiW_9 ：AA = 1 ：10 ：0.7，$Au^{Ⅲ}$ 、SiW_9 和 AA 的浓度固定为 0.15mmol/L、1.5mmol/L 和 0.105mmol/L）

温度	长 轴	短 轴	长短轴比
60℃	37.4(±5.45%)nm	24.7(±2.86%)nm	1.57
65℃	35.7(±4.75%)nm	25.6(±2.62%)nm	1.39
70℃	37.3(±5.18%)nm	27.8(±4.23%)nm	1.34
90℃	44.8(±5.31%)nm	33.4(±4.87%)nm	1.34

图 2-16 是对应于图 2-15 的 $Au^{Ⅲ}$ 和 SiW_9 前体反应溶液在不同的水浴温度下恒温 5min 后，制得的金纳米粒子的紫外 - 可见吸收光谱。从图 2-16 可以看出，当反应前体溶液被 60℃ 水浴加热 5min 后，所得粒子在 554nm 处有一宽吸收峰，且

600 ~800nm 范围内吸收的抬起较强，对应着粒子的形貌是两端较尖的菱角形；当反应前体溶液被 65℃水浴加热 5min 后，所得粒子在 537nm 处有吸收峰，且峰宽变窄，600 ~800nm 范围内吸收的抬起也明显降低，对应着粒子的形貌是四边较平滑的菱形；当反应前体溶液被 70℃和 90℃水浴加热 5min 后，所得粒子在 543nm 处有吸收峰，且峰宽变得更窄，600 ~800nm 范围内吸收的抬起也继续降低，对应着粒子的形貌是类花形，紫外 - 可见吸收光谱所得的结果与 TEM 是一致的。这进一步证明，还原剂 AA 的剂量对金纳米粒子的尺寸、形貌的影响不是很大，当 AA 不足时，仅仅是导致了所合成的金纳米粒子各向异性程度稍有增强，这可能是因为还原剂 AA 不足，使 $Au^{Ⅲ}$ 被还原成 Au^0 的量较少，故导致其粒子表面更加的凸凹不平，形貌更加不规则。

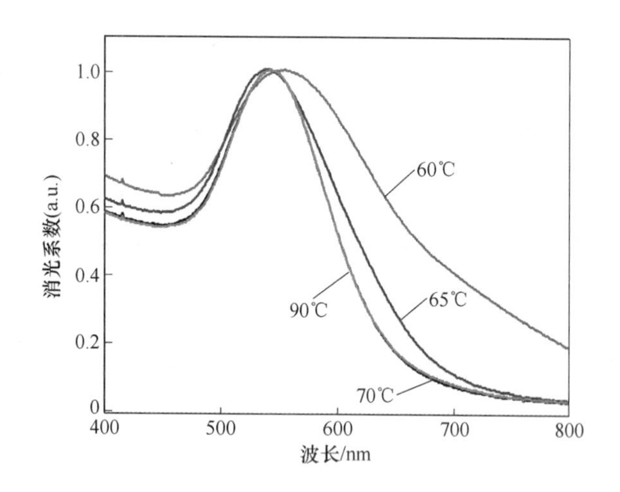

图 2-16　在不同水浴温度下制备的 Au^0 NPs 的紫外 - 可见光谱

（$Au^{Ⅲ}$: SiW_9 : AA = 1 : 10 : 0.7，$Au^{Ⅲ}$、SiW_9 和 AA 的浓度固定为 0.15mmol/L、1.5mmol/L 和 0.105mmol/L）

2.4　小结

本章工作中，我们以 $HAuCl_4$ 为金源，以 AA 为还原剂，以多金属氧酸盐 SiW_9 为配体，在碱性环境中研究了杂多阴离子 SiW_9 作为配体这一单独参数对金纳米粒子的尺寸调控机制，并制备出在较宽范围内（30.0 ~81.5nm）尺寸连续可调的、单分散的金纳米粒子。研究结果表明，在碱性环境中，$Au^{Ⅲ}$ 与 SiW_9 的前体混合溶液中，$Au^{Ⅲ}$ 和 SiW_9 之前会发生配位反应，生成一种新的物种 $Au^{Ⅲ}$ - SiW_9，并且该物种的反应活性高于氢氧化金前体。当在 $Au^{Ⅲ}$ 和 SiW_9 的反应前体溶液中，SiW_9 的量连续增加时，会导致氢氧化金和新的配合物 $Au^{Ⅲ}$ - SiW_9 之间的竞争平衡向 $Au^{Ⅲ}$ - SiW_9 增加的方向移动。因此，当加入还原剂 AA 后，由于活

性更强的配合物 $Au^{III}-SiW_9$ 的增加，导致了反应速率加快，粒子尺寸变小。所以，我们可以通过调节杂多酸 SiW_9 的量来控制金纳米粒子的生长。同时，研究结果也表明，反应溶液的 pH 值和还原剂 AA 的量也会对金纳米粒子的尺寸和形貌产生影响。本章对于多金属氧酸盐包覆的金纳米粒子的形成机制的深入理解将有助于设计合成具有特殊功能的金纳米粒子。

参 考 文 献

[1] Daniel M C, Astruc D. Gold Nanoparticles: Assembly, Supramolecular Chemistry, Quantum-Size-Related Properties, and Applications toward Biology, Catalysis, and Nanotechnology [J]. Chem. Rev., 2004, 104: 293 ~ 346.

[2] Sau T K, Murphy C J. Room Temperature, High-Yield Synthesis of Multiple Shapes of Gold Nanoparticles in Aqueous Solution [J]. J. Am. Chem. Soc., 2004, 126: 8648 ~ 8649.

[3] Kou X S, Zhang S Z, Yang Z, et al. Glutathione-and Cysteine-Induced Transverse Overgrowth on Gold Nanorods [J]. J. Am. Chem. Soc., 2007, 129: 6402 ~ 6404.

[4] Goubet N, Ding Y, Brust M, et al. A Way To Control the Gold Nanocrystals Size: Using Seeds with Different Sizes and Subjecting Them to Mild Annealing [J]. Acs Nano., 2009, 3: 3622 ~ 3628.

[5] Xia H B, Bai S O, Hartmann J, et al. Synthesis of Monodisperse Quasi-Spherical Gold Nanoparticles in Water via Silver (Ⅰ) -Assisted Citrate Reduction [J]. Langmuir, 2010, 26: 3585 ~ 3589.

[6] Cui Y, Wei Q, Park H, et al. Nanowire Nanosensors for Highly Sensitive and Selective Detection of Biological and Chemical Species [J]. Science, 2001, 293: 1289 ~ 1292.

[7] Mclellan J M, Geissler M, Xia Y N. Edge spreading lithography and its application to the fabrication of mesoscopic gold and silver rings [J]. J. Am. Chem. Soc., 2004, 126: 10830 ~ 10831.

[8] Murphy C J, San T K, Gole A M. Anisotropic Metal Nanoparticles: Synthesis, Assembly, and Optical Applications [J]. J. Phys. Chem. B, 2005, 109: 13857.

[9] Rashid M H, Bhsttacharjee R R, Kotal A, et al. Synthesis of Spongy Gold Nanocrystals with Pronounced Catalytic Activities [J]. Langmuir, 2006, 22: 7141 ~ 7143.

[10] Zhang H, Xu J J, Chen N Y. Shape-Controlled Gold Nanoarchitectures: Synthesis, Superhydrophobicity, and Electrocatalytic Properties [J]. J. Phys. Chem. C, 2008, 112: 13886 ~ 13892.

[11] Skrabalak S E, Chen J Y, Sun Y G, et al. Gold Nanocages: Synthesis, Properties, and Applications [J]. Acc. Chem. Res., 2008, 41: 1587 ~ 1595.

[12] 王恩波，胡长文，许林．多酸化学导论 [M]．北京：化学工业出版社，1997.

[13] Papaconstantinou E. Photochemistry of polyoxometallates of molybdenum and tungsten and/or

vanadium [J]. Chem. Soc. Rev., 1989, 18: 1 ~ 31.

[14] Keita B, Mbomekalle I M, Nadjo L, et al. Tuning the formal potentials of new VIV-substituted Dawson-type polyoxometalates for facile synthesis of metal nanoparticles [J]. Electrochem. Commun., 2004, 6: 978 ~ 983.

[15] Troupis A, Hiskia A, Papaconstantinou E. Synthesis of metal nanoparticles by using polyoxometalates as photocatalysts and stabilizers [J] Angew. Chem. Int. Ed., 2002, 41: 1911 ~ 1913.

[16] Long D L, Tsunashima R, Cronin L. Polyoxometalates: Building Blocks for Functional Nanoscale Systems [J]. Angew. Chem. Int. Ed., 2010, 49: 1736 ~ 1758.

[17] Long D L, Burkholder E, Cronin L. Polyoxometalate clusters, nanostructures and materials: From self assembly to designer materials and devices [J]. Chem. Soc. Rev., 2007, 36: 105 ~ 121.

[18] Keita B, Liu T B, Nadjo L. Synthesis of remarkably stabilized metal nanostructures using polyoxometalates [J]. J. Mater. Chem., 2009, 19: 19 ~ 33.

[19] Itoh K, Nishizawa T, Yamagata J, et al. Raman microspectroscopic study on polymerization and degradation processes of a diacetylene derivative at surface enhanced raman scattering active substrates. 1. Reaction kinetics [J]. Journal of Physical Chemistry B, 2005, 109 (1): 264 ~ 270.

[20] Orendorff C J, Gole A, Sau T K, et al. Surface-enhanced raman spectroscopy of self-assembled monolayers: Sandwich architecture and nanoparticle shape dependence [J]. Analytical Chemistry, 2005, 77 (10): 3261 ~ 3266.

[21] Anderson D J, Moskovits M. A Sers-active system based on silver nanoparticles tethered to a deposited silver film [J]. Journal of Physical Chemistry B, 2006, 110 (28): 13722 ~ 13727.

[22] Zhao L L, Jensen L, Schatz G C. Surface-enhanced raman scattering of pyrazine at the junction between two Ag-20 nanoclusters [J]. Nano Letters, 2006, 6 (6): 1229 ~ 1234.

[23] Dieringer J A, Lettan R B, Scheidt K A, et al. A frequency domain existence proof of single-molecule surface-enhanced raman spectroscopy [J]. Journal of the American Chemical Society, 2007, 129 (51): 16249 ~ 16256.

[24] Olson T Y, Schwartzberg A M, Orme C A, et al. Hollow gold-silver double-shell nanospheres: Structure, optical absorption, and surface-enhanced raman scattering [J]. Journal of Physical Chemistry C, 2008, 112 (16): 6319 ~ 6329.

[25] Camden J P, Dieringer J A, Wang Y M, et al. Probing the structure of single-molecule surface-enhanced raman scattering hot spots [J]. Journal of the American Chemical Society, 2008, 130 (38): 12616 ~ 12617.

[26] Vlckova B, Moskovits M, Pavel I, et al. Single-molecule surface-enhanced raman spectroscopy from a molecularly-bridged silver nanoparticle dimer [J]. Chemical Physics Letters, 2008, 455 (4 ~ 6): 131 ~ 134.

[27] Kelly K L, Coronado E, Zhao L L, et al. The optical properties of metal nanoparticles: The influence of size, shape, and dielectric environment [J]. Journal of Physical Chemistry B, 2003,

107 (3): 668 ~ 677.

[28] Matijevic E. Controlled colloid formation [J]. Colloid Interface Science, 1996, 1: 176 ~ 180.

[29] Lewis L N. Chemical catalysis by colloids and clusters [J]. Chemical Reviews, 1993, 93: 2693 ~ 2730.

[30] Xiong Y J, Wiley B, Xia Y N. Nanocrystals with unconventional shapes—A class of promising catalysts [J]. Angewandte Chemie-International Edition, 2007, 46 (38): 7157 ~ 7159.

[31] Xiao Y, Patolsky F, Katz E, et al. "Plugging into enzymes": Nanowiring of redox enzymes by a gold nanoparticle [J]. Science, 2003, 299: 1877 ~ 1881.

[32] Patolsky F, Weizmann Y, Willner I. Long-range electrical contacting of redox enzymes by SWC-NT connectors [J]. Angewandte Chemie-International Edition, 2004, 43 (16): 2113 ~ 2117.

[33] Zhao W, Xu J J, Chen H Y. Extended-range glucose biosensor via layer-by-layer assembly incorporating gold nanoparticles [J]. Frontiers in Bioscience, 2005, 10: 1060 ~ 1069.

[34] Zhao J, Zhu X L, Lib T, et al. Self-assembled multilayer of gold nanoparticles for amplified electrochemical detection of cytochrome c [J]. Analyst, 2008, 133 (9): 1242 ~ 1245.

[35] Pandey P C, Upadhyay S. Bioelectrochemistry of glucose oxidase immobilized on ferrocene encapsulated ormosil modified electrode [J]. Sensors and Actuators B-Chemical, 2001, 76 (1 ~ 3): 193 ~ 198.

[36] Brust M, Walker A, Bethell D. Synthesis of thiol derivatised gold nanoparticles in a two-phase liquid-liquid system [J]. Chem. Soc. Chem. Commun., 1994, 994: 801.

[37] Herve G, Teze A. Study of a - and @ - Enneatungstosilicates and-germanates [J]. Inorganic Chemistry, 1977, 16: 2115 ~ 2117.

[38] Graham C R, Ott L S, Finke R G. Ranking the Lacunary $(Bu_4N)_9$ $\{H[\alpha_2-P_2W_{17}O_{61}]\}$ Polyoxometalate's Stabilizing Ability for Ir $(0)_n$ Nanocluster Formation and Stabilization Using the Five-Criteria Method Plus Necessary Control Experiments [J]. Langmuir, 2009, 25: 1327 ~ 1336.

[39] Mie G. Optical Properties of Colloidal Gold Solutions [J]. Ann. Phys., 1908, 25: 329.

[40] Ji X H, Song X N, Li J, et al. Size Control of Gold Nanocrystals in Citrate Reduction: The Third Role of Citrate [J]. J. Am. Chem. Soc., 2007, 129: 13939 ~ 13948.

[41] Zhao L L, Ji X H, Sun X J, et al. Formation and Stability of Gold Nanoflowers by the Seeding Approach: The Effect of Intraparticle Ripening [J]. J. Phys. Chem. C, 2009, 113: 16645 ~ 16651.

[42] Goia D V, Matijevic E. Tailoring the particle size of monodispersed colloidal gold [J]. Colloids and Surfaces A: Physicochem. Eng. Aspects, 1999, 146: 139 ~ 152.

[43] The new complex $Au^{III}-SiW_9$ was obtained by mixing $HAuCl_4$ and SiW_9 with 1 : 2 molar ratio. The pH value of the solution was kept at 11.0 by adding NaOH solution. The reaction was kept in 65℃ for 1h and then cooled to room temperature. The product was precipitated by adding CsCl into the reaction solution.

[44] Li H L, Yang Y, Wagn Y Z, et al. In situ fabrication of flower-like gold nanoparticles in surfactant-polyoxometalate-hybrid spherical assemblies [J]. Chem. Commun., 2010, 46: 3750 ~

3752.

[45] Qin B, Chen H Y, Liang H, et al. Reversible Photoswitchable Fluorescence in Thin Films of Inorganic Nanoparticle and Polyoxometalate Assemblies [J]. J. Am. Chem. Soc., 2010, 132: 2886 ~ 2888.

[46] Li S W, Yu X L, Zhang G J, et al. Green synthesis of a Pt nanoparticle/polyoxometalate/carbon nanotube tri-component hybrid and its activity in the electrocatalysis of methanol oxidation [J]. Carbon, 2011, 49: 1906 ~ 1911.

[47] Li S W, Yu X L, Zhang G J, et al. Green chemical decoration of multiwalled carbon nanotubes with polyoxometalate-encapsulated gold nanoparticles: visible light photocatalytic activities [J]. J. Mater. Chem., 2011, 21: 2282 ~ 2287.

[48] Mandal S, Selvakannan P R, Pasricha R, et al. Keggin Ions as UV-Switchable Reducing Agents in the Synthesis of Au Core-Ag Shell Nanoparticles [J]. J. Am. Chem. Soc., 2003, 125: 8440 ~ 8441.

[49] 马恩忠. 溶液的 pH 值对抗坏血酸氧化的影响 [J]. 天津化工, 2003, 17 (6): 23 ~ 24.

3 Keggin 结构还原型多金属氧酸盐 SbW_9、SbW_9Co_3 包覆的金纳米结构的合成

3.1 引言

最近几年，用纳米尺寸的多金属氧酸盐所合成的金属纳米结构以及它们在相关领域的应用一直吸引着人们的注意，越来越多的研究者致力于可用于绿色合成的纳米结构 POM 的设计和调控，因而有了现如今数之不尽的合成、调控金属纳米材料的方案，各种相关的出版物、专利层出不穷，越来越多的科研工作者加入这个领域，用 POM 合成金属纳米材料这一领域已现蓬勃发展之势。

在这个领域，人们所追求的目标是那些步骤简单、反应条件温和、绿色、环保、能合成性质卓越的金属纳米粒子的方法，其中，最适合用于这类方法的 POM 即那些还原型、高负电荷的杂多阴离子，这些杂多阴离子可以同时充当还原剂、配位剂、稳定剂和光催化剂等多种角色[1~7]。例如，Sastry 等人用还原型杂多酸 $PW_{12}O_{40}^{3-}$ 做紫外光控还原剂和稳定剂制备了金－银核壳纳米粒子[8]，但是该方法由于需要电子供体和紫外光照，所以比较耗费能源[9]；Nadjo 小组用还原型杂多酸 $(NH_4)_{10}[(Mo^{V})_4(Mo^{VI})_2O_{14}(O_3PCH_2PO_3)_2(HO_3PCH_2PO_3)_2]\cdot 15H_2O$ 和 $H_7[\beta-P(Mo^{V})_4(Mo^{VI})_8O_{40}]$ 合成了一系列的铂、钯、银纳米结构[10~14]，用 $\beta-[H_4PMo_{12}O_{40}]^{3-}$ 充当还原剂和稳定剂合成了一系列金纳米结构[15]，但该方法所用的混合价态还原型杂多酸的合成步骤过于繁琐[16,17]。

本章我们选用两种还原型杂多酸 $Na_9[SbW_9O_{33}]\cdot 19.5H_2O$（简写为 SbW_9）和 $Na_9[\{Na(H_2O)_2\}_3\{Co(H_2O)\}_3(SbW_9O_{33})_2]\cdot 28H_2O$（简写为 SbW_9Co_3）充当还原剂、配位剂和稳定剂，室温、水溶液中制备了一系列的金纳米结构。所选用的杂多酸可在水相一步合成，合成方法简单、产率高、环境友好，另外，含锑氧簇的杂多化合物通常会表现出多相氧化催化、抗癌、抗肿瘤等令人着迷的性质[18~21]，是“绿色化学法”制备金纳米粒子的理想物种。采用该方案制备金纳米粒子，无需再另外加入还原剂和电子供体，无需紫外光照，无需加热，合成方法简单、温和、节能、绿色、环境友好，是制备金属纳米材料的理想方法，并且，所制得的金属纳米结构由于有杂多酸这一功能配体的包覆，在催化、医疗等各个领域都有广阔的应用前景。

3.2 实验部分

3.2.1 试剂

本实验所用试剂及厂家见表 3-1。

表 3-1 试剂及厂家

试　剂	厂　家
四氯金酸（$HAuCl_4$）	国药集团化学试剂有限公司
钨酸钠（$Na_2WO_4 \cdot 2H_2O$）	国药集团化学试剂有限公司
三氧化二锑（Sb_2O_3）	国药集团化学试剂有限公司
氯化钴（$CoCl_2 \cdot 6H_2O$）	国药集团化学试剂有限公司
盐酸（HCl）	国药集团化学试剂有限公司

所有化学试剂均为分析纯并且使用前没有进一步纯化。实验所用的水为 Millipore Milli-Q 纯水仪新制高纯水，电阻率为 18.3MΩ · cm。

3.2.2 仪器

本实验所用仪器及厂家见表 3-2。

表 3-2 仪器及厂家

仪　器	仪器型号及厂家
紫外 - 可见吸收光谱仪	日本导津公司 UV - 1800
透射电子显微镜	日本日立公司 JEOL JEM - 2010
电子天平	北京 Sartorius 公司 BS124S
磁力搅拌器	德国 ika 公司 RO10
单晶 X 射线衍射	德国布鲁克公司 CCD 面探 X 射线衍射仪

3.3 缺位型 SbW_9 包覆的金纳米结构

3.3.1 合成

$Na_9[SbW_9O_{33}] \cdot 19.5H_2O$（简写为 SbW_9）是根据文献报道的方法合成的[22]，其具体步骤如下：$Na_2WO_4 \cdot 2H_2O$（40g，121mmol）溶于沸水（80mL）中，向此溶液逐滴滴加溶于 10mL 浓盐酸的 Sb_2O_3（1.96g，6.72mmol）。混合溶液回流 1h 后，冷却到室温，缓慢蒸发掉三分之一溶剂后，即得产品。

SbW_9 包覆的金纳米结构的具体合成方法如下：20mL 小玻璃瓶内注入一定量的水，磁力搅拌（300r/min）下加入 $HAuCl_4$ 溶液，搅拌均匀后，加入一定量的 5mmol/L 的 SbW_9 溶液，使整个反应体系中，溶液总体积保持为 10mL 不变，Au^{III} 的浓度固定为 0.15mmol/L，Au^{III} ：SbW_9 的物质的量比为 2：r（r = 2.0 ~ 4.5）。

3.3.2 结果与讨论

三缺位 $[SbW_9O_{33}]^{9-}$ 由 Tourné 等人于 1973 年首次报道[23]，属于稳定的缺位多阴离子，在反应过程中，通常能保持其 Keggin 片段不变，属于 Keggin 结构衍生出来的 1：9 系列不饱和阴离子中的 α－B 型[24,25]，即由饱和 α－型 Keggin 结构阴离子去除三个来自同一三金属簇的八面体获得（如图 3-1 所示），故其有三个缺位点，并且有 9 个端氧原子和 9 个负电荷，这些都有利于其与金纳米粒子的配位和稳定。其中心原子 Sb^{III} 为低氧化态，有弱的还原性，故 SbW_9 可在金属纳米粒子的制备中，既充当配位剂、稳定剂，又充当还原剂，合成步骤简单、反应条件温和、环境友好。

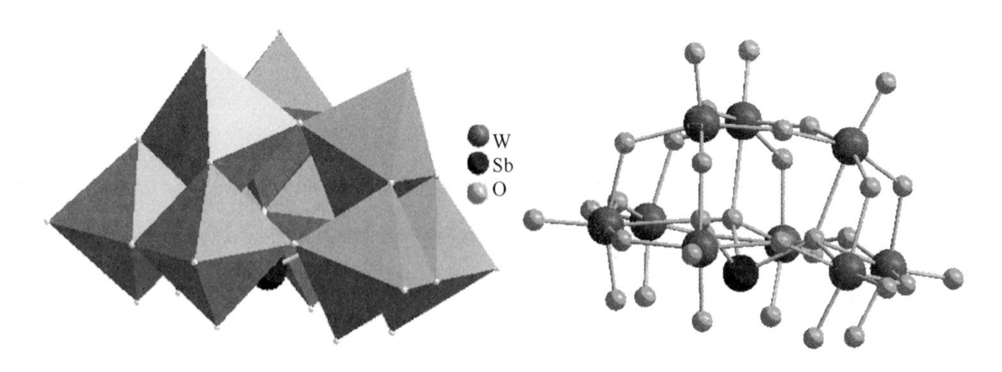

图 3-1 SbW_9 的多面体示意图（左）和球棍示意图（右）

在制备金纳米结构的过程中，由于杂多阴离子 SbW_9 的还原性较弱，其反应过程需要 2h，并伴随有颜色由淡黄到浅蓝黑的变化。由于在 SbW_9 包覆的金纳米结构的制备过程中，Au^{III} 浓度是 0.15mmol/L 固定不变的，所以 Au^{III} ：SbW_9 的摩尔比也同时反映了该比例下 SbW_9 的浓度。图 3-2 显示了在不同 SbW_9 摩尔比下制备的金纳米结构的透射电子显微镜照片（TEM）。每种尺寸的粒子至少测量 200 个来计算粒子的平均尺寸和标准偏差。

从图 3-2 中可以看到，当 Au^{III} ：SbW_9 的摩尔比为 2：r，r 值是 2.0 时，所得金纳米结构为 9.23(±3.39%)nm 直径的金粒子聚集而成的一维纳米链，链长几十到几百纳米不等；当 r 值增加到 2.5 时，纳米链变细，直径降为 8.18

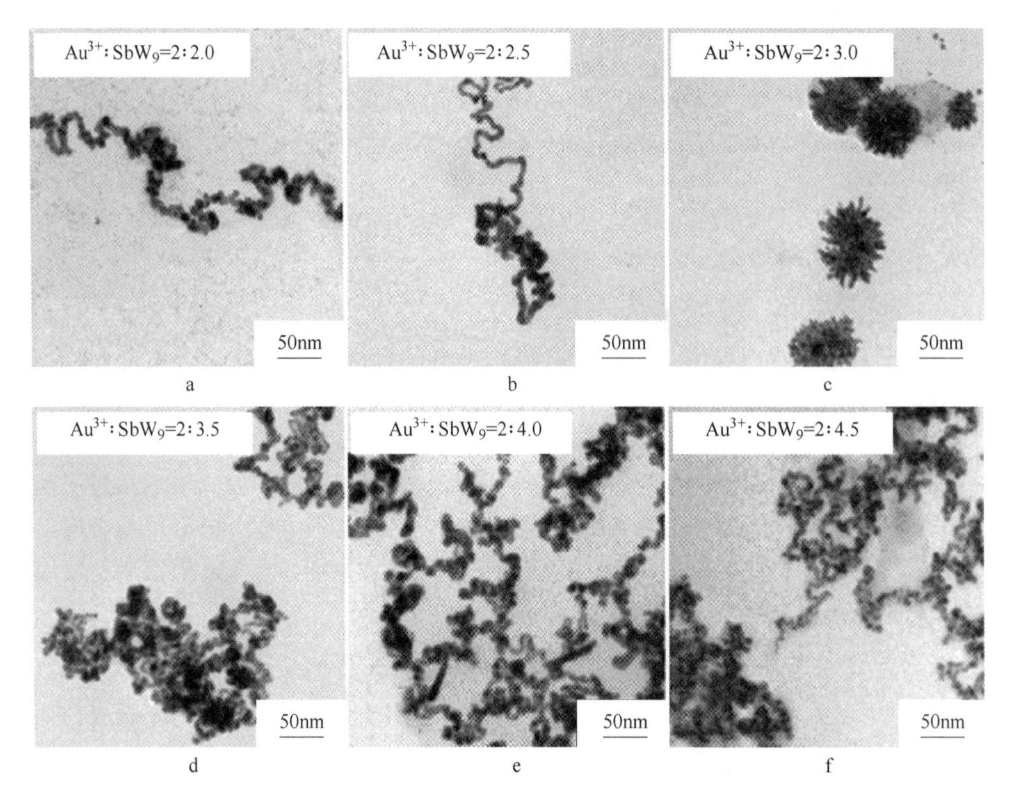

图 3-2 在不同 SbW_9 摩尔比下制备的 Au^0 NP 的 TEM 图

（在上述所有反应中，$Au^{Ⅲ}$ 的浓度固定为 0.15mmol/L，摩尔比 $Au^{Ⅲ}$ ∶ SbW_9 = 2 ∶ r，r = 2.0 ~ 4.5）

(±2.42%) nm粗细，并且开始有聚集，链长变短；当 r 值增加到 3.0 时，所得金纳米结构是由尺寸更小的金粒子聚集而成的零维金纳米花，纳米花的直径约为 54nm，同时伴有纳米链和小尺寸的球形纳米粒子的生成；当 r 值继续增加到 3.5、4.0、4.5 时，小尺寸的金纳米粒子开始聚集成二维纳米网，且聚集成网的小的金粒子的尺寸随着 r 值的增大而减小；当 r 值继续增加时，溶液开始出现聚沉。

从图 3-2 中金纳米结构的变化趋势可以看出，所得到的金纳米链、纳米花、纳米网均是由小尺寸的金纳米粒子聚集而成，且随着 r 值的增加，小尺寸的金粒子直径逐渐下降，所得的金纳米结构聚集程度逐渐增加，由链状变成了花状、网状。造成这种结果可能的原因是：(1) 杂多阴离子 SbW_9 在反应体系中充当的角色之一是还原剂，随着 r 值的增加，还原剂的量在增加，因此成核速度增加，粒子尺寸下降，符合成核 - 生长机制[26,27]；(2) 杂多阴离子 SbW_9 在反应体系中充当的角色之二是包覆剂和稳定剂，当包覆剂不足时（r = 2.0，2.5），小尺寸的金粒子更倾向于聚集成链状结构[15]；（3）杂多阴离子 SbW_9 是弱的还原剂，金离子被弱还原型杂多酸的低速还原很可能促进了金核的定向生长，导致了各向异性纳米结构的形成[28]。当 SbW_9 达到合适的剂量，吸附在金粒子表面时，由于杂多阴离子 SbW_9 之间的化学交联或结晶特性，恰好给彼此独立的金粒子之间提供了引力，这在小尺寸的金纳米粒子自组装成聚集体时发挥了重要的作用。不同于文献所报道的其他的稳定剂，杂多阴离子 SbW_9 是完全亲水的，并且是高负电荷的，其吸附到电中性的金纳米粒子表面会形成一个负电层，使被包覆的彼此独立的金粒子之间存在着负电斥力，同时，又由于溶液中存在着 SbW_9 的小的反荷阳离子 Na^+，它们充当了使被 SbW_9 包覆的带负电层的金粒子聚集在一起的纽带的作用，于是带负电的 SbW_9 包覆的金粒子通过反荷阳离子 Na^+ 靠静电引力聚集在一起，形成更大的、几十纳米的金纳米花，这种聚集不同于 Au^0 的疏水聚集，它们不容易聚沉，其溶液是透明稳定的[13]。当 SbW_9 的包覆量进一步增加时，小的被包覆的金粒子开始聚集成二维大面积的网状结构。

图 3-3 是对应于图 3-2 的、不同的 SbW_9 摩尔比下制得的金纳米结构的紫外－可见吸收光谱。从图 3-3 中可以看出，所得纳米结构的吸收峰带边抬起随着 SbW_9 摩尔比的增加而逐渐增强。这与金纳米结构形貌的各向异性程度的增加是相符的[29,30]。

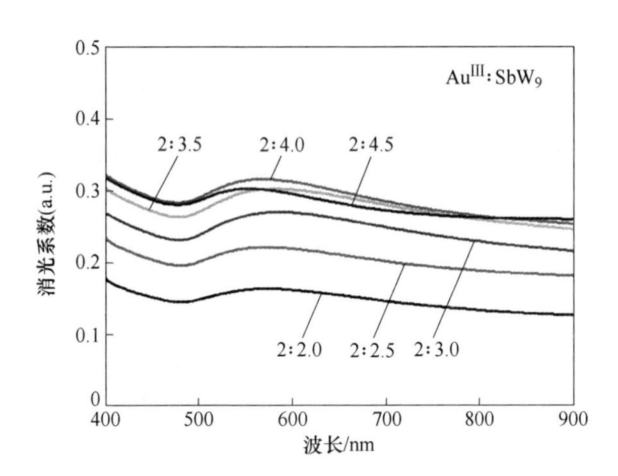

图 3-3　在不同 SbW_9 摩尔比下制备的 Au^0 NP 的紫外－可见吸收光谱

（在上述所有反应中，Au^{III} 的浓度固定为 0.15mmol/L，

摩尔比 Au^{III}：SbW_9＝2：r，r＝2.0～4.5）

根据文献报道，由于 Au^{III} 溶液中的配体是 Cl^- 和 OH^-，当溶液的 OH^- 浓度增大时，Au^{III} 的氢氧化物会增多，Au^{III} 前体的活性会下降，会导致反应速度变慢，因此，Au^{III} 前体被还原生成的小尺寸的粒子直径会变大，聚集程度变

弱[30~32]。取上述 3.3.2 节中 $Au^{Ⅲ}$: SbW_9 的摩尔比为 2 : 3.5 的比例为模型反应，在加入杂多酸 SbW_9 之前，在 $Au^{Ⅲ}$ 前体溶液中分别加入不同量的 0.1mol/L NaOH 溶液，使混合溶液中，NaOH 的浓度分别为 2.5×10^{-4} mol/L、5.0×10^{-4} mol/L、7.5×10^{-4} mol/L、9.0×10^{-4} mol/L、10.5×10^{-4} mol/L 和 12.0×10^{-4} mol/L，混合均匀后，加杂多酸 SbW_9，反应完成后，所得金纳米结构的透射电子显微镜照片（TEM）如图 3-4 所示。

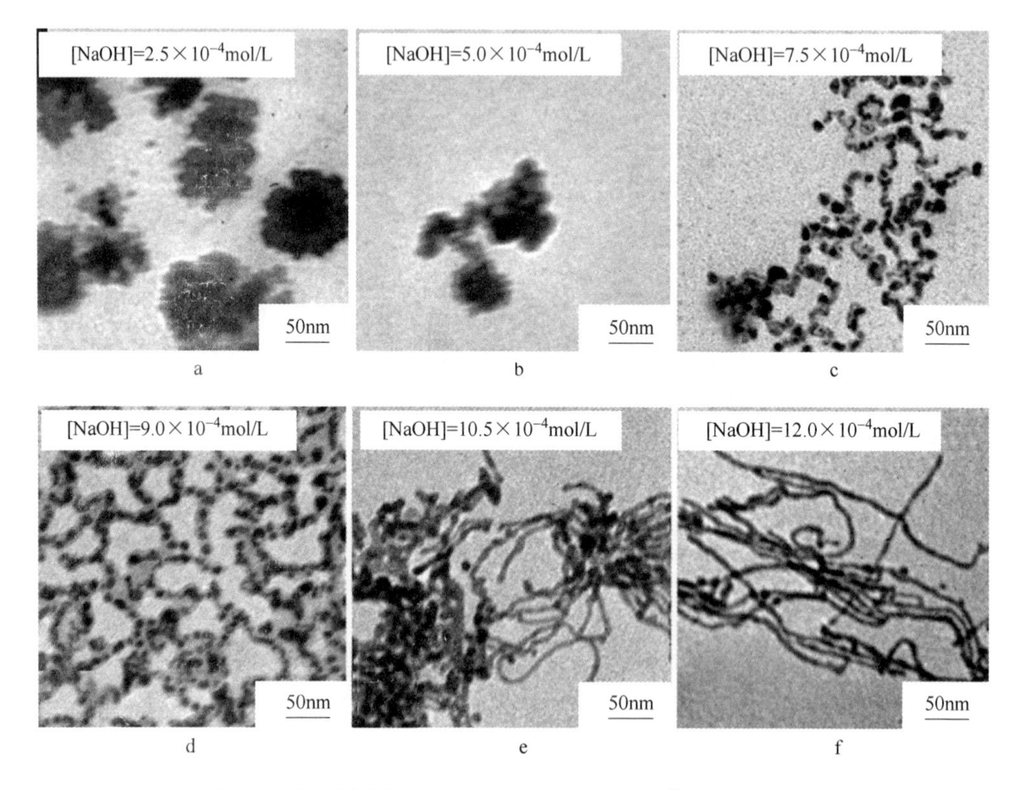

图 3-4　在不同浓度的 NaOH 溶液中制备的 Au^0 NP 的 TEM 图

（在所有上述反应中，$Au^{Ⅲ}$ 的浓度固定为 0.15mmol/L，摩尔比 $Au^{Ⅲ}$: SbW_9 = 2 : 3.5）

从图 3-4 中可以看到，当 NaOH 的浓度为 2.5×10^{-4} mol/L 时，所得的金纳米结构聚集程度相对于没有加入 NaOH 的条件下合成的粒子（如图 3-2d 所示）有所降低，由二维网状变为零维团簇状的纳米花（如图 3-4a 所示），纳米花尺寸为 40~200nm；当 NaOH 的浓度继续增加到 5.0×10^{-4} mol/L、7.5×10^{-4} mol/L 和 9.0×10^{-4} mol/L 时，金纳米结构聚集程度继续减弱，逐渐由花状演变成了纳米链连成的网状结构，网的直径可达上千纳米（如图 3-4b~d 所示）；当 NaOH 的浓度继续增加到 10.5×10^{-4} mol/L 时，纳米网有演变成纳米线的趋势（如图 3-4e 所示）；当 NaOH 的浓度达到 12.0×10^{-4} mol/L 时，金纳米结构聚集程度变得更弱，已彻底演变成了纳米线，线的长度可达几百纳米（如图 3-4f 所示）。这样的结果与之前报道的理论是一致的，即当体系中加入 NaOH 时，随着 NaOH 浓度的升高，金纳米结构的聚集程度减小，形貌逐渐由二维网状变为零维花状、一维线状，这恰好是图 3-2 的逆过程。

图 3-5 是 $Au^{Ⅲ}:SbW_9=2:3.5$ 时，不同的 NaOH 浓度下制得的金纳米结构的紫外 - 可见吸收光谱。从图 3-5 中可以看出，所得纳米结构的吸收峰带边抬起随着 NaOH 浓度的增加而逐渐下降并且峰宽变窄，峰位蓝移。这与金粒子形貌的各向异性程度的降低、小尺寸粒子直径的下降是相符的[29,30]。

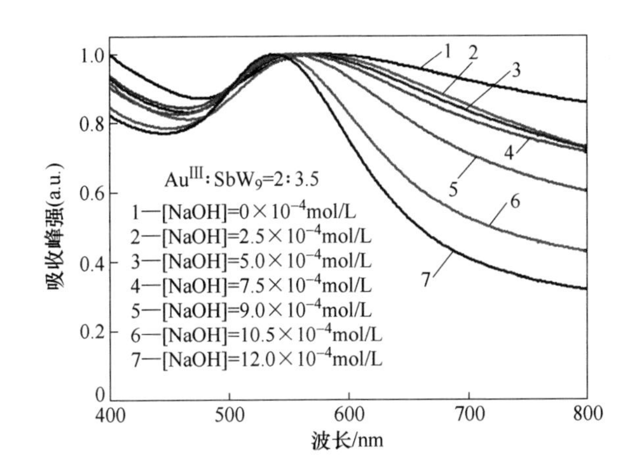

图 3-5 在不同浓度的 NaOH 溶液中制备的 Au^0 NP 的紫外 - 可见吸收光谱

（在所有上述反应中，$Au^{Ⅲ}$ 的浓度固定为 0.15mmol/L，

摩尔比 $Au^{Ⅲ}:SbW_9=2:3.5$）

3.4 饱和型 SbW_9Co_3 包覆的金纳米结构

3.4.1 合成

$Na_9[\{Na(H_2O)_2\}_3\{Co(H_2O)\}_3(SbW_9O_{33})_2]\cdot 28H_2O$（简写为 SbW_9Co_3）按文献方法合成[21]，具体的合成方法如下：$Na_9[SbW_9O_{33}]\cdot 19.5H_2O$（2g，0.8mmol）溶于 20mL 蒸馏水备用。$Co(CH_3COO)_2\cdot 4H_2O$（0.15g，1.2mmol）溶于 10mL 蒸馏水配成溶液后逐滴滴入上述溶液。将此蓝色溶液保持 95℃搅拌 1h，然后冷却到室温，空气中缓慢蒸发。五天后获得蓝色块状晶体，即为产品。

SbW_9Co_3 包覆的金纳米结构的具体制备方法如下：20mL 小玻璃瓶内注入一定量的水，磁力搅拌（300r/min）下加入 $HAuCl_4$ 溶液，搅拌均匀后，加入一定量的 5mmol/L 的 SbW_9Co_3 溶液，使整个反应体系中，溶液总体积保持为

10mL 不变，$Au^{Ⅲ}$的浓度固定为 0.15mmol/L，$Au^{Ⅲ}$ ：SbW_9Co_3 的摩尔比为 2 ：r（r =0.25 ~2.0）。

3.4.2 结果与讨论

单晶 X 射线衍射分析表明[21]：SbW_9Co_3 含两个 SbW_9 半单元，这两个半单元通过三个 Co^{2+}离子和三个 Na^+离子相连，形成了一个理想的 D_{3h}对称的夹心结构（如图 3-6 所示）。与 SbW_9 的结构相对比，SbW_9Co_3 中 SbW_9 的缺位位点被 Co^{2+}离子占据，还原中心 $Sb^{Ⅲ}$被夹在结构内部，未裸露出来，属于取代型饱和结构 POM。

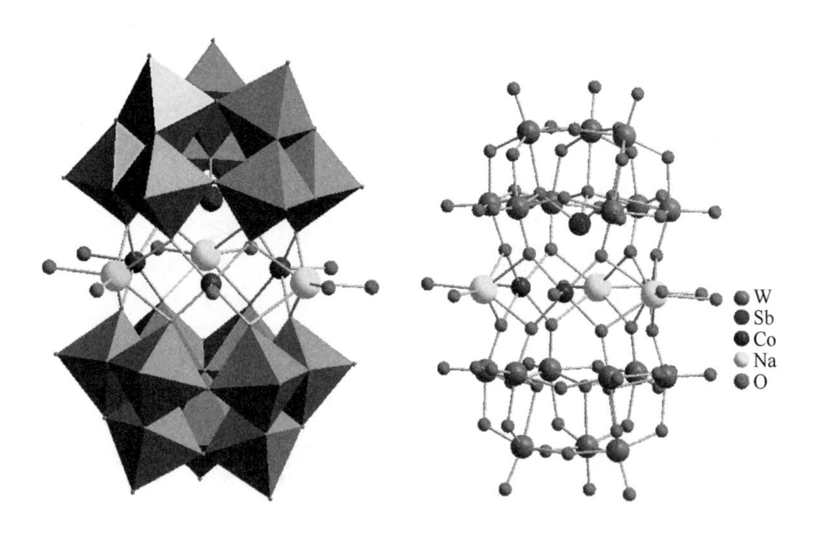

图 3-6　SbW_9Co_3 的多面体示意图（左）和球棍示意图（右）

在制备金纳米结构的过程中，杂多阴离子 SbW_9Co_3 的弱还原性，使反应过程需要 1 ~2h，并伴随有颜色由淡黄到浅蓝黑的变化。由于在 SbW_9Co_3 包覆的金纳米结构的制备过程中，$Au^{Ⅲ}$ 浓度是 0.15mmol/L 固定不变的，所以 $Au^{Ⅲ}$ ：SbW_9Co_3 的摩尔比也同时反映了该比例下 SbW_9Co_3 的浓度。图 3-7 显示了在不同 SbW_9Co_3 摩尔比下制备的金纳米结构的透射电子显微镜照片（TEM）。每种尺寸的粒子至少测量 200 个来计算粒子的平均尺寸和标准偏差。

从图 3-7 中可以看到，随着 $Au^{Ⅲ}$/SbW_9Co_3 体系中杂多酸 SbW_9Co_3 浓度的增加，所得金纳米结构的变化趋势与 3.3.2 节中 $Au^{Ⅲ}$/SbW_9 系列是相似的，即所得金纳米结构依然是由小尺寸的金纳米粒子聚集而成，随着还原剂 SbW_9Co_3 的增加，成核速率加快，小尺寸粒子的尺寸下降，聚集程度逐渐增强，所聚集成的金纳米结构的各向异性程度增强，逐渐由一维的金纳米线演变成了二维金纳米网。由于饱和结构的杂多酸 SbW_9Co_3 中，有三个 Co^{2+}离子占据了缺位的位置，Co^{2+}

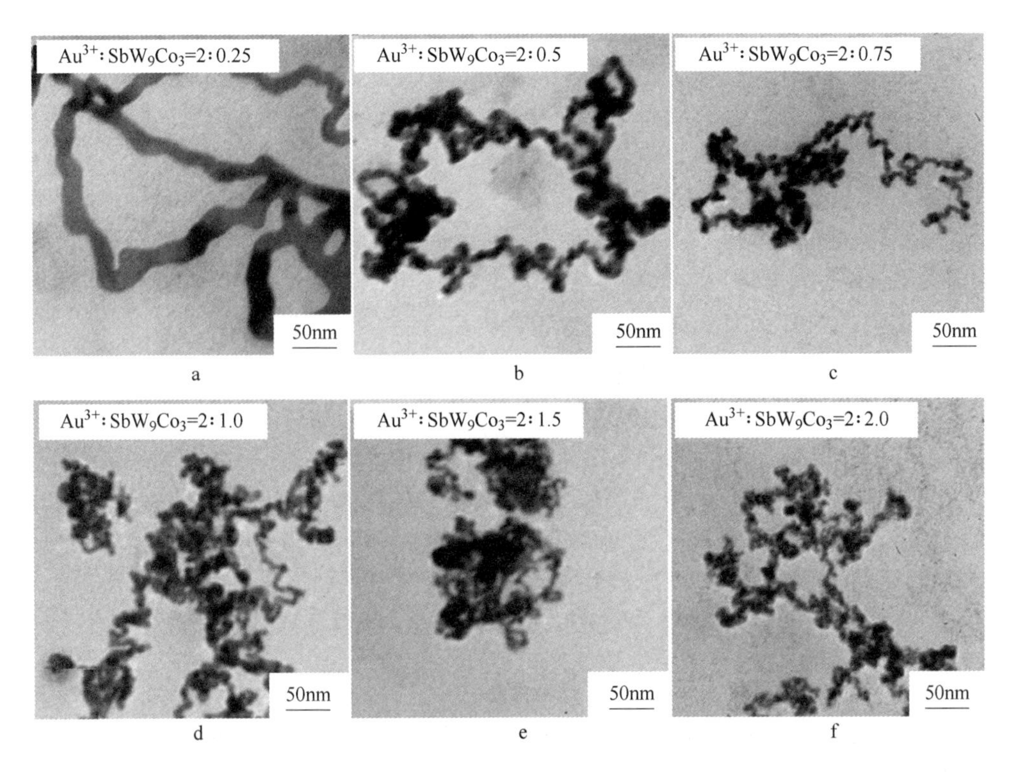

图 3-7 在不同 SbW_9Co_3 摩尔比下制备的 Au 纳米结构的 TEM 图

（在上述所有反应中，$Au^{Ⅲ}$ 的浓度固定为 0.15mmol/L，

摩尔比 $Au^{Ⅲ}$: SbW_9Co_3 = 2 : r，r = 0.25 ~ 2.0）

离子良好的导电性和传递电子的能力，使 Co^{2+} 离子夹心的饱和结构 SbW_9Co_3 与缺位结构的 SbW_9 相比，对 $Au^{Ⅲ}$ 的还原能力更强，还原 $Au^{Ⅲ}$ 的速率更快，故所得金纳米结构在还原剂（以 $Sb^{Ⅲ}$ 计）的量相同时，用以聚集的小尺寸金粒子直径更小，聚集程度更高。例如，在 $Au^{Ⅲ}/SbW_9Co_3$ 体系中，当 $Au^{Ⅲ}$: SbW_9Co_3 = 2 : 1.0 时（如图 3-7d 所示），所得金纳米结构为二维网状，网线直径为 6.34（±5.38%）nm，而在 $Au^{Ⅲ}/SbW_9$ 体系，当还原剂 $Sb^{Ⅲ}$ 的浓度与 $Au^{Ⅲ}/SbW_9Co_3$ 体系相同时，即 $Au^{Ⅲ}$: SbW_9 = 2 : 2.0 时，所得金纳米结构为一维链状，链的直径为 9.23(±3.39%)nm（如图 3-2a 所示）。

图 3-8 是不同的 SbW_9Co_3 摩尔比下制得的金纳米结构的紫外 - 可见吸收光谱。从图 3-8 中可以看出，吸收峰位逐渐蓝移，对应于代表小尺寸金粒子直径的减小；吸收峰带边抬起随着 SbW_9Co_3 摩尔比的增加而逐渐增强，对应于所得金纳米结构的形貌各向异性程度的增强[29,30]。

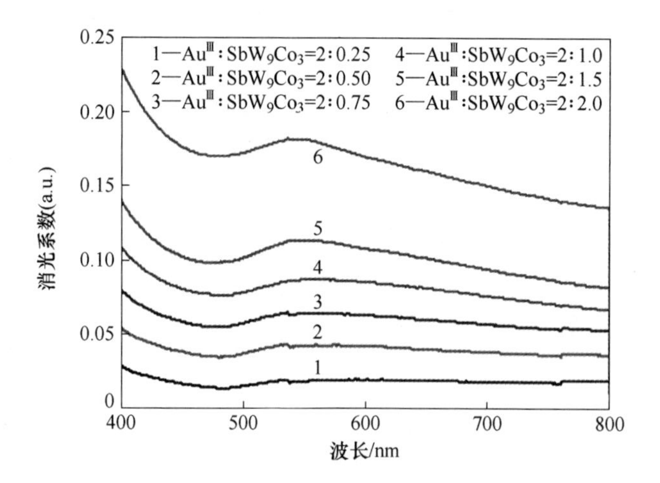

图 3-8 在不同 SbW_9Co_3 摩尔比下制备的 Au 纳米结构的紫外 - 可见吸收光谱

（在上述所有反应中，$Au^{Ⅲ}$ 的浓度固定为 0.15mmol/L，摩尔比 $Au^{Ⅲ}:SbW_9Co_3=2:r$，$r=0.25\sim2.0$）

3.5 小结

本章工作中，我们以 $HAuCl_4$ 为金源，以还原型多金属氧酸盐 SbW_9 和 SbW_9Co_3 为还原剂、稳定剂，常温水溶液条件下制备出了金纳米链、纳米花及纳米网。实验结果表明，由于所选用的多金属氧酸盐 SbW_9 和 SbW_9Co_3 均为弱还原剂，所制得的金纳米结构均由小尺寸的金纳米粒子聚集而成，且随着体系中还原剂 POM 浓度的增加，反应速率加快，金纳米结构中，小尺寸的金粒子直径减小，所得到的金纳米结构的聚集程度也会增加。另外，由于 Co^{2+} 离子夹心的饱和结构的 SbW_9Co_3 的还原性强于缺位型 SbW_9，故所得的金纳米结构中小尺寸的金粒子直径更小，金纳米结构的聚集程度更大。

参 考 文 献

[1] 王恩波，胡长文，许林．多酸化学导论 [M]．北京：化学工业出版社，1997.

[2] Papaconstantinou E. Photochemistry of polyoxometallates of molybdenum and tungsten and/or vanadium [J]. Chem. Soc. Rev., 1989, 18: 1 ~ 31.

[3] Keita B, Mbomekalle I M, Nadjo L, et al. Tuning the formal potentials of new VIV-substituted Dawson-type polyoxometalates for facile synthesis of metal nanoparticles [J]. Electrochem. Commun., 2004, 6: 978 ~ 983.

[4] Troupis A, Hiskia A, Papaconstantinou E. Synthesis of metal nanoparticles by using polyoxometalates as photocatalysts and stabilizers [J]. Angew. Chem. Int. Ed., 2002, 41: 1911 ~ 1913.

[5] Long D L, Tsunashima R, Cronin L. Polyoxometalates: Building Blocks for Functional Nanoscale Systems [J]. Angew. Chem. Int. Ed., 2010, 49: 1736 ~ 1758.

[6] Long D L, Burkholder E, Cronin L. Polyoxometalate clusters, nanostructures and materials: From self assembly to designer materials and devices [J]. Chem. Soc. Rev., 2007, 36: 105 ~ 121.

[7] Keita B, Liu T B, Nadjo L. Synthesis of remarkably stabilized metal nanostructures using polyoxometalates [J]. J. Mater. Chem., 2009, 19: 19 ~ 33.

[8] Mandal S, Selvakannan P R, Pasricha R, et al. Keggin Ions as UV-Switchable Reducing Agents in the Synthesis of Au Core-Ag Shell Nanoparticles [J]. J. Am. Chem. Soc., 2003, 125: 8440 ~ 8441.

[9] Troupis A, Gkika E, Khskia A, et al. Photocatalytic reduction of metals using polyoxometallates: recovery of metals or synthesis of metal nanoparticles [J]. C. R. Chim., 2006, 9: 851 ~ 857.

[10] Keita B, Zhang G, Dolbecq A, et al. $Mo^{V}-Mo^{VI}$ Mixed Valence Polyoxometalates for Facile Synthesis of Stabilized Metal Nanoparticles: Electrocatalytic Oxidation of Alcohols [J]. J. Phys. Chem. C, 2007, 111: 8145 ~ 8148.

[11] Zhang G, Keita B, Dolbecq A, et al. Green Chemistry-Type One-Step Synthesis of Silver Nanostructures Based on $Mo^{V}-Mo^{VI}$ Mixed-Valence Polyoxometalates [J]. Chem. Mater., 2007, 19: 5821 ~ 5823.

[12] Keita B, Biboum R N, Mbomekale I M, et al. One-step synthesis and stabilization of gold nanoparticles in water with the simple oxothiometalate $Na_2[Mo_3(\mu_3-S)(\mu-S)_3(Hnta)_3]$ [J]. J. Mater. Chem., 2008, 18: 3196 ~ 3199.

[13] Zhang J, Keita B, Nadjo L, et al. Self-Assembly of Polyoxometalate Macroanion-Capped Pd^0 Nanoparticles in Aqueous Solution [J]. Langmuir, 2008, 24: 5277 ~ 5283.

[14] Dolbecq A, Compain J D, Mialane P, et al. Hexa - and Dodecanuclear Polyoxomolybdate Cyclic Compounds: Application toward the Facile Synthesis of Nanoparticles and Film Electrodeposition [J]. Chem. Eur. J., 2009, 15: 733 ~ 741.

[15] Zhang G J, Keita B, Biboum R N. Synthesis of various crystalline gold nanostructures in water: The polyoxometalate $\beta-[H_4PMo_{12}O_{40}]^{3-}$ as the reducing and stabilizing agent [J]. J. Mater. Chem., 2009, 19: 8639 ~ 8644.

[16] Dolbecq A, Lisnard L, Mialane P, et al. Synthesis and Characterization of Octa - and Hexanuclear Polyoxomolybdate Wheels: Role of the Inorganic Template and of the Counterion [J]. Inorg. Chem., 2006, 45: 5898 ~ 5910.

[17] Ishidawa E, Yamase T. Photoreduction Processes of α-Dodecamolybdophosphate in Aqueous Solutions: Electrical Conductivity, ^{31}P NMR, and Crystallographic Studies [J]. Bull. Chem. Soc. Jpn., 2000, 73: 641 ~ 649.

[18] Rhule J T, Hill C L, Judd D A. Polyoxometalates in Medicine [J]. Chem. Rev., 1998, 98:

327 ~ 358.

[19] Cavani F, Koutyrev M, Trifiro F. Oxidative dehydrogenation of ethane to ethylene over antimony-containing Keggin-type heteropolyoxomolybdates [J]. Catal. Today, 1995, 24: 365 ~ 368.

[20] Cavani F, Koutyrev M, Trifiro F. The role of promoters in the oxidehydrogenation of ethane over structurally stable Keggin-type heteropolyoxomolybdates [J]. Catal. Today, 1996, 28: 319 ~ 333.

[21] Tan R X, Wang C, Cui S X, et al. Synthesis, Crystal Structure and Antitumor Activities of a New Cobalt-containing Tungstoantimonate $Na_9[\{Na(H_2O)_2\}_3\{Co(H_2O)\}_3(\alpha\text{-B-}SbW_9O_{33})_2] \cdot 28H_2O$ [J]. Journal of Macromolecular Science, Part A: Pure and Applied Chemistry, 2014, 51: 1 ~ 4.

[22] Bosing M, Loose I, Pohlmann H, et al. New Strategies for the Generation of Large Heteropolymetalate Clusters: The β-B-SbW, Fragment as a Multifunctional Unit [J]. Chem. Eur. J., 1997, 3: 1232 ~ 1237.

[23] Tourne C, Rerel A, Tourne Cz, et al. Chimie minerale-Les heteropoly tungstates contenant les elements de La famille du phosphore au degred'oxy dation (Ⅲ) ou (Ⅴ): identification d'éspeces de composition X_2W_{19} et XW_9 (X = P, As, Sb, Bi) et relation avec celles de composition XW_{11} [J]. C R Acad Sci Ser C, 1973: 643 ~ 645.

[24] Knoth W H, Domaille P J, Farlee R D. Anions of the type $(RMOH_2)_3W_{18}P_2O_{68}^{9-}$ and $[H_2OCo]_3W_{18}P_2O_{68}^{12-}$. A reinvestigation of "$B\text{-}\beta\text{-}W_9PO_{34}^{9-}$" [J]. Organometallics, 1985, 4: 62 ~ 68.

[25] Finke R G, Droege M, Hutchinson J R, et al. Trivacant heteropolytungstate derivatives: the rational synthesis, characterization, and tungsten-183 NMR spectra of $P_2W_{18}M_4(H_2O)_2O_{68}^{10-}$ (M = cobalt, copper, zinc) [J]. J. Am. Chem. Soc., 1981, 103: 1587 ~ 1589.

[26] Turkevich J, Hillier J, Stevenson P C. A study of the nucleation and growth processes in the synthesis of colloidal gold [J]. Discuss. Faraday Soc., 1951, 11: 55 ~ 75.

[27] Frens G. Controlled nucleation for the regulation of the particle size in monodisperse gold suspensions [J]. Nature (London), Physical Science, 1973, 241 (105): 20 ~ 22.

[28] Bamoharram F F, Ahmadpour A, Heravi M M, et al. Recent Advances in Application of Polyoxometalates for the Synthesis of Nanoparticles [J]. Synthesis and Reactivity in Inorganic, Metal-Organic, and Nano-Metal Chemistry, 2012, 42: 209 ~ 230.

[29] Zhao L L, Ji X H, Sun X J, et al. Formation and Stability of Gold Nanoflowers by the Seeding Approach: The Effect of Intraparticle Ripening [J]. J. Phys. Chem. C, 2009, 113: 16645 ~ 16651.

[30] Ji X H, Song X N, Li J, et al. Size Control of Gold Nanocrystals in Citrate Reduction: The Third Role of Citrate [J]. J. Am. Chem. Soc., 2007, 129: 13939 ~ 13948.

[31] Goia D V, Matijevic E. Tailoring the particle size of monodispersed colloidal gold [J]. Colloids and Surfaces, A: Physicochemical and Engineering Aspects, 1999, 146 (1 ~ 3): 139 ~ 152.

[32] Peck J A, Tait C D, Swanson B I, et al. Speciation of aqueous gold (Ⅲ) chlorides from ultraviolet/visible absorption and raman/resonance raman spectroscopies [J]. Geochimica et Cosmochimica Acta, 1991, 55 (3): 671 ~ 676.

4 Keggin 型多金属氧酸盐包覆的金纳米结构的自然光催化活性

4.1 引言

长久以来，染料废水对环境的污染始终困扰着人们，对染料废水的降解、治理一直都是一个高难度的课题与挑战。

染料主要用于纺织、印染等行业，其中，印染业的染料废水排放量占整个染料废水排放量的 80%[1]，是染料废水的主要来源之一。据统计，在印染加工过程中，全世界 40 多万吨的纺织染料，约有 10% ~20% 会随着废水排入江、河、湖、海以及地面水中。染料废水可以吸收自然光，使水生植物能够吸收到的太阳光减少，从而使光合作用受到抑制，减少水中的溶解氧，导致水生生物因缺氧窒息、死亡，使水生态平衡遭到破坏。

染料的结构通常都比较复杂，而且产品更新快，目前新型染料的设计更是朝着抗光解、抗生物氧化的方向发展，因此造成当前染料废水的处理难度更是不断增大，很难找到一个高度有效的治理方法。另外，由于生产染料的大都是一些小型加工厂，简陋的设备和间歇性的操作导致大量染料废水的间歇排放，使染料废水的治理更是难上加难。随着染料废水对环境污染的日趋严重，其对人们的环境和生活都造成了极大的威胁，染料废水的治理已迫在眉睫。

目前，对于染料废水的治理，研究最活跃的方法是光催化氧化法。光催化氧化法无需加热，室温下即可进行，符合节能的需求，且若能将光催化波长调整到可见光区，利用取之不竭的自然光来进行光催化，其应用前景将不可限量。

众所周知，自然光催化的商业开发及应用，特别是对有机污染物浓度的降低及清除，主要取决于高效、低成本的自然光催化剂的开发。合成新型、高效、低成本、无腐蚀、无二次污染的、催化条件温和、环境友好的自然光催化剂并用以降解废水染料一直都是催化领域的一个高难度挑战。在这个领域中，多金属氧酸盐一直都是人们关注的焦点之一，最近这些年来，具有与 TiO_2 光催化功能相似的 POM 催化剂吸引了无数人的兴趣，是最有希望、最具开发价值的光催化剂之一[2~4]。

多金属氧酸盐阴离子是高负电荷的聚阴离子团，其组成简单，结构确定，分子量高，骨架中有较大的孔隙，是很好的质子受体，具有良好的电子、质子的传输和存储能力，理论上最多可以接受 32 个电子，氧化还原可逆，光还原性高，热稳定性好，无毒、无挥发、无腐蚀，易联结成网状多空隙结构，这些优秀的特性使 POM 在催化领域的应用是其他催化剂无法相提并论的。作为催化剂，POM 的优良特性表现在：（1）组成和结构是确定的，最常用的结构即为 Keggin 结构，其基本建筑单元是金属氧八面体（或四面体），融合了普通配合物和金属氧化物两者的双重特征，这些都有利于在分子、原子水平设计、合成新功能的催化剂；（2）易溶于极性溶剂，同时又可以通过适当的反荷离子改性为易溶于非极性溶剂，既可用于催化均相体系，又可用于催化非均相体系；（3）同时具有酸性和氧化性，既可做酸催化，又可做氧化催化甚至双功能催化，其酸性和氧化还原性还可通过选择配原子、中心原子、反荷阳离子等微调，从而能进一步的调整其催化性能，利于有目标地合成、设计催化剂；（4）氧化还原可逆，阴离子结构稳定，电子转移后其阴离子团骨架结构可依然保持不变；（5）有独特的反应场，可使催化体相成为反应场的“假液相行为”；（6）杂多阴离子有软碱性，有强大、独特的配位能力，利于再修饰；（7）合成方法简单，条件温和，无毒、无挥发、对设备无腐蚀，环境友好[5~13]。然而，单独使用 POM 做催化剂，在催化过程中，也存在多酸催化剂的回收再利用的难题。故多酸作为催化剂的应用通常是先将其固载，以提高其利用率。

金属纳米粒子一直都是很好的催化剂，因为它们自身的粒子尺寸很小，有着较大的比表面积，表面活性位点大大增加，表面活性更高。由于粒子直径是纳米级的，颗粒和颗粒之间的孔隙几乎是可以忽略不计的，这就有效地避开了因反应的扩散而导致的一系列的副反应，进而，与同类型的传统催化剂相比，其催化剂的选择性和活性都大大提高了。同时，金属纳米粒子具有金属本身特有的化学稳定性，在催化体系中可再生，并且催化稳定，一直都是高活性、高选择性的新型催化剂的理想选择。在金属纳米粒子中，贵金属纳米粒子则表现出了很强的尺寸、形貌依赖的、非比寻常的光化学性质，具有光催化的潜质[14,15]。但是，金属纳米粒子是亚稳态的，周围环境的很多因素都会对其造成影响，例如，光、磁、温度、震动、所处气氛等，对金属纳米粒子的性质都有较大的影响，并且金属纳米粒子容易聚集成团簇状而沉降，导致催化效果欠佳。因此，通常在制备金属纳米粒子时，人们都会想办法对其做一些改性研究以提高其稳定性和分散性，并同时通过改性过程中所使用的包覆剂，使其同时具备金属纳米粒子自身和包覆上去的修饰剂二者的复合性质，使其表现出特殊的催化性能[16]。

考虑到多金属氧酸盐在光催化方面表现出来的优异性能，在众多的用于修饰金属纳米粒子的配体中，多金属氧酸盐脱颖而出，成为近些年来，用于合成金属纳米粒子的热门包覆剂。正如文献中描述的那样，由于二者完美的相互作用，一个有效的电荷转移可以发生在贵金属纳米粒子和 POM 之间，这可能就会影响 POM 包覆的贵金属纳米粒子杂化材料的光化学性质[17]。因此，制备出有杂多酸包覆的贵金属纳米材料，可望获得同时具有贵金属纳米粒子和多金属氧酸盐优良性能的新型复合材料，这种杂化材料不但可以同时保留有贵金属纳米粒子和POM 的特性，还有可能产生某些意想不到的光催化增强效果。

本章我们利用前两章所合成的杂多酸包覆的金纳米结构（合成方法见第 2、3 章）做光催化剂，在室温条件下，系统地研究了所合成的 SiW_9、SbW_9、SbW_9Co_3 包覆的金纳米结构催化剂对曙红 Y 模拟染料废水的自然光催化降解活性。研究结果表明：金纳米粒子与 POM 的结合对光催化活性有增强作用；SiW_9、SbW_9、SbW_9Co_3 三种多酸包覆的金纳米结构中，SbW_9Co_3 包覆的金纳米结构催化活性最强；多酸包覆的比例对催化剂的效果有着明显的影响；催化剂的尺寸、形貌、浓度对催化效果均有影响；最佳催化条件是以 SbW_9Co_3 包覆的金纳米结构为催化剂，当曙红浓度为 2.5×10^{-5}mol/L，催化剂浓度是 0.09mmol/L（以 Au 计）时，光催化降解 60min，降解率可达 98.5%。

4.2 实验部分

4.2.1 试剂

本实验所用试剂及厂家见表 4-1。

表 4-1 试剂及厂家

试 剂	厂 家
四氯金酸（$HAuCl_4$）	国药集团化学试剂有限公司
氢氧化钠（NaOH）	Sigma 公司
抗坏血酸（$C_6H_8O_6$）	国药集团化学试剂有限公司
柠檬酸钠 $C_6H_5Na_3O_7\cdot 2H_2O$	国药集团化学试剂有限公司
三氧化二锑（Sb_2O_3）	国药集团化学试剂有限公司
氯化钴（$CoCl_2\cdot 6H_2O$）	国药集团化学试剂有限公司
盐酸（HCl）	国药集团化学试剂有限公司
钨酸钠（$Na_2WO_4\cdot 2H_2O$）	国药集团化学试剂有限公司
硅酸钠（$Na_2SiO_3\cdot 5H_2O$）	国药集团化学试剂有限公司
曙红 Y（$C_{20}H_6Br_4Na_2O_5$）	国药集团化学试剂有限公司

所有化学试剂均为分析纯并且使用前没有进一步纯化。实验所用的水为 Millipore Milli-Q 纯水仪新制高纯水，电阻率为 18.3MΩ·cm。

4.2.2 仪器

本实验所用仪器及厂家见表 4-2。

表 4-2　仪器及厂家

仪　器	仪器型号及厂家
紫外 - 可见吸收光谱仪	日本导津公司 UV-1800
透射电子显微镜	日本日立公司 JEOL JEM-2010
电子天平	北京 Sartorius 公司 BS124S
磁力搅拌器	德国 ika 公司 RO10
电动离心机	Sigma1-13
红外光谱仪	美国尼高力公司 FT-IR（550Ⅱ）

4.3　结果与讨论

4.3.1　催化剂的制备

催化剂的制备详见 2.3.1 节、3.3.1 节和 3.4.1 节。

4.3.2　光催化实验方法

将染料溶液（曙红 Y）和催化剂（POM 包覆的金纳米粒子）放入 10mL 透明玻璃瓶中混匀，避光放置 30min，使其达到吸附平衡后，自然光照射，每隔一定时间取 500μL 溶液，离心分离，取上清液，检测光催化反应过程中曙红 Y 在 515nm 处的特征吸收强度，利用公式 $D\% = [(A_0 - A)/A_0] \times 100\%$（式中，$D\%$ 为脱色率；A_0 为自然光照射前试样的吸光度；A 为自然光照射时间为 t 时试样的吸光度）计算曙红 Y 的脱色率，用以衡量催化剂对染料的降解率。

4.3.3　曙红 Y 的结构

本书中，光催化剂的自然光催化活性采用催化降解模拟染料废水曙红 Y 溶液进行考察。曙红 Y，分子式为 $C_{20}H_6Br_4Na_2O_5$，是四溴荧光素二钠的别名，是一种生物染色剂，氧杂蒽酸性染料，其物理性状为红色结晶体或棕红色粉末状，常用于纺织、印染业，如棉、麻、毛、丝绸、腈纶、尼龙等的着色以及皮革、纸张、荧光染料和喷墨打印等，其结构如图 4-1 所示。

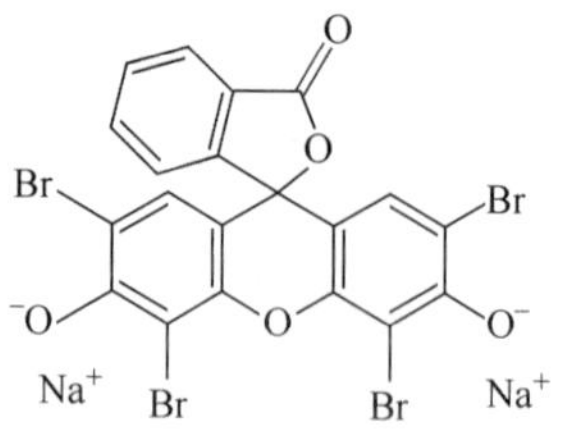

图 4-1　曙红的结构

4.3.4 曙红 Y 的标准工作曲线

曙红 Y 的浓度分析利用紫外－可见分光光度计测曙红 Y 溶液在$(0\sim3.75)\times10^{-5}$mol/L 浓度范围内 515nm 处的吸光度，绘制出浓度与吸光度的标准曲线（如图4-2 所示）。从标准曲线可以看到，在$(0\sim3.75)\times10^{-5}$mol/L 浓度范围内，曙红 Y 溶液的浓度与吸光度有很好的线性关系。

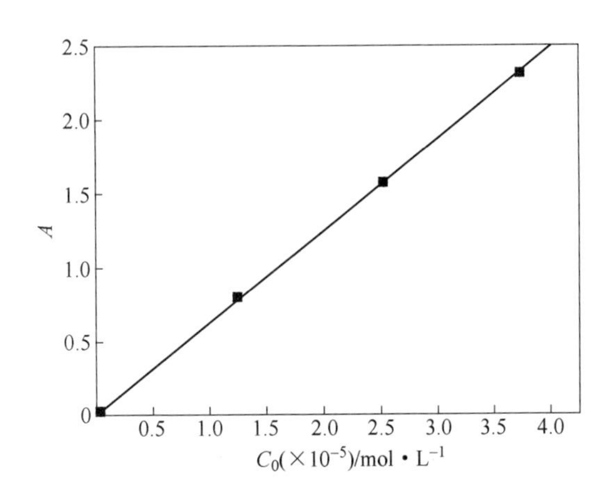

图 4-2 曙红溶液的标准曲线

4.3.5 Keggin 型多金属氧酸盐的包覆对金纳米结构的光催化增强

4.3.5.1 金纳米粒子自身对曙红 Y 的光催化活性

首先，按文献方法[18]合成柠檬酸钠包覆的 25nm 金种子，具体合成方法如下：250mL 的三颈瓶中，加入 100mL、0.25mmol/L 的 $HAuCl_4$ 水溶液，磁力搅拌、加热至沸腾状态后，向反应体系中一次性迅速注入 1mL、质量浓度为 5% 的柠檬酸钠溶液，沸腾状态下搅拌、反应 20min，停止加热，继续搅拌，自然冷却至室温，即得 25nm 金种子。

为了考察金纳米粒子自身对曙红 Y 的光催化降解活性，将柠檬酸钠包覆的 25nm 金种子按 0.15mmol/L（以 Au^0 计）的浓度分散至 5mL、2.5×10^{-5}mol/L 的曙红 Y 溶液中，进行自然光催化实验。光催化降解 2h 后，结果如图 4-3 所示。

从图 4-3 中可以看到，柠檬酸钠包覆的 25nm 金种子对曙红 Y 几乎没有任何的脱色效果，说明没有多金属氧酸盐包覆的金纳米粒子自身，对曙红 Y 是没有光催化降解能力的。

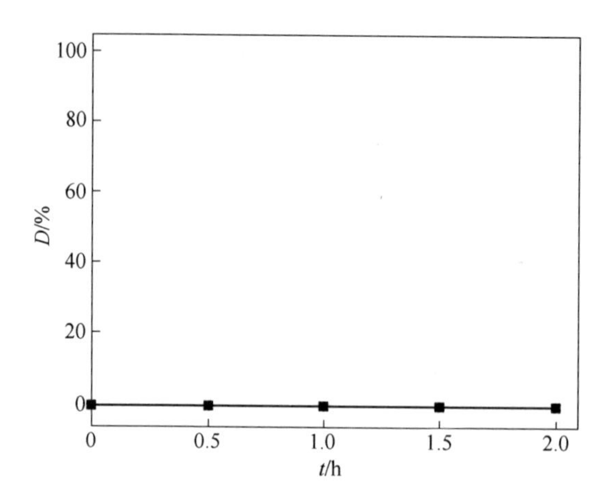

图 4-3　不同光催化时间内曙红的脱色率

4.3.5.2　Keggin 型多金属氧酸盐配体自身的光催化活性

Keggin 型多金属氧酸盐 SiW_9 的合成见 2.3.1 节。

Keggin 型多金属氧酸盐 SbW_9 的合成见 3.3.1 节。

Keggin 型多金属氧酸盐 SbW_9Co_3 的合成见 3.4.1 节。

为了考察 Keggin 型多金属氧酸盐 SiW_9、SbW_9、SbW_9Co_3 自身对曙红 Y 的光催化降解活性，将三种 POM 按 3mmol/L 的浓度分散至 5mL、2.5×10^{-5}mol/L 的曙红 Y 溶液中，进行自然光催化实验。光催化降解 2h 后，结果如图 4-4 所示。

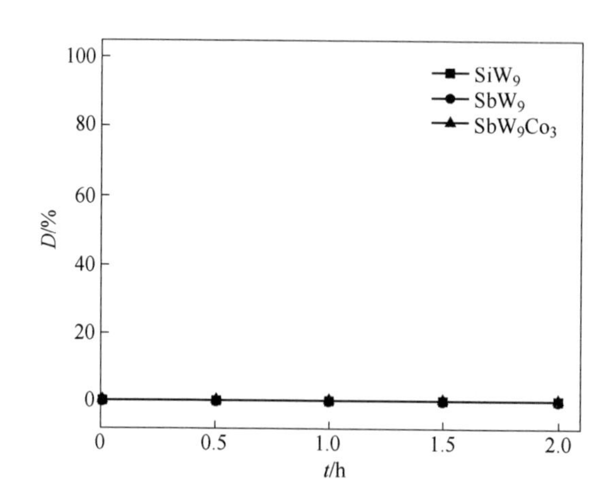

图 4-4　不同的多金属氧酸盐催化下曙红的降解率

从图 4-4 中可以看到，三种 Keggin 型多金属氧酸盐 SiW_9、SbW_9 和 SbW_9Co_3

自身对曙红 Y 几乎没有任何的脱色效果，说明没有金纳米粒子的存在下，所使用的三种 POM 自身在自然光照射下对曙红 Y 是没有催化降解能力的。

4.3.5.3 柠檬酸钠包覆的金种子与 Keggin 型多金属氧酸盐配体交换后的光催化活性

为了考察金纳米粒子与 Keggin 型多金属氧酸盐之间是否有光催化增强作用，将柠檬酸钠包覆的 25nm 金种子按 0.15mmol/L（以 Au^0 计）的浓度分别分散至 5mL 浓度为 3mmol/L 的 SiW_9、SbW_9 和 SbW_9Co_3 三种 POM 溶液中，磁力搅拌混匀后，静置 12h，进行配体交换。根据文献所述[19]，POM 的配体作用强于柠檬酸钠，故金纳米粒子表面的柠檬酸根配体将被杂多阴离子替换掉。

将配体交换 12h 后的金纳米粒子离心分离出来，超纯水清洗 3 次后，测其红外光谱（如图 4-5 所示）和紫外-可见吸收光谱（如图 4-6 所示）。

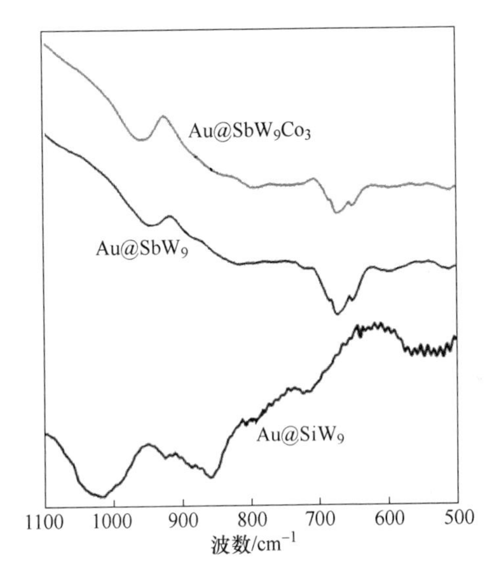

图 4-5 SiW_9、SbW_9 和 SbW_9Co_3 包覆的 Au^0 NPs 的红外光谱图

从红外光谱图 4-5 中可以看到，与杂多阴离子 SiW_9 进行配体交换后的金纳米粒子在 $933cm^{-1}$、$860cm^{-1}$、$831cm^{-1}$、$809cm^{-1}$ 和 $720cm^{-1}$ 处有特征振动峰，其分别归属为杂多酸 SiW_9 的 $\nu_{as}(Si-Oa)$、$\nu_{as}(W-Od)$、$\nu_{as}(W-Ob-W)$ 和 $\nu_{as}(W-Oc-W)$ 特征伸缩振动，这说明杂多酸 SiW_9 已成功地将柠檬酸根替换掉，包覆在了金粒子表面；与杂多阴离子 SbW_9 进行配体交换后的金纳米粒子在 $943cm^{-1}$、$823cm^{-1}$、$728cm^{-1}$、$686cm^{-1}$ 和 $673cm^{-1}$ 处有特征振动峰，分别归属为 $\nu_{as}(W-Od)$、$\nu_{as}(W-Ob,c-W)$ 的特征伸缩振动，证明杂多酸 SbW_9 已成功地将柠檬酸根替换掉，包覆在了金粒子表面；与杂多阴离子 SbW_9Co_3 进行配体交换

后的金纳米粒子在 956cm^{-1}、804cm^{-1}、686cm^{-1}、674cm^{-1}和 649cm^{-1}处有特征振动峰，分别归属为 ν_{as}(W－Od)、ν_{as}(W－Ob，c－W) 的特征伸缩振动，证明杂多酸 SbW_9Co_3 也已成功地将柠檬酸根替换掉，包覆在了金粒子表面。

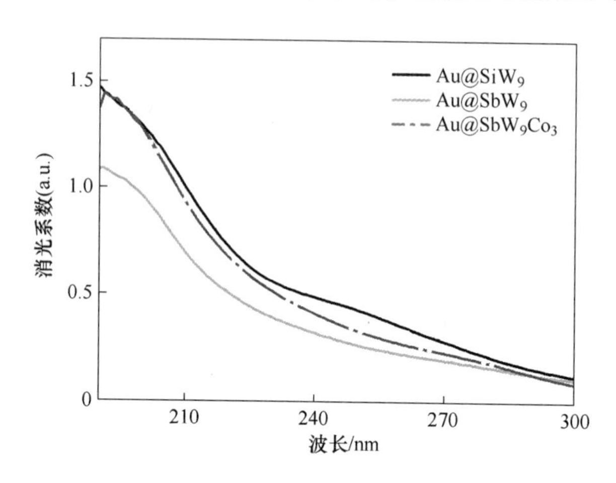

图 4-6 SiW_9、SbW_9和 SbW_9Co_3 包覆的 Au^0 NPs 的紫外－可见吸收光谱

从紫外－可见吸收光谱图 4-6 中可以看到，与杂多阴离子 SiW_9、SbW_9 和 SbW_9Co_3 进行配体交换后的金纳米粒子均在 190～200nm 范围处有吸收峰，这是 Keggin 型多金属氧酸盐 Od→W 的荷移跃迁典型特征吸收峰，这进一步地证明了多金属氧酸盐成功的替换了柠檬酸根，包覆在了金粒子表面。

将与杂多阴离子 SiW_9、SbW_9 和 SbW_9Co，进行配体交换后得到的三种金纳米粒子分别分散至 5mL、2.5×10^{-5}mol/L 的曙红 Y 溶液中，进行自然光催化实验。光催化降解 2h 后，将三种溶液分别取出 500μL，离心分离，测上清液的紫外－可见光谱，结果如图 4-7 所示。

从图 4-7 中可以看到，与杂多阴离子 SiW_9 和 SbW_9 进行配体交换后得到的金纳米粒子在光催化曙红 Y 溶液 2h 以后，曙红 Y 在 515nm 处的吸收峰强几乎没有变化，说明 SiW_9 和 SbW_9 与金纳米粒子之间的光催化增强作用很弱；而与杂多阴离子 SbW_9Co_3 进行配体交换后得到的金纳米粒子在光催化曙红 Y 溶液 2h 以后，曙红 Y 在 515nm 处的吸收峰强明显降低，降解脱色率达到了 47.71%，说明 SbW_9Co_3 与金纳米粒子之间有很强的光催化增强作用。

4.3.5.4 光催化增强机制

表 4-3 汇总了金种子、三种杂多酸配体以及配体交换后的金纳米粒子的光催化活性效果。结果表明，金种子与三种 POM 自身均无自然光催化活性，但三种 POM 与柠檬酸钠包覆的金种子配体交换后，得到的三种 Au@ POM 纳米粒子中，

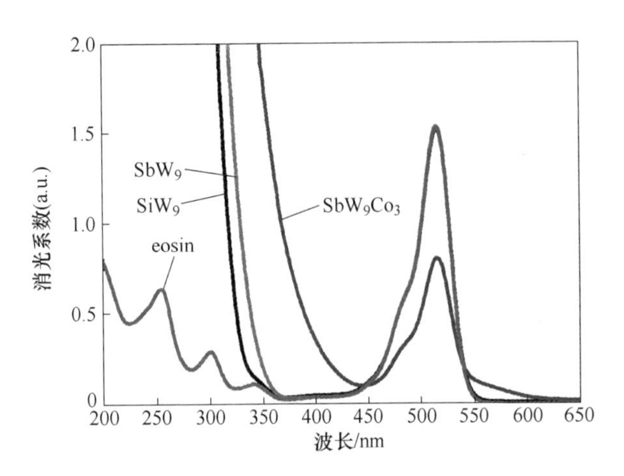

图 4-7 SiW_9、SbW_9 和 SbW_9Co_3 包覆的 Au^0 NPs 光催化曙红 2h 的紫外－可见吸收光谱

Au@ SiW_9 和 Au@ SbW_9 的光催化活性都很微弱，而 Au@ SbW_9Co_3 则表现出了明显的自然光催化活性，说明 Au^0 和 SbW_9Co_3 之间有着强烈的协同作用。

表 4-3 Au 种子、SiW_9、SbW_9、SbW_9Co_3 以及 SiW_9、SbW_9、SbW_9Co_3 包覆的 Au－NPs 的光催化活性

化学式	结构	自身光催化活性	配体交换后光催化活性
Au 种子		无	
SiW_9		无	很弱
SbW_9		无	很弱
SbW_9Co_3		无	明显

POM 是一种绿色的光活性物质，它的催化活性与 TiO_2 有许多相似之处，但目前主要是应用在紫外光催化领域，可见光下的催化活性却很低。因此，Au^0 纳米粒子的引入是复合纳米粒子在自然光下具有催化活性的重要因素。据报道[20]，由金纳米粒子修饰的 TiO_2 有很明显的可见光催化活性，在以二氧化钛为基础的光电体系中，金纳米粒子可作为可见光光感剂，由可见光激发发生表面等离子体共振效应（SPR），然后电子由 Au^0 纳米粒子注入 TiO_2 的导带中。Au@ POM 复合纳米粒子自然光下降解曙红的反应机理与之类似，由于多金属氧酸盐特殊的电子构造[21]，其表现出了与半导体相似的光化学活性，在我们的催化体系中，由紫外光激发 POM，将电子传递给 POM 中 W－O－W 的 W^{6+}，从而形成还原态 POM，还原态 POM 可以被分子氧再氧化，从而形成了一个衔接密切的光催化循环。但有研究表明[20]，这个过程只能在紫外光照射下有效的发生。当 Au^0 纳米粒子在 POM 上时，由可见光激发 Au^0 纳米粒子发生表面等离子体共振效应（SPR），然后电子由 Au^0 纳米粒子注入 POM，可见光诱导的电子转移赋予了 Au^0 纳米粒子氧化能力，从而催化氧化有机染料，使其降解。然而，在一个光催化体系中，最重要的一点是如何有效的将电子分离。所以，在 Au@ POM 体系中，由于金纳米粒子与 POM 之间密切的作用力，导致产生的光生电子容易出现重新结合，从而降低了光催化的效率。但是在钴取代的 SbW_9Co_3 中，由于钴的引入，可见光激发 Au^0 纳米粒子发生表面等离子体共振效应（SPR）后，电子由 Au^0 纳米粒子经由 Co^{2+} 离子的传递注入 POM 中，由于 Co^{2+} 离子的优良导电性和电子传递能力，可以使光生空穴和电子有效地分离，因此，光催化协同作用显著增强。

4.3.6 SiW_9 包覆的金纳米粒子的光催化活性

为了考察多金属氧酸盐 SiW_9 包覆的金纳米粒子的光催化效果，取不同尺寸的 SiW_9 包覆的球形金纳米粒子进行自然光催化实验。

40nm、60nm、80nm 的 Au@ SiW_9 球形纳米粒子的合成方法见 2.3.1 节。将制备好的三种尺寸的金纳米粒子以 0.15mmol/L（以 Au^0 计）的浓度分别分散至 5mL 浓度为 2.5×10^{-5}mol/L 的曙红 Y 溶液中，进行光催化实验。自然光催化降解 4h 后，降解率如图 4-8 所示。

从图 4-8 中可以看到，三种尺寸的 SiW_9 包覆的球形金纳米粒子的光催化效果都很差，自然光催化 4h 以后，降解率均未超过 3%。其中，40nm 的 Au@ SiW_9 粒子，光催化降解率为 2.81%，60nm 的光催化降解率为 2.34%，80nm 的光催化降解率为 2.30%。可见，SiW_9 包覆的球形金纳米粒子的光催化活性很弱，SiW_9 和金纳米粒子之间没有明显的光催化增强作用。

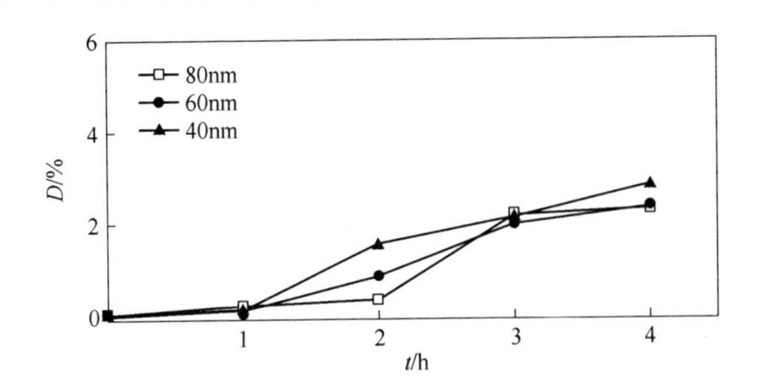

图 4-8 SiW_9 包覆的不同尺寸的 Au^0 NP 的光催化曙红的降解率

4.3.7 SbW_9 包覆的金纳米结构的形貌对光催化活性的影响

为了考察多金属氧酸盐包覆的金纳米粒子的形貌效应对光催化效果的影响，取不同形貌的 SbW_9 包覆的金纳米结构进行自然光催化实验。

不同形貌的 SbW_9 包覆的金纳米结构的合成方法见 3.3.1 节和 3.3.2 节。按照上述 $Au^{Ⅲ}$：SbW_9 的摩尔比为 2∶3.5 的比例合成方法，分别取氢氧化钠浓度为 0×10^{-4}mmol/L 和 7.5×10^{-4}mmol/L 的两个浓度的合成方案制备不同形貌的 Au@SbW_9 纳米结构。将制备好的两种不同形貌的金纳米结构以 0.15mmol/L（以 Au^0 计）的浓度分别分散至 5mL 浓度为 2.5×10^{-5}mol/L 的曙红 Y 溶液中，进行光催化实验。自然光催化降解 4h 后，降解率如图 4-9 所示。

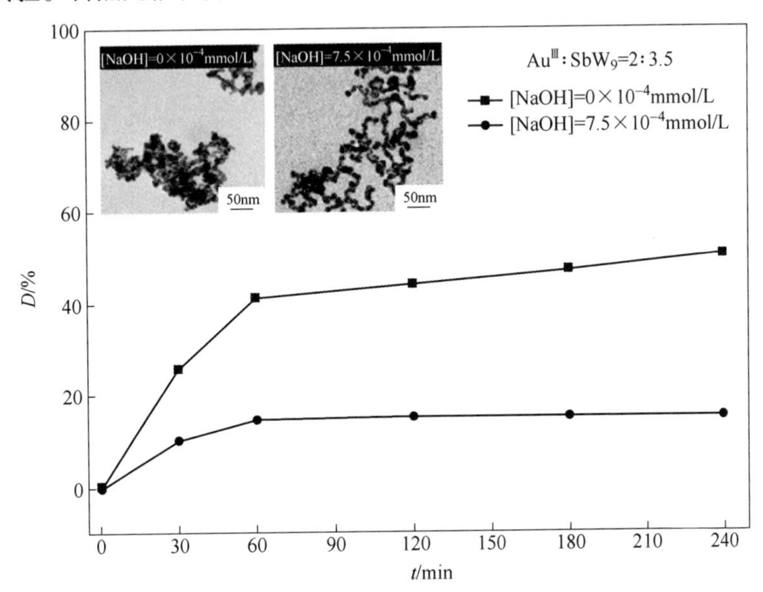

图 4-9 SbW_9 包覆的不同尺寸的 Au^0 纳米结构的光催化曙红的降解率

从图 4-9 中可以看出，氢氧化钠浓度为 0×10^{-4}mmol/L 的、聚集程度更强的金纳米结构对曙红 Y 溶液的自然光催化活性明显高于氢氧化钠浓度为 7.5×10^{-4}mmol/L 时、聚集程度弱一些的金纳米结构。当催化时间为 60min 时，氢氧化钠浓度为 0×10^{-4}mmol/L、高聚集的金纳米结构的降解率为 41.33%，而氢氧化钠浓度为 7.5×10^{-4}mmol/L、低聚集的金纳米结构的降解率为 14.79%；当催化时间为 240min 时，高聚集的金纳米结构的降解率达到 50.6%，而低聚集的金纳米结构只有 15.3%。由此可见，金纳米结构的聚集程度越强，其对曙红 Y 溶液的降解率越高，自然光催化降解活性就越强，光催化活性是随着形貌的各向异性程度的增加而增强的。

4.3.8 POM 包覆的比例对金纳米结构的光催化活性的影响

为了考察多金属氧酸盐包覆的比例对金纳米结构的光催化效果的影响，分别取 SbW_9 和 SbW_9Co_3 两个系列各自不同包覆比例的金纳米结构进行自然光催化实验。

4.3.8.1 SbW_9 包覆的比例对 Au@ SbW_9 纳米结构的光催化活性的影响

不同 SbW_9 包覆比例的金纳米结构的合成方法见 3.3.1 节。

按照上述 $Au^{Ⅲ}$: SbW_9 的摩尔比为 2 : 2.0 和 2 : 3.5 比例的合成方法，分别制备不同 SbW_9 包覆比例的 Au@ SbW_9 纳米结构。将制备好的两种不同包覆比例的金纳米结构以 0.15mmol/L（以 Au^0 计）的浓度分别分散至 5mL 浓度为 2.5×10^{-5}mol/L 的曙红 Y 溶液中，进行光催化实验。自然光催化降解 4h 后，降解率如图 4-10 所示。

从图 4-10 中可以看到，多金属氧酸盐 SbW_9 的包覆比例对 Au@ SbW_9 纳米结构的光催化活性的影响非常明显，$Au^{Ⅲ}$: SbW_9 = 2 : 2.0 的多酸包覆比例下制备的 Au@ SbW_9 纳米结构对曙红 Y 溶液的降解率明显高于 $Au^{Ⅲ}$: SbW_9 = 2 : 3.5 的多酸包覆比例。当自然光照时间为 60min 时，$Au^{Ⅲ}$: SbW_9 = 2 : 2.0 时的 Au@ SbW_9 纳米结构对曙红 Y 溶液的降解率是 87.0%，$Au^{Ⅲ}$: SbW_9 = 2 : 3.5 时的 Au@ SbW_9 纳米结构对曙红 Y 溶液的降解率是 41.33%；当自然光照时间为 120min 时，2 : 2.0 比例包覆的降解率可达 98.0%，而 2 : 3.5 比例包覆的降解率则是 44.51%；当自然光照时间为 240min 时，2 : 2.0 比例包覆的降解率已达到 99.0%，而 2 : 3.5 比例包覆的降解率仅有 50.56%。由此可见，SbW_9 的包覆比例对催化活性是有影响的，适当的包覆比例才能达到最佳光催化效果，SbW_9 的包覆比例过高反而会降低金纳米结构的光催化活性。

另外，虽然通过 4.3.6 节和 4.3.7 节的讨论已经证实，聚集成金纳米结构的小粒子的直径和聚集程度都会影响光催化效果，小粒子的直径越小、聚集程度越

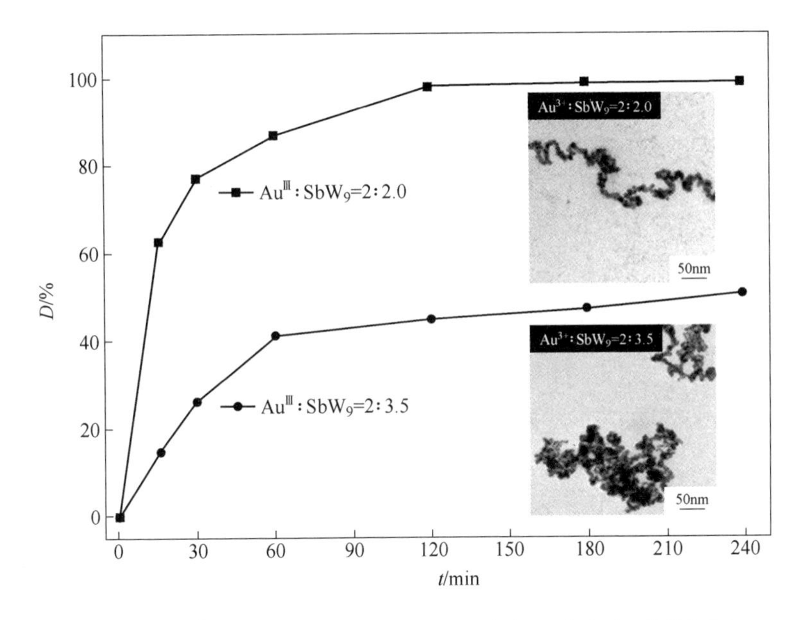

图 4-10 $Au^{Ⅲ}$：SbW_9 =2：2.0 和 2：3.5 条件下合成的不同尺寸和形貌的 Au^0 纳米结构的光催化曙红的降解率

强，光催化活性越强，然而，在本节图 4-10 中可以看到，小粒子的直径更小、聚集程度更强的 2：3.5 的包覆比例的 Au@ SbW_9 纳米结构对曙红 Y 溶液的降解效果反而弱于聚集程度弱些的 2：2.0 包覆比例的金纳米结构，这同时也证明，小粒子的直径、金纳米结构的聚集程度和 SbW_9 的包覆比例同时影响 Au@ SbW_9 纳米结构的光催化活性，但小粒子的直径、聚集程度，即形貌的各向异性的影响弱于包覆比例的影响，多金属氧酸盐 SbW_9 包覆比例的影响更大，占主导地位。

4.3.8.2 SbW_9Co_3 包覆的比例对 Au@ SbW_9Co_3 纳米结构的光催化活性的影响

不同 SbW_9Co_3 包覆比例的金纳米结构的合成方法见 3.4.1 节。

按照上述 $Au^{Ⅲ}$：SbW_9Co_3 =2：r（r=0.5、0.75、1.0、1.5 和 2.0）的摩尔比，分别制备不同 SbW_9Co_3 包覆比例的 Au@ SbW_9Co_3 纳米结构。将制备好的五种不同包覆比例的金纳米结构以 0.15mmol/L（以 Au^0 计）的浓度分别分散至 5mL 浓度为 2.5×10^{-5}mol/L 的曙红 Y 溶液中，进行光催化实验。自然光催化降解 4h 后，降解率如图 4-11 所示。

从图 4-11 中可以看到，光催化实验开始的前 15min，$Au^{Ⅲ}$：SbW_9Co_3 的摩尔比为 2：0.5、2：0.75、2：1.0、2：1.5 和 2：2.0 五种比例下合成的 Au@ SbW_9Co_3 纳米结构对曙红 Y 溶液的降解率分别是 81.76%、85.14%、73.73%、48.03% 和 22.47%。可见，前 15min 光催化效果最好的是 $Au^{Ⅲ}$：SbW_9Co_3 =

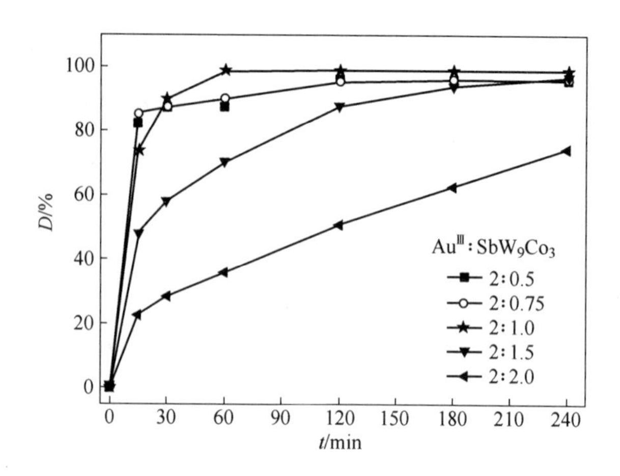

图 4-11　$Au^{Ⅲ}$：SbW_9Co_3 = 2：0.5、2：0.75、2：1.0、2：1.5 和 2：2.0 条件下合成的不同尺寸和形貌的 Au^0 纳米结构的光催化曙红的降解率

2：0.75 比例下合成的金纳米结构，且五种包覆比例下合成的金纳米结构的光催化活性在 SbW_9Co_3 包覆比例 r 值低于 0.75 之前，随着包覆剂 SbW_9Co_3 的量的增多而增强，在包覆比例 r 值高于 0.75 之后，随着包覆剂 SbW_9Co_3 的量的增多而减弱；当光催化实验进行到 30min 时，五种 SbW_9Co_3 包覆比例的 Au@ SbW_9Co_3 纳米结构对曙红 Y 溶液的降解率分别是 87.39%、87.47%、89.79%、57.96% 和 28.52%。此时，光催化效果最好的是 r = 1.0 包覆比例下合成的金纳米结构，且五种包覆比例下合成的金纳米结构的光催化活性依然是先随着包覆剂的比例的增多而增强，在包覆比例 r 值达到 1.0 时光催化活性最强，接着，在 r 值超过 1.0 时，光催化效果开始逐渐下降，光催化活性自此随包覆剂的比例的增多而减弱。当光催化实验进行到 60min 时，五种 SbW_9Co_3 包覆比例的 Au@ SbW_9Co_3 纳米结构对曙红 Y 溶液的降解率分别是 87.47%、90.28%、98.50%、70.42% 和 30.99%。此时，光催化效果最好的依然是 r = 1.0 包覆比例下合成的金纳米结构，且五种包覆比例下合成的金纳米结构的光催化活性依然随着包覆剂的比例的增加，先增强后减弱，在包覆比例达到 r = 1.0 时光催化活性最好。当光催化实验进行到 120min 时，r = 1.0 包覆比例下合成的金纳米结构，降解率已达 99%，几乎已将染料全部降解，而其他比例包覆的 Au@ SbW_9Co_3 纳米结构则尚未将染料降解完毕。由以上可见，多金属氧酸盐 SbW_9Co_3 包覆的比例对 Au@ SbW_9Co_3 纳米结构的光催化活性是有影响的，最佳包覆比例为 r = 1.0，高于此比例和低于此比例的 POM 包覆均达不到 1.0 比例包覆的金纳米结构的光催化效果。

4.3.8.3　POM 包覆的比例对 Au@ POM 纳米结构的光催化增强机制

由 4.3.8.1 节和 4.3.8.2 节可见，POM 包覆的比例对 Au@ POM 纳米结构的光催化活性有着强烈的影响。对于 Au@ SbW_9，其最佳光催化包覆比例为 $Au^{Ⅲ}$：SbW_9 =2：2.0，杂多阴离子 SbW_9 的直径约 1.0nm。此包覆比例下合成的金纳米结构聚集体中，小粒子的直径约为 9.23nm。由此计算可知，r = 2.0 的包覆过量于理论上 SbW_9 完整包覆金粒子一层比例的 30 倍左右；对于 Au@ SbW_9Co_3，其最佳光催化包覆比例为 $Au^{Ⅲ}$：SbW_9Co_3 =2：1.0。杂多阴离子 SbW_9Co_3 的直径约 1.5nm，此包覆比例下合成的金纳米结构聚集体中，小粒子的直径约为 6.34nm。由此计算可知，r = 1.0 的包覆过量于理论上 POM 完整包覆金粒子一层比例的 40 倍左右。实际上，包覆在金粒子上的杂多阴离子之间还存在负电荷斥力，所以此时两种 POM 包覆剂的比例是实际完整包覆金粒子一层 POM 的 30 多倍或 40 多倍。在此比例下，POM 与 Au^0 彼此相互协同，能发挥光催化增强的活性 POM 的量以最大比例裸露出来，直接接触到溶液中的曙红 Y，即有效的催化因子比例最高，电子传递效果最好，故能达到最佳光催化效果；当低于此包覆比例时，由于具有催化活性的 POM 的量不足，有效的催化因子比例较低，达不到最佳的光催化效果；当高于此包覆比例时，包覆在金纳米粒子表面的有催化活性的 POM 被过厚的无催化活性的 POM 层紧密包覆，具有光催化活性的 POM 裸露不出来，POM 的比例越高，无活性的包覆层就越厚，活性 POM 的裸露量就越少，电子传递的效果就越差，故光催化活性反而会随着 POM 包覆的比例的升高而下降。

4.3.9 POM 包覆剂的物种对光催化活性的影响

从图 4-10 和图 4-11 中可以看到，两种不同的多金属氧酸盐 SbW_9 和 SbW_9Co_3 包覆的金纳米结构对曙红 Y 的最佳光催化包覆比例均为过量于完整包覆金粒子一层 POM 的 30～40 倍左右，图 4-12 给出了该比例下，两种不同 POM 包覆下的金纳米结构的光催化活性对比。从图 4-12 中可以看到，SbW_9Co_3 包覆的

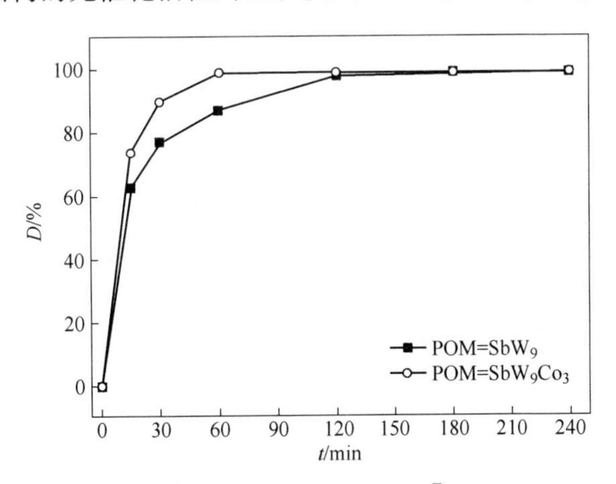

图 4-12 合成于 $Au^{Ⅲ}$：SbW_9 =2：2.0 和 $Au^{Ⅲ}$：SbW_9Co_3 =2：1.0 条件下的不同 Au^0 纳米结构的光催化曙红的降解率

金纳米结构对曙红 Y 的光催化活性明显比 SbW_9 包覆的金纳米结构更强，当催化时间达到 60min 时，SbW_9Co_3 包覆的金纳米结构对曙红 Y 溶液的降解率已达 98.50%，几乎已降解完毕，而 SbW_9 包覆的金纳米结构对曙红 Y 溶液的降解率仅有 87.0%。由此可见，包覆剂 POM 的种类对光催化增强效果也是有影响的，有过渡金属钴取代的 POM 包覆剂 SbW_9Co_3，由于钴的引入，其良好的导电性和电子传递能力，使光生空穴和电子有效地分离，光催化协同作用增强更显著，光催化增强效果更好[20]。

4.3.10 催化剂浓度对光催化活性的影响

为了考察催化剂的浓度对光催化效果的影响，取 $Au^{Ⅲ}$ ：SbW_9Co_3 =2：1.0 比例制备的 Au@ SbW_9Co_3 纳米结构，使其分散至 5mL、2.5×10^{-5}mol/L 的曙红 Y 溶液中的浓度分别为 0.03mmol/L、0.09mmol/L、0.15mmol/L、0.21mmol/L 和 0.27mmol/L（以 Au^0 计），进行自然光催化实验，五种不同催化剂浓度的催化效果如图 4-13 所示。

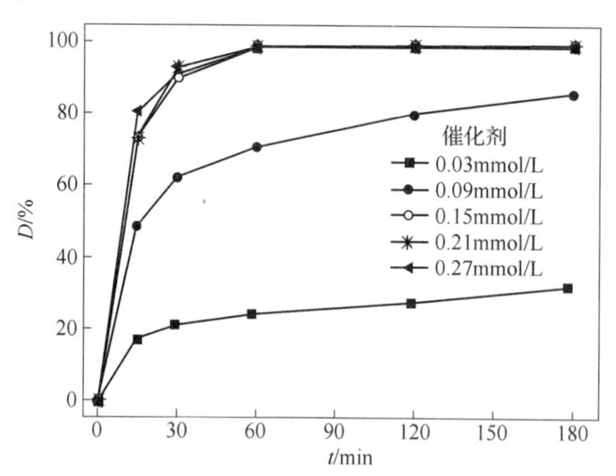

图 4-13 $Au^{Ⅲ}$ ：SbW_9Co_3 =2：1.0 条件下合成的 Au^0 纳米结构在不同浓度时的光催化曙红的降解率

由图 4-13 可知，催化剂浓度为 0.15mmol/L（以 Au^0 计）时，曙红 Y 溶液在光催化 60min 时，降解率已达 98.5%，差不多完全降解了，当催化剂浓度低于 0.15mmol/L 时，催化剂对曙红 Y 溶液的降解率随催化剂浓度的增大而增大，当催化剂浓度高于 0.15mmol/L 时，随着催化剂浓度的增大，催化剂对曙红 Y 溶液的降解效果并无明显升高，因此，催化剂的最佳浓度为 0.15mmol/L。

4.4 小结

本章工作中，我们以三种多金属氧酸盐包覆的金纳米结构 Au@ SiW_9、

Au@ SbW_9 和 Au@ SbW_9Co_3 为催化剂，系统研究了三种多金属氧酸盐包覆的金纳米结构对曙红 Y 溶液的光催化活性，研究结果表明：（1） Au^0 NP 与三种多金属氧酸盐 SiW_9、SbW_9 和 SbW_9Co_3 自身在自然光照射下均无光催化活性，但 Au^0 NP 与三种 POM 之间有协同作用，有光催化增强效果，Au^0 NP 与 POM 二者结合制备出的纳米结构可在自然光照射下降解染料废水。（2）三种杂多酸包覆的金纳米结构均有光催化活性，但 SiW_9 包覆的金纳米结构光催化活性很弱，光催化活性最好的是多阴离子 SbW_9Co_3 包覆的金纳米结构。（3）光催化活性受金纳米粒子的尺寸、形貌、包覆剂比例、包覆剂物种、催化剂浓度等因素的影响：聚集成金纳米结构的小粒子尺寸越小，光催化活性越强；金纳米结构形貌的各向异性越强，聚集程度越强，光催化活性越强；金纳米结构的光催化活性随包覆剂的比例的增加先增加后减弱，在 $Au^{III}:Sb^{III}=2:2.0$ 的包覆比例时，光催化效果最好；催化剂的浓度越高，光催化效果越强，在催化剂 Au@ SbW_9Co_3 浓度达到 0.15mmol/L（以 Au^0 计）时，光催化效果最佳，超过此浓度后，催化剂浓度的升高对催化效果并无明显改善。（4）通过探讨，本章工作最后得出 Au@ SbW_9Co_3 是三种 POM 包覆的金纳米结构中催化效果最佳的光催化剂，其最佳 POM 包覆比例是 $Au^{III}:SbW_9Co_3=2:1.0$，最佳催化剂用量是 0.15mmol/L，当催化时间为 60min 时，降解率可达 98.5%。

参 考 文 献

[1] 章同. 我国印染废水污染治理形势严峻 [N]. 中国纺织报, 2005, 2 (28): 6.

[2] Yang Y, Guo Y H, Hu C W, et al. Lacunary Keggin-type polyoxometalates-based macroporous composite films: preparation and photocatalytic activity [J]. Applied Catalysis A: Genereral, 2003, 252: 305 ~ 314.

[3] Bai B, Zhao J L, Feng X. Preparation and characterization of supported photocatalysts: HPAs/TiO_2/SiO_2 composite [J]. Materials Letters, 2003, 57: 3914 ~ 3918.

[4] Yang Y, Wu Q Y, Guo Y H, et al. Efficient degredation of dye pollutants on nanoporous polyoxotungstate-anatase composite undervisible-light irradiation [J]. Molecular Catalysis A: Chemical, 2005, 225: 203 ~ 212.

[5] Okuhara T. New catalytic functions of heteropoly compounds as solid acids [J]. Catalysis Today, 2002, 73: 167 ~ 176.

[6] 相彬, 郭元茹, 马慧媛, 等. Anderson 结构杂多配合物的研究进展 [J]. 化学通报, 2002, 65: 7.

[7] 鞠金梅, 吴莹, 闻获江. 有机 - 多金属氧酸盐杂化材料的研究进展 [J]. 武汉化工学院学报, 2004, 26 (1): 59 ~ 63.

[8] Okuhara R, Mizuno N, et al. Catalysis by heteropoly compounds-recent developments [J]. Appl

Catal A: General, 2001, 222: 63 ~ 67.

[9] 杜少斌，徐元植．杂多酸及其盐的催化研究新进展 [J]．石油化工，1993，22: 694 ~ 702.

[10] 周广栋，甄开吉，王海冰，等．杂多化合物及其负载型催化剂的研究进展 [J]．化学进展，2006，18 (4): 382 ~ 388.

[11] Mio U B, Todorovic M R, et al. Heteropoly compounds-form proton conductors to biomedical agents [J]. Solid State Ionics, 2005, 176: 3005 ~ 3017.

[12] 毛萱，殷元骐．杂多酸催化研究新进展 [J]．分子催化，2000，14 (6): 483 ~ 489.

[13] 温朗友，闵恩泽．固体杂多酸催化剂研究新进展 [J]．石油化工，2000，29 (1): 49 ~ 55.

[14] Wang X, Zhuang J, Peng Q, et al. A General Strategy for Nanocrystal Synthesis [J]. Nature, 2005, 437: 121 ~ 124.

[15] Du Y P, Zhang Y W, Sun L D, et al. Optically active uniform potassium and lithium rare earth fluoride nanocrystals derived from metal trifluroacetate precursors [J]. Dalton Trans., 2009: 8574 ~ 8581.

[16] Li S W, Yu X L, Zhang G J. Green chemical decoration of multiwalled carbon nanotubes with polyoxometalate-encapsulated gold nanoparticles: visible light photocatalytic activities [J]. J. Mater. Chem., 2011, 21: 2282 ~ 2287.

[17] Nisar A, Wang X. Surfactant-encapsulated polyoxometalate building blocks: controlled assembly and their catalytic properties [J]. Dalton Trans, 2012, 41: 9832 ~ 9845.

[18] Ji X H, Song X N, Li J. Size Control of Gold Nanocrystals in Citrate Reduction: The Third Role of Citrate [J]. J. AM. CHEM. SOC., 2007, 129: 13939 ~ 13948.

[19] Keita B, Liu T B, Nadjo L. Synthesis of remarkably stabilized metal nanostructures using polyoxometalates [J]. J. Mater. Chem., 2009, 19: 19 ~ 33.

[20] 李诗文．碳纳米管/杂多酸/金属纳米粒子三元复合材料的制备及性能研究 [D]．长春：吉林大学，2011.

[21] Guo Y, Hu C. Heterogeneous photocatalysis by solid polyoxometalates [J]. J. Mol. Catal. A: Chem., 2007, 262: 136 ~ 148.

[22] 黄占林，邓桦，王德虎，等．负载纳米 TiO_2 薄膜光催化降解活性红 [J]．印染，2009，18: 14 ~ 16.

5 多金属氧酸盐 β-[$H_4PMo_{12}O_{40}$]$^{3-}$ 修饰的金纳米粒子的合成

5.1 引言

目前，人们对金纳米结构最感兴趣的是它们吸引人的、极具前途的应用前景，包括光学、电子、催化以及在生物学领域和材料学领域的有益性质[1~5]。因此，近些年科研工作者们投入了大量的精力致力于金纳米结构的形貌控制。如今，针对这一难题，虽然已提出许多解决方法，但优化控制金纳米结构的形貌和尺寸的方法以便调整其光学、光电以及磁性和催化性质仍然是这个领域长盛不衰的研究热点[6~8]。迄今为止，基于溶液的湿法化学合成被认为是通往新纳米结构的最佳合成途径[9~13]。但大多数合成都使用了有机试剂和相对比较高的温度。在这些目前比较成熟的合成方法中，最简单、具代表性的便是柠檬酸钠法。该方法只涉及柠檬酸盐、金属盐和水，金纳米粒子的尺寸调控仅通过调整柠檬酸钠和氯金酸的摩尔比即可做到，该方法最初由 Frens 提出，后来又得到 Yang 小组进一步的优化[14,15]。但是，这个方法依然是需要高温的，并且该合成方法只能获得多晶纳米颗粒和纳米线。这之后，又有许多关于湿化学法合成单晶纳米金的报道，在这些报道中，向体系中引入有机试剂来获得单晶金纳米结构的方法复杂且不环保，并不可取。在所有这些方法中，除了一些使用天然碳质物质做 Au 纳米结构的还原剂或包覆剂的方法外[16~23]，其他通常的合成方法都不符合绿色化学简单、节能、环境友好的条件[24]，不是理想的合成方法。因此，环境友好、绿色化学条件下合成金纳米结构仍然是一个高难度的挑战。在寻找绿色化学型的合成条件合成金属纳米结构时，多金属氧酸盐（POM）因其在水溶液中具有一定的还原能力和配位能力被研究者们发现并挑选出来，它可以在合成金纳米粒子时既充当还原剂的角色又充当配位剂的角色，并且合成条件可以是室温、水溶液中，符合绿色化学要求[25]。于是，接下来的工作就是合成或选择什么样的 POM，所选择的 POM 有几个原子或取代中心可以参与到供电子反应中。POM 是一种含有处于最高氧化态的前过渡金属离子的聚阴离子团，它有着多样的结构和令人着迷的性质[26~30]。特别重要的是，大多数 POM 都显示出可逆的电子转移行为。它们的氧化形式可能只接受电子，相比之下，由于它们的电子和质子转移或储存能力，它们的还原形式可能会表现为几个电子的供体或受体而不会有任何明显的结构变化。这种可逆的电荷转移能力使 POM 成为均相电子交换反应的理想候选者。基于这些考虑，一种新的合成金纳米粒子的方法诞生了，即采用部分还原态的

POM 同时充当还原剂和稳定剂在室温水溶液中合成金纳米粒子。通过该方法目前已成功合成了 Pt、Pd、Ag 和 Au 纳米粒子以及 1*D*Ag 纳米线[25,30~35]。这些纳米结构的成功获得都是通过仔细选择合适的 POM 获得的。这种合成方法最近在用 POM 做还原剂和配位剂制备金属纳米粒子的综述中已被讨论过了[35]。特别是，它被与有节能可能性的光化学方法进行了比较[36]。最近，Finke 等人报道了一个用 POM 做稳定剂合成金属纳米粒子的有趣技术[37]。

本章要介绍的是张光晋小组报道的仅用一种 POM 合成的各种金纳米结构的方法[38]。该方法没有将精力集中于如何合成均匀的金纳米结构，而是主要探讨了在没有任何表面活性剂或种子的情况下，用单一 POM 合成各种纳米结构的可能性，以试图定性地理解控制这个体系的机理。这种方法有望为使用 POM 在"绿色化学型"合成过程中完全控制 Au 纳米结构的形态开辟出一条可行的途径。基本上，假设通过仅仅改变体系的一些操作参数来操纵纳米结构的整体形成动力学是可能的，并且因此可以调控这些纳米结构的尺寸和形状，那么，在这种类型的合成中 POM 的多功能性就可以建立了。

5.2 实验部分

5.2.1 仪器

紫外 - 可见（UV - vis）吸收光谱采用 Perkin Elmer Lambda 19 型分光光度计进行测定。用 EOL 100CXII 型透射电子显微镜在 100kV 的加速电压下对所合成的样品进行透射电子显微镜（TEM）观察。电化学分析过程中，玻璃碳电极的直径为 3mm。电化学装置 EG&G 273 A 驱动软件为 M270。饱和甘汞电极（SCE）做参比电极。对照电极是大表面积的铂丝网。实验中的水为超纯水，通过 Millipore-Q Academic 纯化装置获得的。用纯氩气将溶液彻底排空气至少 30min，并且实验过程始终保持在该气体的正压下进行。

5.2.2 合成

$HAuCl_4$ 溶液搅拌均匀后，加入一定量的 β-H_3[$H_4PMo_{12}O_{40}$] 溶液，使整个反应体系中，变量为 POM 的初始浓度与氯金酸的摩尔比，将其表示为 γ = [metallic salt]/[POM]。POM 的浓度被控制在 0.1 ~2mmol/L 之间，γ 值为 0.1 ~10。

5.3 结果与讨论

该方法选择的 POM，β-H_3[$H_4PMo_{12}O_{40}$][36]，由电化学方法合成。它属于 β-Keggin 系列杂多酸，为了便于突显它的还原中心，故将其表示为 β-H_3[$H_4PMo_{12}O_{40}$]，当溶液 pH =2 时，可保持其质子化状态[39]。初步研究表明，该 POM 在室温下很容易与氯金酸反应形成 Au 纳米结构，并且其反应伴有明显的颜色变化，可以以此来观察反应过程。该方法中所有反应的 pH 值范围均在 2 ~ 3 之间，这与 POM 的初始浓度（C^0_{POM}）有关。反应体系中的变量参数是 POM 的初始浓度与氯金酸的摩尔比 γ。通常，POM 的浓度被控制在 0.1 ~ 2mmol/L 之间，γ 值为 0.1 ~ 10。按照所选摩尔比再将 POM 和氯金酸的两种母液混合后，反应会迅速进行，溶液会在大约 1min 或更短时间内变为粉红色或浅蓝色。确切的颜色上的细微差别取决于氯金酸的初始浓度和 γ 值，这些颜色上的细微差别也说明有不同形貌的 Au 纳米结构形成，其表征会在下文中给出。目前值得注意的是，该反应的诱导期很短甚至没有，并且在此期间，吸光度保持低且恒定，这与用天冬氨酸等温和还原剂所观察到的现象形成了鲜明的对比[23]。

取反应后的混合溶液离心后，将固体金纳米结构从反应物中分离出，用水洗涤，并在分析前重新分散在水中。

5.3.1 γ 值对金纳米结构的影响

为了观察 γ 值的改变对金纳米结构的影响，将 C^0_{POM}保持在 1mmol/L 并且 γ 值从 0.1 ~5 逐渐增加。图 5-1 显示是合成的三种 Au 纳米结构的表面等离子体共振（SPR）光谱。当 $\gamma = 1$ 时，所得到的金纳米结构在 590nm 处有一个宽的 SPR 吸收带，这是典型的球形或准球形 Au 纳米粒子（NPs）的偶极共振[40,41]。图 5-2a 和 b 是与该光谱相对应的两种不同放大比例的 TEM 图像，从 TEM 图像中可以看出，所获得的 Au 纳米粒子形貌与 SPR 光谱完全一致，NPs 是球形的，具有约 110nm 的直径和较分散的尺寸分布，同时，从 TEM 图像中还可以看到一些各向异性和不规则形状的金纳米结构。通过 XPS 对这些纳米粒子做进一步表征（如图 5-3 所示）可以证实所获产物确为 Au^0 NP，同时也证明了磷和钼原子的存在，说明 POM 沉积在了纳米颗粒的表面上，经分析，沉积物的相对原子组成为 58% Mo 和 42% Au。这说明，有 10% ~12% 的初始 POM 包覆到了 Au NPs 的表

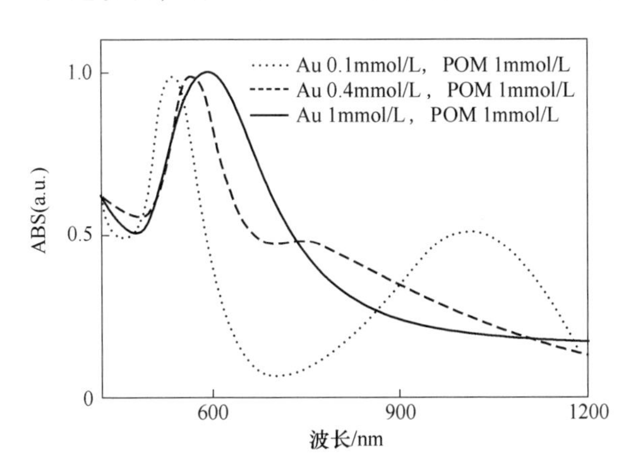

图 5-1 $C^0_{POM} = 1$mmol/L，$\gamma = 1$、0.4 和 0.1 条件下合成的 Au^0 纳米结构的 SPR 光谱

面。电化学（如图 5-4 所示）也证实了包覆在 Au NPs 表面的 POM 物种的存在。

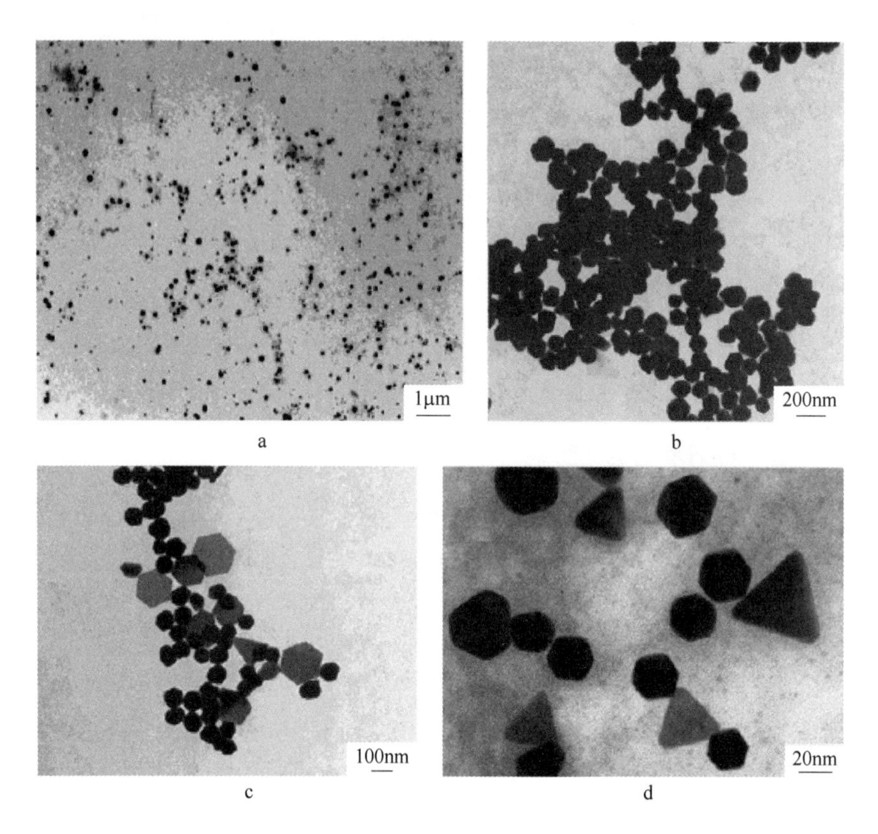

图 5-2　不同摩尔比下合成的 Au^0 NPs 的 TEM 图
（C^0_{POM} = 1mmol/L，a 和 b 中 γ = 1，c 中 γ = 0.4，d 中 γ = 0.1，注意比例尺，其清楚地显示了制备于不同 γ 值下的纳米结构的尺寸差异）

将 γ 值从 1 增加到 5，对纳米粒子的形貌或尺寸没有显著影响。当 γ 值低于 1 时，会出现新的有趣特征变化。当 γ 值达到 0.4 时，溶液的颜色从蓝色变为紫色，从 SPR 光谱中可以观察到的 γ = 1 时的吸收带劈裂成两个：一个蓝移到 560nm 的窄吸收带和一个 700 ~ 1100nm 的新的宽吸收带。相应的 TEM 图像（如图 5-2c 所示）显示，半单分散的纳米粒子直径已减小至 70nm，同时还伴随有许多三角形和六边形纳米片出现。观察到的多边形的对比度较低，这说明它们是扁平的，与周围的其他纳米结构不同。这与 SPR 谱图表现出来的特征吸收带是相符合的，即在 560nm 处的 SPR 吸收带应该是球形纳米粒子产生的，而 700 ~ 1100nm 处的宽吸收带是具有纳米片结构产生的面内共振。

当 γ 值进一步下降到 0.1 时，溶液变成蓝色。两个 SPR 吸收谱带中的一个继续蓝移至 530nm，而另一个平面内偶极共振谱带出现了明显的红移，与前一个谱

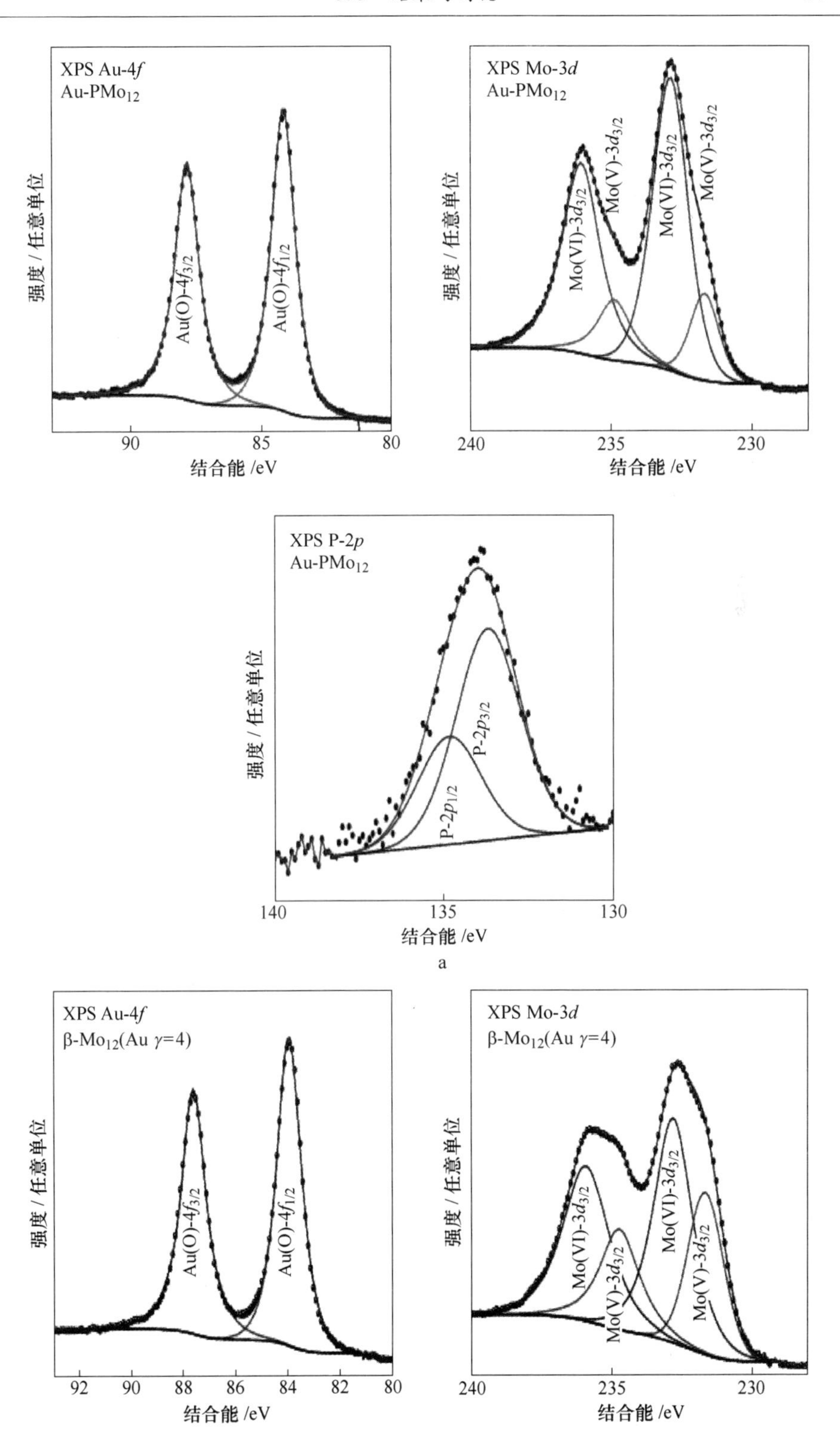
XPS Au-4f
Au-PMo12
强度 / 任意单位
Au(O)-4f3/2
Au(O)-4f1/2
90
85
80
结合能 /eV
XPS Mo-3d
Au-PMo12
Mo(VI)-3d3/2
Mo(V)-3d3/2
Mo(VI)-3d3/2
Mo(V)-3d3/2
240
235
230
XPS P-2p
Au-PMo12
P-2p1/2
P-2p3/2
140
135
130
a
XPS Au-4f
β-Mo12(Au γ=4)
92
90
88
86
84
82
80
XPS Mo-3d
β-Mo12(Au γ=4)

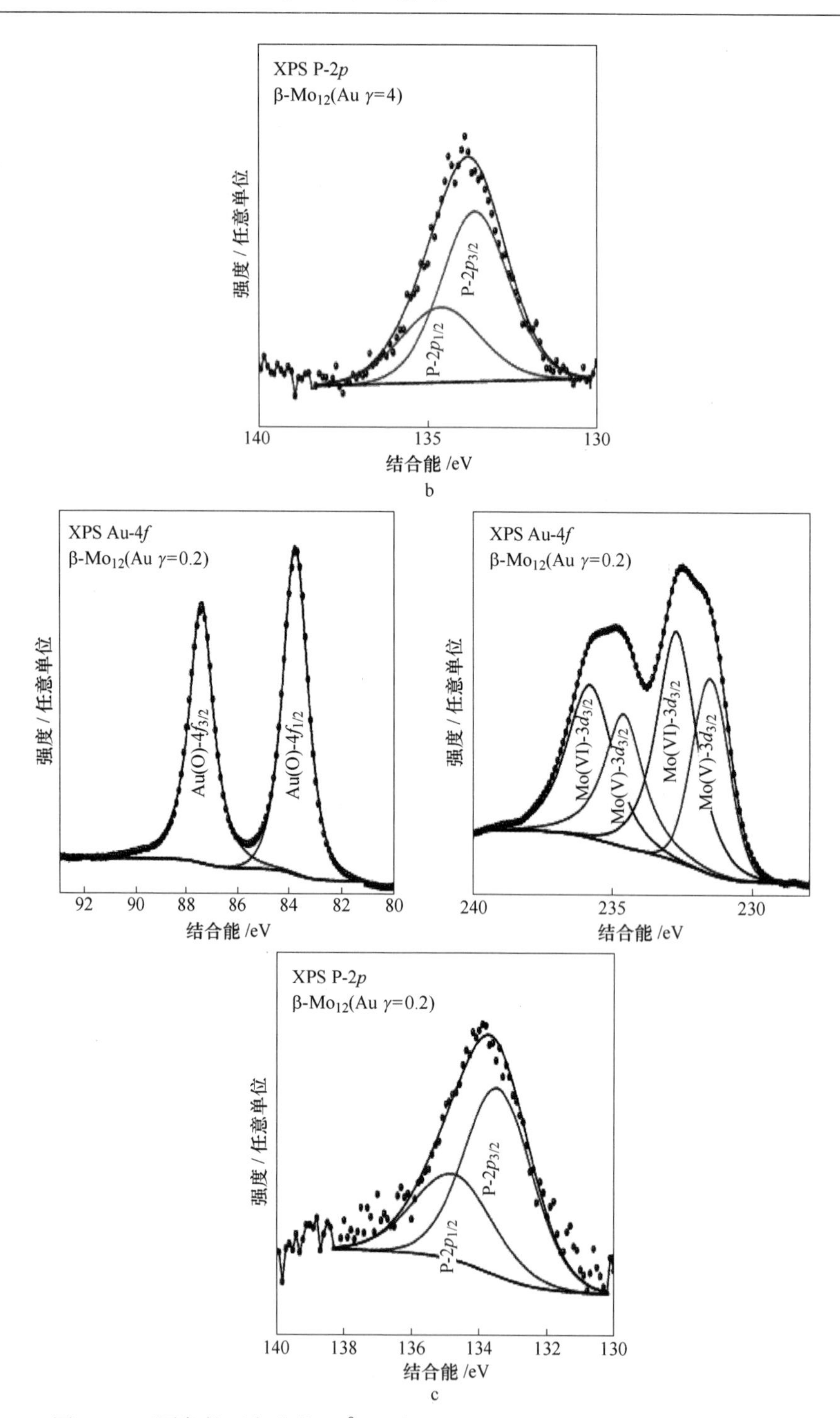

图 5-3　不同条件下合成的 Au^0 NP 中 Au(4*f*)、Mo(3*d*)和 P(2*p*)的 XPS 光谱

a—C^0_{POM} = 1mmol/L，γ = 1；b—C^0_{POM} = 0.1mmol/L，γ = 4；c—C^0_{POM} = 0.1mmol/L，γ = 0.2

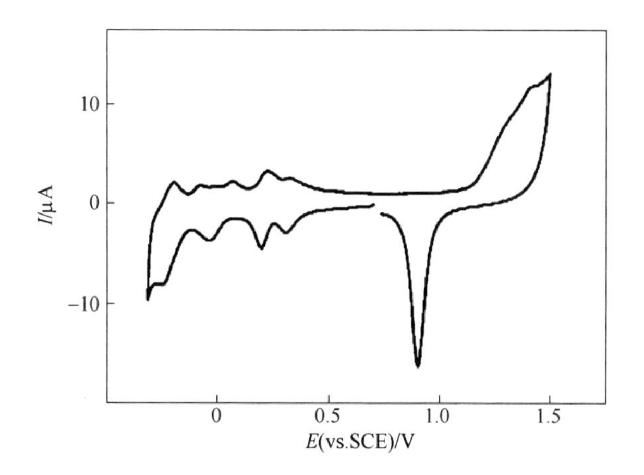

图 5-4 在纯 0.5mol/L 的 H_2SO_4（pH = 0.3）介质条件下的循环伏安图，玻璃碳电极如文中所述用 Au^0 NPs 修饰

（Au^0 NPs 制备于 C_{POM}^0 = 0.5mmol/L，γ = 1 条件下，扫描速率为 50mV/s）

带分离得更好，并且吸收强度更大。对于 γ = 0.1 的比例，在 TEM 图（如图 5-2d 所示）中可以看到，所得纳米结构的形貌主要是多边形，包括三角形、六边形以及一些纳米片。

为了说明所合成的纳米结构的结晶度，对样品进行了 XRD 分析。图 5-5 所示是 γ = 1 和 γ = 0.1 的两个样品的 XRD 谱图。所有峰值均符合 Au 的 fcc 晶格[42]。(111) 晶面和 (200) 晶面的衍射强度比强烈的受 γ 值的影响。在 γ = 1 时，衍射强度比（1.91）几乎与立方晶系金(1.89)的强度比相同，表明纳米粒子中没有主要的晶面，此条件下合成的金纳米结构是多晶形态的。当 γ = 0.1 时，(111)晶面和(200)晶面的衍射强度比要大得多，达到 5.15，这表明纳米粒子的

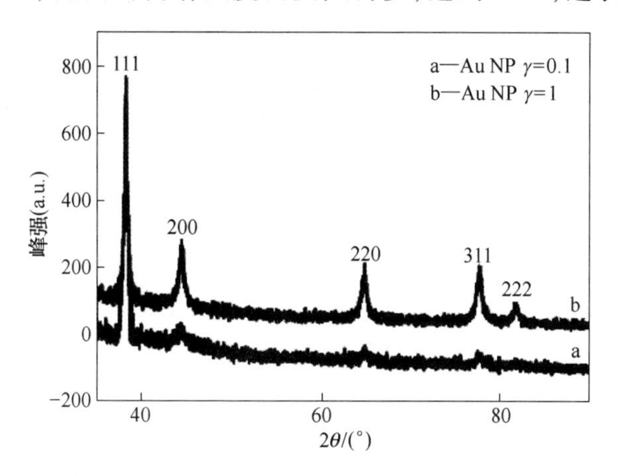

图 5-5 两种不同 γ 值下合成的 Au NP 的 XRD 图谱

(111)晶面为优势晶面。这些观察结果与晶体表面优势的报道非常一致[43]。

5.3.2　C^0_{POM}对金纳米结构的影响

为了观察 C^0_{POM}的改变对金纳米结构的影响，将［metallic salt］/［POM］的摩尔比固定为 $\gamma=1$，改变 POM 的初始浓度，将 C^0_{POM}从 0.1mmol/L 逐渐增大至 2mmol/L。在初始 POM 浓度为 2mmol/L 时，由于反应太快而无法进行有价值的目视观察。混合反应物后，不到 10s 就形成了大量黑色沉淀物，溶液变为无色。TEM 分析显示在溶液中形成了亚微米尺寸的粒子（大于 600nm）。熟化几天后，在反应混合物的表面上出现了一些金色的薄片。

当降低 POM 浓度时，反应在动力学上也开始变慢。例如，当 $\gamma=1$ 时，POM = 0.5mmol/L 的溶液的反应需要约 5min，而 POM = 0.1mmol/L 的溶液的反应需要将近 10min 才能完成。图 5-6 显示了这两个 $\gamma=1$ 的不同初始浓度的 TEM 图像，图 5-7 是相应的 SPR 光谱。将 C^0_{POM} = 1mmol/L，$\gamma=1$ 时所获得的金纳米结构的光谱也一同进行比较，结果显示，随着 C^0_{POM}的减少，纳米粒子的尺寸也显著减小。当 C^0_{POM} = 1mmol/L 时，粒子尺寸为 110nm；当 C^0_{POM} = 0.5mmol/L 时，粒子尺寸为 60nm；当 C^0_{POM} = 0.1mmol/L 时，粒子尺寸不到 10nm。随着 C^0_{POM}的减少，与之相应的 SPR 吸收带也会持续的蓝移：C^0_{POM} = 1mmol/L 时，590nm 处有吸收峰；C^0_{POM} = 0.5mmol/L 时，540nm 处有吸收峰；C^0_{POM} = 0.1mmol/L 时，520nm 处有吸收峰。观察到的这些结果完全符合纳米粒子尺寸演变[40,41]和相关系统实验结果的理论预期[43,44]。值得注意的是，具有直径约 10nm 或更小的 Au^0 NPs 应显示量子尺寸。

在 C^0_{POM} = 0.1mmol/L 时，合成的金纳米结构明显地依赖于摩尔比的变化。除

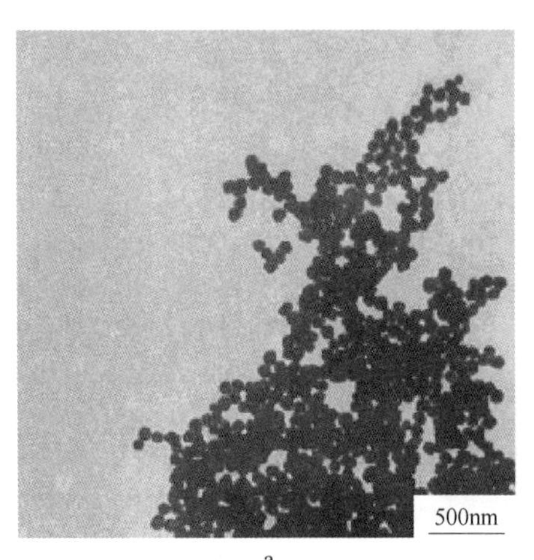

a

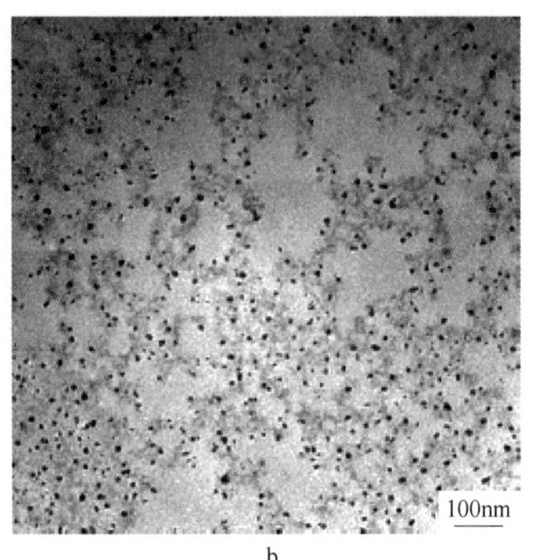

b

图 5-6　$\gamma=1$ 时合成的 Au^0 NPs 的 TEM 图

a—C^0_{POM} = 0.5mmol/L；b—C^0_{POM} = 0.1mmol/L

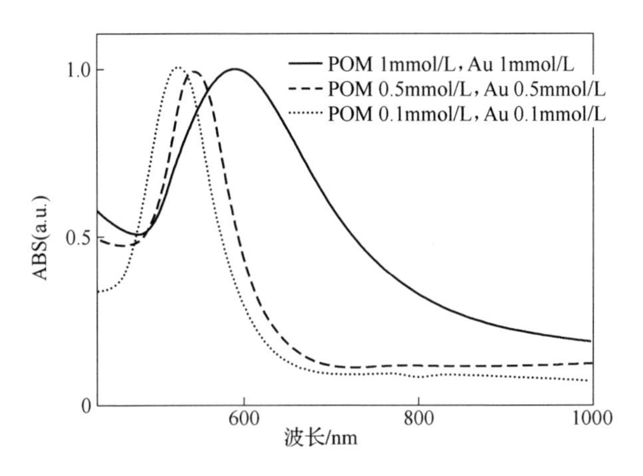

图 5-7 $\gamma=1$ 时合成的 Au^0 NPs 的 SPR 光谱
（光谱吸光度单位归一化）

了在较高初始浓度下常规获得的准球形纳米粒子（其尺寸依赖于浓度的变化）之外，2D 型纳米结构也同时在小的 γ 值和大的 γ 值条件下出现了。例如，当 $C^0_{POM}=0.1mmol/L$，$\gamma=4$ 时，混合反应物约 5min 后溶液变成浅蓝色。其 TEM 分析显示，所得金纳米结构扭曲的纳米线，这些纳米线相互连接形成网状结构，如图 5-8a 所示。这种 2D 网状金纳米线在几平方微米的表面上延伸，其平均直径大约为 10nm。它们的电子衍射图像是由随机的、独立的纳米粒子的散射点组成，这表明纳米线是多晶的（如图 5-8b 所示）。纳米线的 SPR 光谱如图 5-9 所示，由图 5-9 可以看出，纳米线的 SPR 光谱几乎是一个平坦的吸收曲线，其吸收带大致从 500nm 延伸到 1200nm。

此外，在 $C^0_{POM}=0.1mmol/L$ 时，$\gamma=0.2$ 被观察到了另外一个显著效果：胶体溶液变成了深蓝色，它的 SPR 光谱显示出一个非常大而宽的吸收带，一直从近红外延伸到整个可见光范围（如图 5-9 所示）。需要注意的是，其吸光度从大约 500nm 增加到了 1200nm，这是光谱域的上限。相应的 TEM 分析如图 5-8 所示。从图 5-8c 和 d 中可以看到一些不规则的扁圆形、纳米片和纳米带，没有看到任何的 Au^0 NP。电子衍射分析表明这些纳米结构是多晶的。这两种不同形貌材料的 XPS 分析（如图 5-3b 和 c 所示）证实它们确实由 Au^0纳米结构组成。

最后，通过循环伏安法对合成的 Au^0 NP 进行了初步的表征和性质实验。实验前，将几微升经离心和洗涤的 Au^0 纳米粒子水悬浮液沉积在抛光的玻璃碳（GC）表面上，并在空气中室温晾干。接着用 3mL、5%（质量分数）的 Nafion 溶液覆盖表面并再次在室温下在空气中干燥[33]。结果显示，在 0.5mol/L H_2SO_4（pH = 0.3）中获得的循环伏安图同时出现了块状金电极以及 POM 的氧化还原特征。这一观察结果充分证实了[25,30~35] POM 仍然附着在由它们所合成的金纳米结

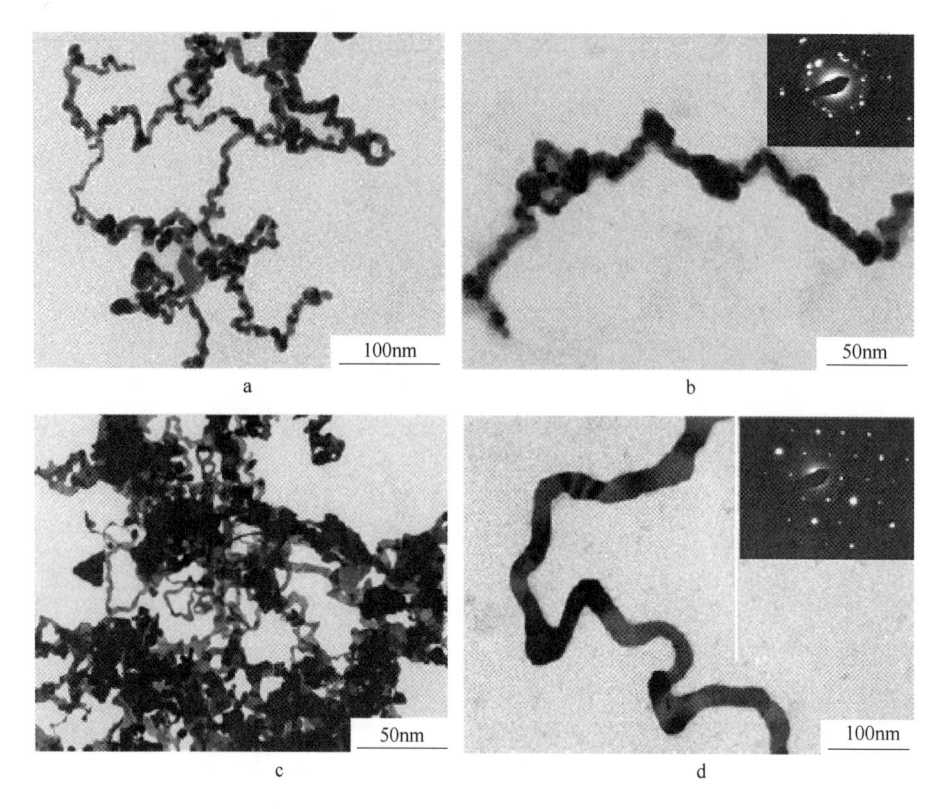

图 5-8　制备于 $C^0_{POM}=0.1mmol/L$ 的 Au^0 纳米结构

a，b—$\gamma=4$；c，d—$\gamma=0.2$

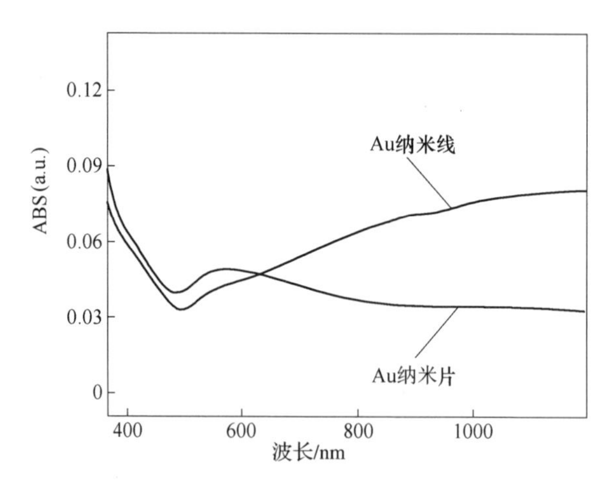

图 5-9　不同条件下制备的不同形貌的 Au^0 纳米结构的 SPR 光谱

（$C^0_{POM}=0.1mmol/L$，$\gamma=4$（Au^0 纳米线）；$C^0_{POM}=0.1mmol/L$；$\gamma=0.2$（Au^0 纳米片））

构表面（如图5-4所示）。

将所合成的金纳米结构进行氧化还原催化活性研究，结果发现，合成的Au^0NP在0.4mol/L的PBS溶液中（pH=7）显示出典型的氧的双还原峰（如图5-10所示），这说明两电子还原是同步进行的[45,46]。此外，PBS溶液中的H_2O_2还原电流在5～10mmol/L的浓度范围内呈线性增加（如图5-11所示）。

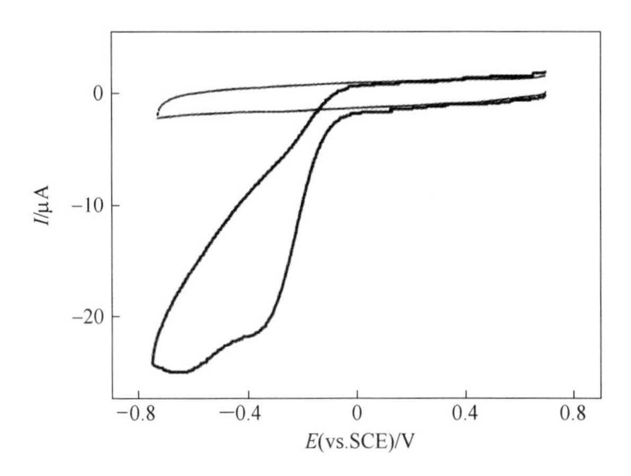

图5-10　用前文所述的Au^0纳米粒子修饰玻璃碳电极后的循环伏安图

（显示出了典型的氧的双还原峰，纳米粒子制备于C_{POM}^0=0.1mmol/L，γ=1的条件下；图中还显示了无氧的背景电流，电解质是0.4mol/L的PBS缓冲液（pH=7），扫描速率为50mV/s）

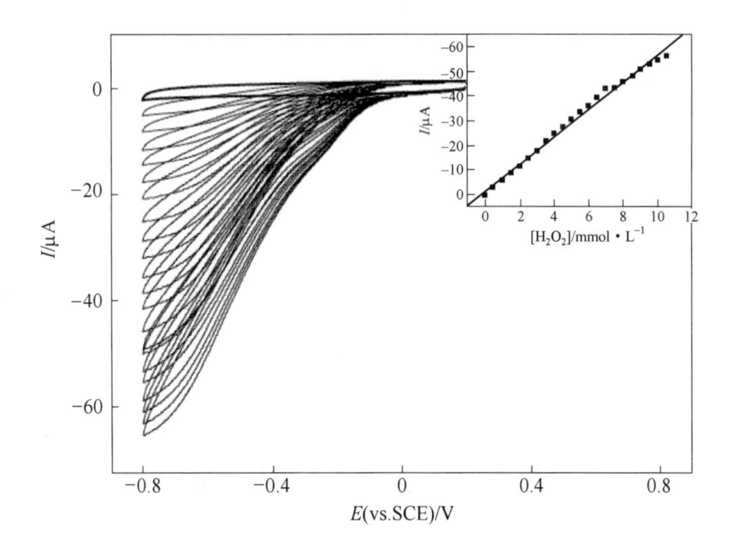

图5-11　用前文所述的Au^0纳米粒子修饰玻璃碳电极后的循环伏安图

（显示了过氧化氢的还原峰，纳米粒子制备于C_{POM}^0=0.1mmol/L，γ=1的条件下，电解质是0.4mol/L的PBS缓冲液（pH=7），扫描速率为50mV/s；插图显示了峰值电流的线性度与H_2O_2浓度的函数关系）

图 5-12 总结了利用多金属氧酸盐 β-$H_3[H_4PMo_{12}O_{40}]^{3-}$合成 Au^0纳米结构时可能获得的形貌，并提出了 POM 循环利用的建议。

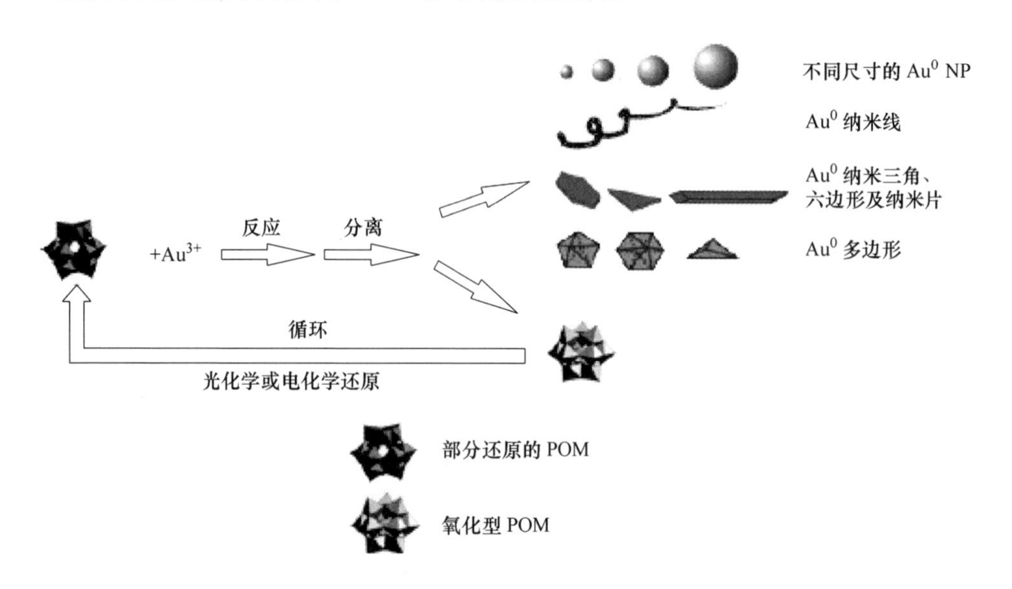

图 5-12　利用多金属氧酸盐 β-$H_3[H_4PMo_{12}O_{40}]^{3-}$合成的 Au^0纳米结构可能获得的形貌以及 POM 循环利用的建议

5.3.3　与 $[AuCl_4]^-$/柠檬酸钠体系的对比分析

先前已经在有机环境中观察到了金纳米结构形状的类似平滑且稳定的演变[1,43,44,47]。使用天冬氨酸作为还原剂、稳定剂和定型剂，Lee 等人实现了水溶液中合成金纳米片、纳米带和纳米线。其他研究组使用不同的实验条件也进行了相关的类似研究：Viswanathan 等人采用了室温条件下使用草酸钾作为还原和稳定剂以及聚乙烯吡咯烷酮（PVP）作为共稳定剂，然而，值得注意的是，在没有 PVP 的情况下没有形成 Au 胶体[43]；Xia 研究组发现在 100℃的水溶液中单独使用 PVP 即可制备出各向异性的金纳米结构，无需任何额外的稳定剂或还原剂[44]；Vasilev 等人使用 2－巯基琥珀酸作为还原剂和包覆剂，在 $[AuCl_4]^-$的沸水溶液中制备出了金纳米线[47]；Adachi 和他的同事[48]将传统的柠檬酸钠还原 $[AuCl_4]^-$法稍做了调整，在 80℃下开始反应，并找出了适合制备 Au^0 纳米线的最佳条件。

为了更好地获得目标产物，可以将 $[AuCl_4]^-$/β－$H_3[H_4PMo_{12}O_{40}]^{3-}$和 $[AuCl_4]^-$/柠檬酸钠两个合成体系中的影响条件进行有趣的对比。除了相对较慢的反应动力学原因的影响外，这两个反应体系对 $[AuCl_4]^-$的初始浓度要求都倾向于较小浓度，除此之外，还有三个影响因素对纳米结构的形成有着至关重要的影响，将这三个因素在以上两个研究体系中进行对比，对比结果如下：

(1) 稳定剂的量（柠檬酸盐）不足时有利于生成较小的 Au^0 纳米粒子，接着这些小粒子再聚合成线状结构；当将该条件应用于 POM（$C^0_{POM}=0.1mmol/L$ 和 $\gamma=4$）时，获得的是相对平坦的纳米线。然而，这个结论不能一概而论，因为当 POM 过量时（$C^0_{POM}=0.1mmol/L$，$\gamma=0.2$）也观察到了扁平的纳米带的存在。研究还发现，在低浓度状态下，无论 POM 的浓度如何，当过量范围的 γ 值降低时，扁平的纳米结构的形成往往占主要趋势，这样的结果体现了柠檬酸钠体系和 POM 体系之间的差异。简而言之，过量的 POM（同时作为还原剂和稳定剂）的存在不一定会诱导球形纳米结构独特形貌的形成。

(2) 即使在柠檬酸根离子过量的情况下，$[AuCl_4]^-$ 和柠檬酸根离子在最初合成的 Au^0 NPs 表面上的竞争性吸附也是 $[AuCl_4]^-$ 优先。结果就是 Au^0 NP 之间有相互吸引作用，这种优先吸附降低了 Au^0 NP 的表面电荷，同时增加了范德华力。也就是说，金离子本身在形成和稳定纳米线的形貌过程中扮演了一个非常重要的作用。

(3) AFM 分析发现 Au^0 NP 在接近 10nm 时，粒子表面存在跳跃接触。关于最后两个影响条件，现有的实验还不能为 POM 体系得出这样明确的结论。实际上，这些条件对于解释 POM 体系的结果并不重要。$[AuCl_4]^-/\beta-H_3[H_4PMo_{12}O_{40}]^{3-}$ 体系和 $[AuCl_4]^-$/柠檬酸体系的演变过程差异应该是归因于柠檬酸根离子、$[AuCl_4]^-$ 和 POM 在 Au^0 NPs 表面的吸附能力的不同。事实上，含 Mo 的多金属氧酸盐在金属和其他固体表面上的自组装倾向是众所周知的[49,50]。在几例含 Mo 杂多酸合成的金属纳米结构 TEM 图片上发现，纳米结构上至少有单层厚的 POM 壳出现，这为以上分析提供了进一步的证据[30~35]。本文中合成的 Au^0 纳米结构的循环伏安法和 XPS 表征也支持这个结论。POM 的吸附能力可能超过了柠檬酸盐或 $[AuCl_4]^-$ 的吸附能力，从而最小化了其他因素的影响，而 POM 在特定晶面上的优先吸附将抑制在这个方向上的晶体生长。

5.4 小结

制备出均一的 Au^0 纳米物种一直是人们不懈努力的目标。这个问题首先要解决的是确定和控制各种影响 Au^0 纳米结构的尺寸、形貌和几何形状的操作参数。科研工作者们在这个方面做了许多努力，发现了许多可供选择的还原剂和稳定剂。在这些还原剂和稳定剂中，POM 在金纳米结构合成中的多功能性已经得到了确定，POM 体系不需要任何的有机试剂。目前已经证实，$\beta-H_3[H_4PMo_{12}O_{40}]^{3-}$ 可以同时作为还原剂和保护剂，用于还原 $[AuCl_4]^-$ 制备各种不同形貌的 Au^0 纳米结构。这些结果均可在室温的水溶液中实现。而且，在该合成中没有副产物出现。此外，除了作为纳米结构的稳定剂被消耗的量之外，其余 POM 是可再生的，其再生转化不会妨碍其循环利用，整个转化过程在化学上是有效的。张光晋小组报道的这种 β-$H_3[H_4PMo_{12}O_{40}]^{3-}$/$[AuCl_4]^-$体系完全满足了绿色化学过程的大多数要求。为了得到更好地控制纳米结构形貌的方法，POM 体系的下一步工作将是研究纳米结构转化的动力学机理。

本章所有图片均出自文献［38］。

参 考 文 献

［1］ Daniel M C, Astruc D. Gold nanoparticles: assembly, supramolecular chemistry, quantum-size-related properties, and applications toward biology, catalysis, and nanotechnology [J]. Chemical Reviews, 2004, 35 (16): 293 ~ 346.

［2］ Zhang G, Keita B, Craescu C T, et al. Molecular interactions between Wells-Dawson type polyoxometalates and human serum albumin [J]. Biomacromolecules, 2008, 9 (3): 812.

［3］ Xiong Yujie, M L, Chen Jingyi, et al. Kinetically Controlled Synthesis of Triangular and Hexagonal Nanoplates of Palladium and Their SPR/SERS Properties [J]. Journal of the American Chemical Society, 2005, 127 (48): 17118.

［4］ Brinas R P, Hu M, Qian L, et al. Gold nanoparticle size controlled by polymeric Au (I) thiolate precursor size [J]. Journal of the American Chemical Society, 2008, 130 (3): 975 ~ 982.

［5］ He L, Musick M D, Nicewarner S R, et al. Colloidal Au-Enhanced Surface Plasmon Resonance for Ultrasensitive Detection of DNA Hybridization [J]. J Am. Chem. Soc, 2000, 122 (122): 9071 ~ 9077.

［6］ Cui Y, Wei Q, Park H, et al. Nanowire nanosensors for highly sensitive and selective detection of biological and chemical species [J]. Science, 2001, 293 (5533): 1289 ~ 1292.

［7］ Bockrath M, Liang W, Bozovic D, et al. Resonant electron scattering by defects in single-walled carbon nanotubes [J]. Science, 2001, 291 (5502): 283 ~ 285.

［8］ Kan C, Zhu X, Wang G. Single-crystalline gold microplates: synthesis, characterization, and thermal stability [J]. Journal of Physical Chemistry B, 2006, 110 (10): 4651 ~ 4656.

［9］ Kim F, Connor S, Song H, et al. Platonic gold nanocrystals [J]. Angewandte Chemie, 2004, 43 (28): 3673.

［10］ Sun Y, Xia Y. Large-Scale Synthesis of Uniform Silver Nanowires Through a Soft, Self-Seeding, Polyol Process [J]. Advanced Materials, 2002, 14 (11): 833 ~ 840.

［11］ Sun Y, Gates B, Brian Mayers A, et al. Crystalline Silver Nanowires by Soft Solution Processing [J]. Nano Letters, 2002, 2 (2): 165 ~ 168.

［12］ And B N, Elsayed M A. Preparation and Growth Mechanism of Gold Nanorods (NRs) Using Seed-Mediated Growth Method [J]. Chemistry of Materials, 2003, 15 (10): 1957 ~ 1962.

［13］ Jana N R, Gearheart L, Murphy C J. Seed-Mediated Growth Approach for Shape-Controlled Synthesis of Spheroidal and Rod-like Gold Nanoparticles Using a Surfactant Template [J]. Advanced Materials, 2001, 13 (18): 1389 ~ 1393.

[14] Frens G. Controlled Nucleation for the Regulation of the Particle Size in Monodisperse Gold Suspensions [J]. Nature Physical Science, 1973, 241 (105): 20 ~ 22.

[15] Ji X, Song X, Li J, et al. Size Control of Gold Nanocrystals in Citrate Reduction: The Third Role of Citrate [J]. Journal of the American Chemical Society, 2007, 129 (45): 13939 ~ 13948.

[16] Shankar S S, Rai A, Ankamwar B, et al. Biological synthesis of triangular gold nanoprisms [J]. Nature Materials, 2004, 3 (7): 482.

[17] Xie J, Lee J, Wang D I C, et al. Identification of Active Biomolecules in the High-Yield Synthesis of Single-Crystalline Gold Nanoplates in Algal Solutions [J]. Small, 2007, 3 (4): 672 ~ 682.

[18] Bhargava S K, Booth J M, Agrawal S, et al. Gold Nanoparticle Formation during Bromoaurate Reduction by Amino Acids [J]. Langmuir, 2005, 21 (13): 5949 ~ 5956.

[19] Selvakannan P, Mandal S, Phadtare S, et al. Capping of Gold Nanoparticles by the Amino Acid Lysine Renders Them Water-Dispersible [J]. Langmuir, 2003, 19 (19): 3545.

[20] Selvakannan P, Mandal S, Phadtare S, et al. Water-dispersible tryptophan-protected gold nanoparticles prepared by the spontaneous reduction of aqueous chloroaurate ions by the amino acid [J]. Journal of Colloid & Interface Science, 2004, 269 (1): 97 ~ 102.

[21] Shao Y, Jin Y, Dong S. Synthesis of gold nanoplates by aspartate reduction of gold chloride [J]. Chemical Communications, 2004, 10 (9): 1104 ~ 1105.

[22] Zhang F X, Han L, Israel L B, et al. Colorimetric detection of thiol-containing amino acids using gold nanoparticles [J]. Analyst, 2002, 127 (4): 462 ~ 465.

[23] Tan Y N, Lee J Y, Wang D I C. Aspartic Acid Synthesis of Crystalline Gold Nanoplates, Nanoribbons, and Nanowires in Aqueous Solutions [J]. The Journal of Physical Chemistry C, 2008, 112 (14): 5463 ~ 5470.

[24] Dahl J A, Maddux B L S, Hutchison J E. Toward greener nanosynthesis [J]. Chem Rev, 2007, 107: 2228 ~ 2269.

[25] Keita B, Mbomekalle I M, Nadjo L, et al. Tuning the formal potentials of new V-substituted Dawson-type polyoxometalates for facile synthesis of metal nanoparticles [J]. Electrochemistry Communications, 2004, 6 (10): 978 ~ 983.

[26] Hill C L (Guest Editor). Polyoxometalates in Medicine [J]. Chem. Rev., 1998, 98: 1 ~ 389.

[27] Pope M T. Polyoxo Anions: Synthesis and Structure [J]. Cheminform, 2004, 35 (40): 635 ~ 678.

[28] Hill C L. In Comprehensive Coordination Chemistry Ⅱ: Transition Metal Groups 3 ~ 6 [M]. New York: Elsevier, 2004, 4: 679 ~ 786.

[29] Keita B, Nadjo L. Electrochemistry of Isopoly and Heteropoly Oxometalates [M]. Encyclopedia of Electrochemistry, 2006.

[30] Bineta Keita, Zhang Guangjin, Anne Dolbecq, et al. $Mo^{V}-Mo^{VI}$ Mixed Valence Polyoxometalates for Facile Synthesis of Stabilized Metal Nanoparticles: Electrocatalytic Oxidation of Alco-

hols [J]. Journal of Physical Chemistry C, 2007, 111 (23): 8145 ~ 8148.

[31] Zhang G, Keita B, Dolbecq A, et al. Green Chemistry-Type One-Step Synthesis of Silver Nanostructures Based on $Mo^V - Mo^{VI}$ Mixed-Valence Polyoxometalates [J]. Chem. Mater., 2007, 19 (24): 5821 ~ 5823.

[32] Keita B, Biboum R N, Mbomekalle M, et. al. One-step synthesis and stabilization of gold nanoparticles in water with the simple oxothiometalate $Na_2[Mo_3(\mu_3\text{-}S)(\mu\text{-}S)_3(Hnta)_3]$ [J]. Journal of Materials Chemistry, 2008, 18 (27): 3196 ~ 3199.

[33] Zhang J, Keita B, Nadjo L, et al. Self-assembly of polyoxometalate macroanion-capped pd0 nanoparticles in aqueous solution [J]. Langmuir the Acs Journal of Surfaces & Colloids, 2008, 24 (10): 5277 ~ 5283.

[34] Dolbecq A, Compain J D, Mialane P, et al. Hexa – and dodecanuclear polyoxomolybdate cyclic compounds: application toward the facile synthesis of nanoparticles and film electrodeposition [J]. Chemistry – A European Journal, 2010, 15 (3): 733 ~ 741.

[35] Keita B, Liu T, Nadjo L. Synthesis of remarkably stabilized metal nanostructures using polyoxometalates [J]. Journal of Materials Chemistry, 2008, 19 (1): 19 ~ 33.

[36] Troupis A, Gkika E, Hiskia A, et al. Photocatalytic reduction of metals using polyoxometallates: recovery of metals or synthesis of metal nanoparticles [J]. Comptes rendus-Chimie, 2006, 9 (5): 851 ~ 857.

[37] Graham C R, Ott L S, Finke R G. Ranking the lacunary $(Bu_4N)_9$ [H [alpha2 – $P_2W_{17}O_{61}$]] polyoxometalate's stabilizing ability for Ir (0)(n) nanocluster formation and stabilization using the five-criteria method plus necessary control experiments [J]. Langmuir the Acs Journal of Surfaces & Colloids, 2009, 25 (3): 1327 ~ 1336.

[38] Zhang G, Keita B, Biboum R N, et al. Synthesis of various crystalline gold nanostructures in water: The polyoxometalate β-[$H_4PMo_{12}O_{40}$]$^{3-}$ as the reducing and stabilizing agent [J]. J. mater. chem, 2009, 19 (45): 8639 ~ 8644.

[39] Ishikawa E, Yamase T. Photoreduction Processes of α-Dodecamolybdophosphate in Aqueous Solutions: Electrical Conductivity, 31P NMR, and Crystallographic Studies [J]. Bull. Chem. Soc. Jpn., 2000, 73: 641 ~ 649.

[40] Link S, El-Sayed M A. Size and Temperature Dependence of the Plasmon Absorption of Colloidal Gold Nanoparticles [J]. Journal of Physical Chemistry B, 1999, 103 (21): 4212 ~ 4217.

[41] Kelly K L, Coronado E, Lin L Z, et al. The Optical Properties of Metal Nanoparticles: The Influence of Size, Shape, and Dielectric Environment [J]. Cheminform, 2003, 34 (16): 668 ~ 677.

[42] JCPDS file no. 04 ~ 0487.

[43] Navaladian S, Janet C M, Viswanathan B, et al. A Facile Room-Temperature Synthesis of Gold Nanowires by Oxalate Reduction Method [J]. Journal of Physical Chemistry C, 2007, 111 (111): 14150 ~ 14156.

[44] Piñeiro C, Sotelo C G, Medina I, et al. Mechanistic study of the synthesis of Au nanotadpoles, nanokites, and microplates by reducing aqueous $HAuCl_4$ with poly (vinyl pyrrolidone) [J].

Langmuir the Acs Journal of Surfaces & Colloids, 2008, 24 (18): 10437 ~ 10442.

[45] El-Deab M S, Ohsaka T. An extraordinary electrocatalytic reduction of oxygen on gold nanoparticles-electrodeposited gold electrodes [J]. Electrochemistry Communications, 2002, 4 (4): 288 ~ 292.

[46] Mirdamadi-Esfahani M, Mostafavi M, Keita B, et al. Au-Fe system: application in electro-catalysis [J]. Gold Bulletin, 2008, 41 (2): 98 ~ 104.

[47] Vasilev K, Zhu T, Wilms M, et al. Simple, one-step synthesis of gold nanowires in aqueous solution [J]. Langmuir the Acs Journal of Surfaces & Colloids, 2005, 21 (26): 12399 ~ 12403.

[48] Pei L, Mori K, Adachi M. Formation process of two-dimensional networked gold nanowires by citrate reduction of $AuCl_4^-$ and the shape stabilization [J]. Langmuir the Acs Journal of Surfaces & Colloids, 2004, 20 (18): 7837 ~ 7843.

[49] Flynn N T, Gewirth A A. Synthesis and characterization of molybdate-modified platinum nanoparticles [J]. Physical Chemistry Chemical Physics, 2004, 6 (6): 1310 ~ 1315.

[50] Klemperer W G, Wall C G. Polyoxoanion Chemistry Moves toward the Future: From Solids and Solutions to Surfaces [J]. Chemical Reviews, 1998, 98 (1): 297.

6　混合价的 $Mo^{V}-Mo^{VI}$ 多金属氧酸盐包覆的银纳米结构的合成

6.1　引言

一直以来，银纳米结构显示出的一系列独特的光学、电学、磁学和催化性质吸引着无数科研工作者的研究热情。银纳米结构之所以能表现出这些独特的性质主要取决于银粒子的尺寸和形貌[1~5]。因此，银纳米结构的合成研究仍然是人们关注的焦点。于是，人们研究了大量的合成银纳米结构的条件和方案，包括在水溶液或有机介质中以多元醇、柠檬酸盐、硼氢化钠以及多聚物等作为还原剂的传统湿化学还原法[3,5]。其中，在几个用多聚物合成银纳米结构的案例中，多聚物即充当了还原剂又充当了包覆剂，其合成的主要物理参数变量包括加热到远超过100℃的温度，光化学[6]或电化学[7]技术。但是，在这里，我们所关心的是如何创造一个真正绿色化学型的合成条件，这个合成条件应该同时具备环境可接受的溶剂（水）、生态友好的还原剂和无毒的包覆剂。前一段时间，Nadjo 研究组报道了一种符合这些标准的金属纳米粒子（NPs）的新合成方法[8,9]。该方法为了有效合成和稳定 Pd 与 Pt NPs，在室温水溶液中，采用了还原型的多金属氧酸（POM）同时充当还原剂和包覆剂。POM 是一种由处于最高氧化态的前过渡金属元素构成的多聚阴离子结构，有着丰富多变的结构和令人着迷的性质[10~13]。在有机电子供体存在时，紫外光致还原的 POM 偶尔被用于合成金属 NPs[14~17]。最近，已有报道用含 V（Ⅳ）的 POM[8,18]在乙腈中还原金属盐得到了银纳米带和纳米锯[19]。

本章要介绍的是 Nadjo 研究组在室温下用两种含混合价 $Mo^{V}-Mo^{VI}$ 的 POM 在水中一步合成稳定的 Ag 纳米结构的方法[20]。该方法在没有任何催化剂和选择刻蚀剂的条件下，合成了 $0D$ 和 $1D$ 银纳米结构，首次证明了 POM 也可以在绿色化学条件下诱导出在纳米尺度上不是最有利的一维纳米结构的合成。

6.2　实验部分

6.2.1　合成方法

所有的实验中，前体盐均为 Ag_2SO_4，两个选定的 POM 分别是 $(NH_4)_{10}[(Mo^{V})_4(Mo^{VI})_2O_{14}(O_3PCH_2PO_3)_2(HO_3PCH_2PO_3)_2]\cdot 15H_2O$（1）[21]和

$H_7[\beta-P(Mo^V)_4(Mo^{VI})_8O_{40}](2)$[22]。将含有1mmol/L Ag_2SO_4和0.5mmol/L POM的混合物以不同的比例在水中混合，变量参数表示为γ＝［金属盐］/［POM］。在两种试剂混合后，溶液颜色从非常浅的黄色变为深黄色，在较高的银盐初始浓度时甚至变为棕色。

6.2.2 结果与讨论

表面等离子体共振（SPR）如图6-1a所示，在约400nm处出现吸收带，这说明有银纳米粒子形成。SPR峰值位置取决于金属盐和POM的比例γ值，当γ值保持恒定时，峰位不受金属盐和POM的初始浓度的影响。增加γ值则会引起SPR峰位的蓝移。这些观察结果表明，金属盐和POM的比例γ在Ag纳米粒子的合成中有着重要的影响。

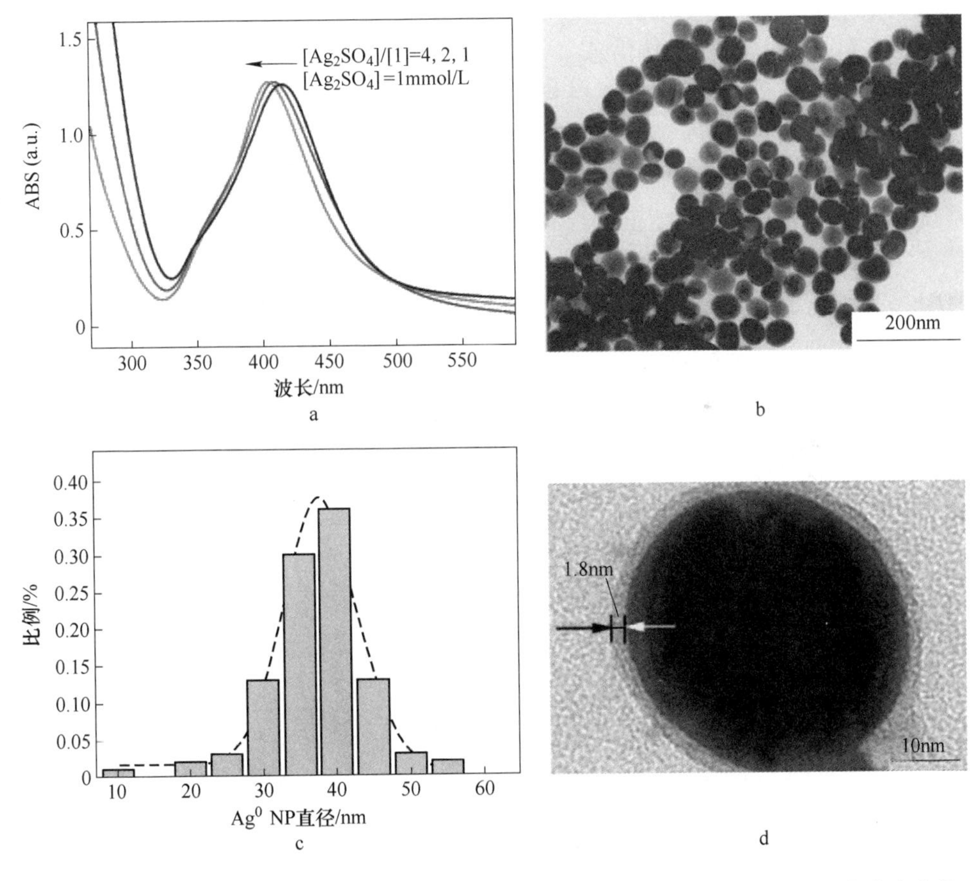

图6-1 获得于不同摩尔比下的Ag^0纳米粒子的SPR光谱(a)、获得于γ＝4的混合溶液中的代表性Ag^0纳米粒子的TEM图像（b）、从TEM图像中统计的约200个Ag^0 NP的尺寸直方图，显示出了Ag^0 NP的尺寸分布（c）和放大的Ag^0 NP（d）

透射电子扫描电镜（TEM）采用 JEOL 100CXII 型透射电子显微镜在 100kV 的加速电压下进行观察。将样品滴在碳涂覆的铜网格上沉积并干燥。图 6-1b 是在 $\gamma=4$ 时获得的 TEM 图片。从图中可以看出，所获得的银纳米粒子是球形并且半单分散的，标准偏差 $<10\%$，直径约为（38 ± 5）nm，这与从 TEM 图像计数的约 200 个 NP 的直方图一致（如图 6-1c 所示）。研究还发现，NPs 的大小可以简单地通过金属盐与 POM(1) 之间的摩尔比来调整。当 γ 值增加时，Ag^0 NPs 的平均直径减小到约 30nm（图片未显示），这与 SPR 峰的蓝移是一致的。所获得的胶体溶液非常稳定，并且在不添加任何有机稳定剂的情况下在半年以上没有任何沉淀出现，这表明 POM 既可以用作还原剂又可以用作稳定剂。从 TEM 图中可以看出，所获得的 Ag^0 NP 是 Ag@POM 的核－壳结构。图 6-1d 所示是图 6-1b 样品的高倍显微镜图片，从图片中可以清楚地观察到厚度约为 2nm 的 POM 薄层。这是首例被报道的 Ag@POM 核－壳结构。用 POM（1）合成的 Ag^0 NPs 的 XPS 分析参见文献［19］中的支持信息。

在用 POM（2）合成银纳米结构的过程中，值得一提的是，无论是基础研究还是基础应用领域，NPs 研究的最大目标都是制造一维纳米结构[2,23]。为了在湿化学还原法中实现这个目标，人们尝试了用弱还原剂、高温和某些例如聚乙烯吡咯烷酮（PVP）这样的稳定剂来控制纳米线的生长。在先前用 POM（1）和 POM（2）[9]合成 NP 的时候已经证明了（2）是比（1）更柔和的还原剂，因此采用 POM（2）合成 Ag^0 纳米结构时，可以预期有可能会得到一个不同以往的纳米结构。

对于采用 POM（2）合成 NP 的过程，还原过程相对缓慢并且所获得的 Ag^0 纳米结构强烈地依赖于混合物的熟化时间。当熟化时间不超过 4h 时，有不规则形状的 Ag^0NP 出现，其中一些明显显示出五边形对称性结构。4h 以后，有短的 Ag^0 纳米线产生，同时还有许多不规则的 Ag^0 纳米粒子出现。熟化 6h 后，直接从反应混合物中取出样品测其 TEM（如图 6-2a 所示），分析结果显示超过 95% 的 Ag^0 纳米结构为长纳米线，其平均直径约为 40nm，长度为几十微米。纳米线的纵横比范围为 300 ~ 1000 以上。高倍显微镜图像发现这些纳米线的最大长度超过 100μm。图 6-2b 所示是纳米线的放大图，即便有在高浓度的 PVP 存在的情况下，从图中也可以清楚地看出 Ag^0 纳米线的核－壳结构[5]。用水彻底清洗样品（5 次以上）后，POM 壳的厚度（初始约 4nm）会明显降低。随着洗涤次数的增加，当壳的厚度减少到仅约 1nm 时，进一步的洗涤不会洗掉 POM 壳，这说明 POM（2）和 Ag^0 纳米线之间有非常强的相互作用。因此可以确定，POM 可以在 Ag^0 纳米线的表面上形成稳定的单层。Ag^0 纳米线的电子衍射（ED）（如图 6-2b 中的插图）证明了 Ag^0 纳米线的高结晶度。根据 ED 分析，反射点与先前报道的纳米线结果一致[2,23]。从对具有五边形对称性的纳米晶的观察发现纳米线沿 <111> 方向生长。大约20%的Ag^0纳米线表现出高度扭曲的螺旋结构（如图6-2b所示）。图6-2c给出了扭曲的螺旋纳米线的放大图像。对这些“扭曲”纳米线存在的原因，目前还没有明确的解释。X射线粉末衍射图（如图6-2d所示）清楚地显示了银的面心立方（fcc）(111)、(200)和(220)布拉格反射，其强度比与沿着<111>方向优势生长的纳米线一致[24]。在先前关于湿化学法的报道中已经明确了[21,22]，用于形貌控制的PVP会与Ag^0纳米粒子的（100）晶面强烈相互作用，因此有利于它们沿<111>方向生长成纳米线。与PVP的作用相似，在本方法中获得的结果表明POM（2）以相同的方式与Ag^0纳米粒子相互作用。图6-3给出了Ag^0纳米线的形成过程。

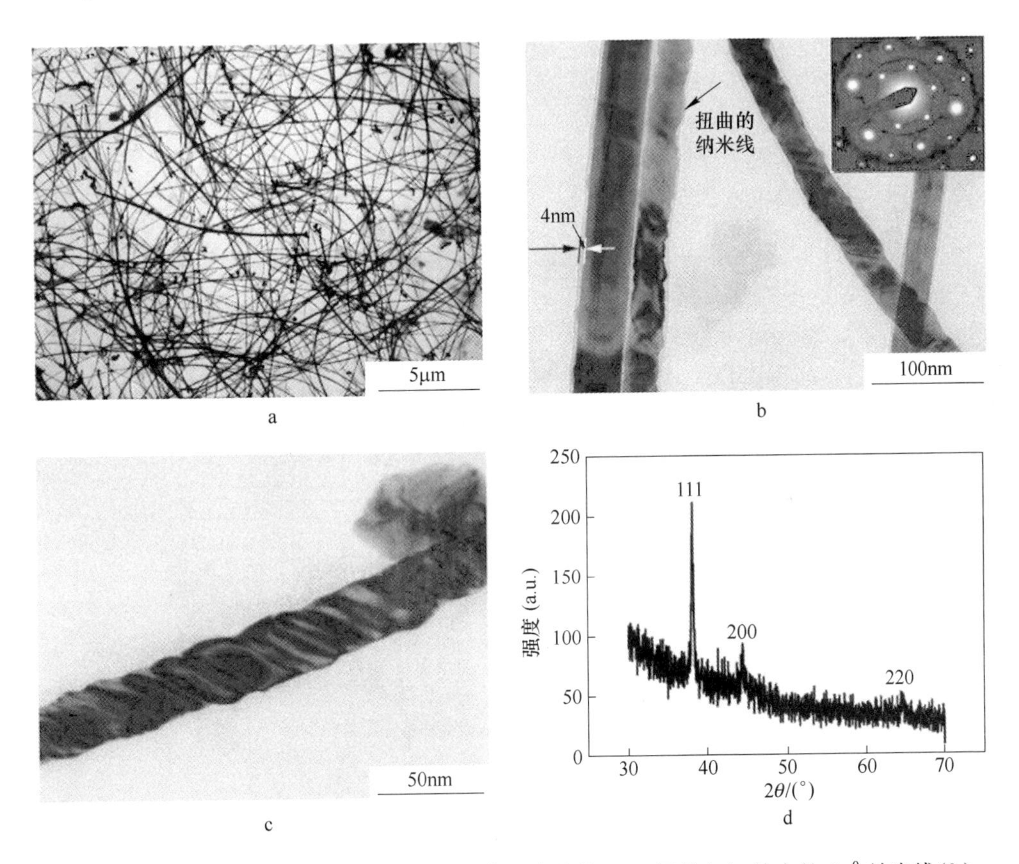

图6-2　直接从反应混合物中取出的所得Ag^0纳米线的TEM图像(a)、放大的Ag^0纳米线(b)、放大的扭曲螺旋纳米线（c）和Ag^0纳米线的XRD图像（d）

XPS分析证实了前面的结果，Ag^0纳米粒子和Ag^0纳米线的XPS分析结果完全相同（Ag^0纳米线的XPS分析如图6-4所示）。在图6-4中，Ag的$3d_{3/2}$和$3d_{5/2}$贡献可以清楚地被观察到。通过将碳的1s光电峰固定在285.0eV来校正电荷效应，$3d_{5/2}$定位在（368.2 ± 0.3）eV，$3d_{3/2}$定位在（374.2 ± 0.3）eV。这些值强有力地表明银仅以金属形式存在[24]。AgO 和 Ag_2O 的 Ag $3d_{5/2}$ 轨道预计分别约为 367.2eV 和 367.7eV，但并未观察到，这一特征排除了银纳米粒子的任何氧化可能。

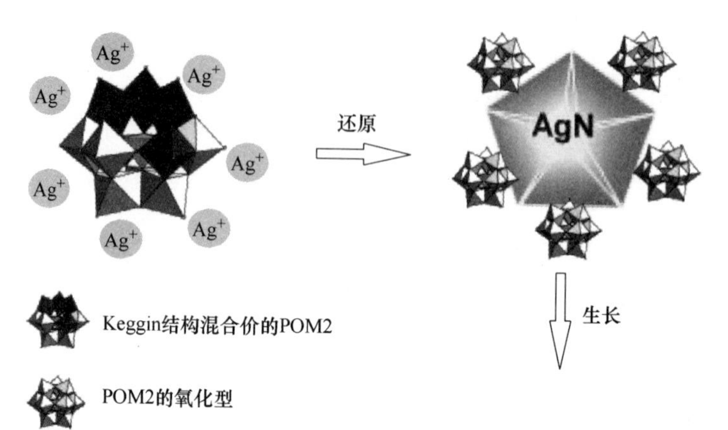

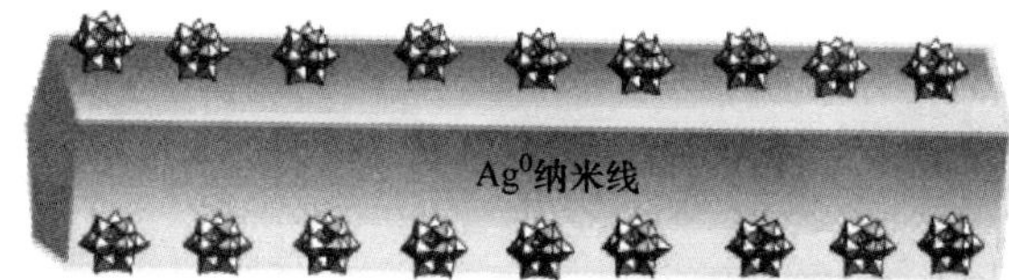

图 6-3 Ag^0 纳米线形成过程的示意图

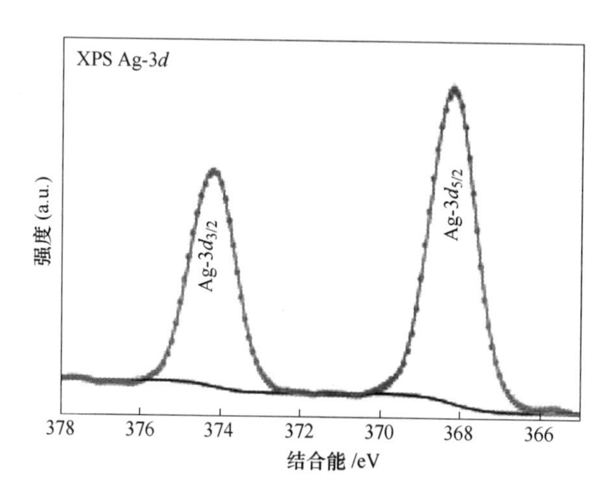

图 6-4 Ag(3d) 的 XPS 光谱

无论是 Ag^0纳米粒子还是纳米线，尽管彻底清洗了样品，XPS 依然检测到了钼的存在。这一观察结果支持了之前的假设，即多金属氧酸盐既可作为还原剂又可作为包覆剂，尤其是含 Mo 的 POM，十分倾向于在金属或其他固体表面上自组装[9,26]。附着在 Ag^0纳米结构表面的 POM 与 NP 之间的比率可以随金属盐和起始 POM 而变化。在本文介绍的 Ag^0纳米线合成中，对样品进行半定量分析，通过适当的 Scofield 灵敏度因子校正峰面积，得到 Mo 的原子百分比为 21.7%，Ag 的原子百分比为 78.3%。值得注意的是，在壳中同时检测到了 Mo(Ⅵ)和较少量的 Mo(Ⅴ)。

6.3 小结

本章介绍了一种 Nadjo 研究组报道的在没有任何催化剂和选择蚀刻剂的条件下，室温水溶液一步合成形貌良好的 Ag（0*D* 和 1*D*）纳米结构的方法。纳米结构的形貌和尺寸均可以通过使用不同的 POM 和不同的摩尔比来调节。POM 在合成过程中可以同时充当还原剂、稳定剂和形貌控制剂。所合成的纳米结构中可以清楚地观察到 Ag@ POM 核 - 壳结构。下一步工作将系统地探索所有这些功能。预计这种 Ag - POM 复合纳米结构很可能具有光学、电子、分析和催化性质。

本章所有图片均出自文献［20］。

参 考 文 献

［1］ And S C, Carroll D L. Synthesis and Characterization of Truncated Triangular Silver Nanoplates［J］. Nano Letters, 2002, 2 (9): 1003 ~ 1007.

［2］ Xia Y, Yang P, Sun Y, et al. One-Dimensional Nanostructures: Synthesis, Characterization, and Applications［J］. Advanced Materials, 2010, 15 (5): 353 ~ 389.

［3］ Tao A, Sinsermsuksakul P, Yang P. Polyhedral silver nanocrystals with distinct scattering signatures［J］. Angewandte Chemie, 2010, 45 (28): 4597 ~ 4601.

［4］ Wiley B J, Chen Y, Mclellan J M, et al. Synthesis and optical properties of silver nanobars and nanorice［J］. Nano Letters, 2007, 7 (4): 1032 ~ 1036.

［5］ Wiley B, Sun Y, Mayers B, et al. Shape-controlled synthesis of metal nanostructures: The case of silver［J］. Chem. Eur, 2005, 11: 454 ~ 463.

［6］ Maillard M, Pinray Huang A, Brus L. Silver Nanodisk Growth by Surface Plasmon Enhanced Photoreduction of Adsorbed［Ag^+］［J］. Nano Letters, 2003, 3 (11): 1611 ~ 1615.

［7］ Cui S, Liu Y, Yang Z, et al. Construction of silver nanowires on DNA template by an electrochemical technique［J］. Materials & Design, 2007, 28 (2): 722 ~ 725.

［8］ Keita B, Mbomekalle I M, Nadjo L, et al. Tuning the formal potentials of new V-substituted Dawson-type polyoxometalates for facile synthesis of metal nanoparticles［J］. Electrochemistry Communications, 2004, 6 (10): 978 ~ 983.

[9] Keita B, Zhang G, Dolbecq A, et al. $Mo^V - Mo^{VI}$ Mixed Valence Polyoxometalates for Facile Synthesis of Stabilized Metal Nanoparticles: Electrocatalytic Oxidation of Alcohols [J]. Journal of Physical Chemistry C, 2007, 111 (23): 8145 ~ 8148.

[10] Hill C L (Guest Ed.). Polyoxometalates in Medicine [J]. Chem. ReV., 1998, 98: 1 ~ 389.

[11] Pope M T. Heteropoly and Isopoly Oxometalates [M]. Springer-Verlag: Berlin, 1983.

[12] Hill C L. Polyoxometalates: Reactivity [J]. Comprehensive Coordination Chemistry Ⅱ, 2003, 35 (40): 679 ~ 759.

[13] Keita B, Nadjo L. Electrochemistry of Isopoly and Heteropoly Oxometalates [J]. Encyclopedia of Electrochemistry, 2006, 7: 607 ~ 700.

[14] Troupis A, Hiskia A, Papaconstantinou E. Synthesis of Metal Nanoparticles by Using Polyoxometalates as Photocatalysts and Stabilizers [J]. Angewandte Chemie, 2002, 114 (11): 1914 ~ 1991.

[15] Saikat M, Pr S, Renu P, et al. Keggin ions as UV-switchable reducing agents in the synthesis of Au core-Ag shell nanoparticles [J]. Journal of the American Chemical Society, 2003, 125 (28): 8440 ~ 8441.

[16] Yang Liangbao, Shen Yuhua, Xie Anjian, et al. Facile Size-Controlled Synthesis of Silver Nanoparticles in UV-Irradiated Tungstosilicate Acid Solution [J]. Journal of Physical Chemistry C, 2007, 111 (14): 5300 ~ 5308.

[17] Saikat Mandal, Avisek Das, Rajendra Srivastava A, et al. Keggin Ion Mediated Synthesis of Hydrophobized Pd Nanoparticles for Multifunctional Catalysis [J]. Langmuir the Acs Journal of Surfaces & Colloids, 2005, 21 (6): 2408 ~ 2413.

[18] Maayan G, Neumann R. Direct aerobic epoxidation of alkenes catalyzed by metal nanoparticles stabilized by the $H_5PV_2Mo_{10}O_{40}$ polyoxometalate [J]. Chemical Communications, 2005, 37 (36): 4595 ~ 4597.

[19] Marchal-Roch C, Mayer C R, Michel A, et al. Facile synthesis of silver nano/micro-ribbons or saws assisted by polyoxomolybdate as mediator agent and vanadium (IV) as reducing agent [J]. Chemical Communications, 2007, 36 (36): 3750 ~ 3752.

[20] Zhang G, Keita B, et al. Green Chemistry-Type One-Step Synthesis of Silver Nanostructures Based on $Mo^V - Mo^{VI}$ Mixed-Valence Polyoxometalates [J]. Chem. Mater., 2007, 19: 5821 ~ 5823.

[21] Dolbecq A, Lisnard L, Mialane P, et al. Synthesis and characterization of octa – and hexanuclear polyoxomolybdate wheels: role of the inorganic template and of the counterion [J]. Inorganic Chemistry, 2006, 45 (15): 5898 ~ 5910.

[22] Ishikawa E, Yamase T. Photoreduction Processes of α-Dodecamoly-bdophosphate in Aqueous Solutions: Electrical Conductivity, 31P NMR, and Crystallographic StudiesBull [J]. Chem. Soc. Jpn., 2000, 73: 641 ~ 649.

[23] Chen J, Wiley B J, Xia Y. One-dimensional nanostructures of metals: large-scale synthesis and some potential applications [J]. Langmuir the Acs Journal of Surfaces & Colloids, 2007, 23 (8): 4120 ~ 4129.

[24] Gou L F, Chipara M, Zaleski J M. Convenient, rapid synthesis of Ag nanowires [J]. Chem Mater, 2007, 19: 1755 ~ 1760.

[25] Chastain J, King R C, et al. Handbook of X-ray Photoelectron Spectroscopy [M]. Physical Electronics: Eden Prairie, MN, 1995.

[26] Klemperer W G, Wall C G. Polyoxoanion Chemistry Moves toward the Future: From Solids and Solutions to Surfaces [J]. Chemical Reviews, 1998, 98 (1): 297 ~ 306.

7　Keggin 型多金属氧酸盐还原的 Au－Ag 核－壳纳米粒子的合成

7.1　引言

双金属纳米粒子，无论是合金还是核－壳结构，都具有独特的电子、光学和催化性能[1~4]，并且在 DNA 测序中具有重要的生物学应用[5]。合金纳米粒子（NPs）可以通过同时还原两种或更多种金属离子很容易地合成出来[3]，而核－壳结构的生长可以通过在一种金属核上连续还原另一种金属离子来实现[4,6]。然而，核－壳结构的生长过程中，被还原的第二种金属离子除了会围绕第一种金属核成壳之外，通常也会在溶液中自成核[6]，从应用的观点来看这显然是我们不希望的。为了克服这一缺点，可以考虑采取的策略是在成核金属表面上固定还原剂。当被固定的还原剂遇到第二种金属离子时，还原剂会还原该金属离子，从而导致第二种后加入的金属离子被还原在成核金属表面，形成薄金属壳（如图 7-1a 所示）。

Keggin 型多金属氧酸盐（POM）可以在逐步多电子氧化还原过程中不发生结构变化[7]并且可以通过电化学、光化学以及适当的还原剂等方法还原。Troupis、Hiskia 和 Papaconstantinou 已经证明了光化学还原的 Keggin 型 [$(SiW_{12}O_{40})^{4-}$] 离子暴露于 Ag^+、Pd^{2+}、$AuCl_4^-$ 和 $PtCl_6^{2-}$ 离子水溶液中时会形成由 Keggin 离子包覆的稳定金属纳米粒子[8]。原则上，这些包覆在金属纳米粒子表面的 Keggin 阴离子，应该是可以通过 UV 光照射来进一步地还原，并且可以在金属核－壳纳米粒子的合成中用作局部定点还原剂。本章要介绍的正是由 Sastry 研究小组用这种方法合成的 Au－Ag 核－壳纳米结构[9]。

7.2　实验部分

7.2.1　仪器分析

采用 EOL 100CXII 型透射电子显微镜在 100kV 的加速电压下对所合成的样品进行透射电子显微镜（TEM）观察。将 PTA－纳米粒子样品滴涂到碳涂覆的 TEM 网上来制备用于 TEM 分析的样品。Au－Ag 核－壳纳米粒子的光斑轮廓能量色散分析（EDX）被执行于装有 Phoenix EDX 附件的 Leica Stereoscan 扫描电子显微镜中的 Si（111）晶片上的溶液流延薄膜上。

7.2.2 Au 核的形成

向 30mL、0.01mol/L 的磷钨酸水溶液［PTA, $H_3(PW_{12}O_{40})$，溶液 pH = 2.5］中加入 2mL 丙－2－醇，将该混合溶液用紫外光照射 4h（Pyrex 过滤器，>280nm，450W 的 Hanovia 中压灯，图 7-1a 中的步骤（1））。这导致了 $(PW_{12}O_{40})^{3-}$ 离子被还原，并且在溶液中出现蓝色（如图 7-16 插图中的试管 1 所示）。该溶液的紫外－可见光谱（如图 7-1b 中的曲线 1 所示）显示在 760nm 处有一个吸收带，这是 PTA $(PW_{12}O_{40})^{4-}$ 的单电子还原特征峰[7,10]。向 5mL 经光致还原的该 PTA 溶液中加入 15mL、0.001mol/L $HAuCl_4$ 溶液，连续搅拌 10min，然后使溶液熟化 2h（如图 7-1a 中的步骤（2）所示）。溶液的颜色从蓝色变为粉红色（如图 7-1b 插图中的试管 2 所示），证明了金纳米粒子的形成。PTA－金溶液的 UV-vis 光谱（如图 7-1b 中的曲线 2 所示）显示在 540nm 处出现了一个非常尖锐的吸收带，这是典型的金纳米粒子的表面等离子体共振吸收带，这进一步地证明了金纳米粒子的形成[3]。该溶液随着时间推移仍然非常稳定，这表明 Keggin 离子与纳米颗粒表面的结合通过静电引力和空间位阻作用形成了稳定状态（如图 7-1a 中的步骤（2）所示）[8,11]。

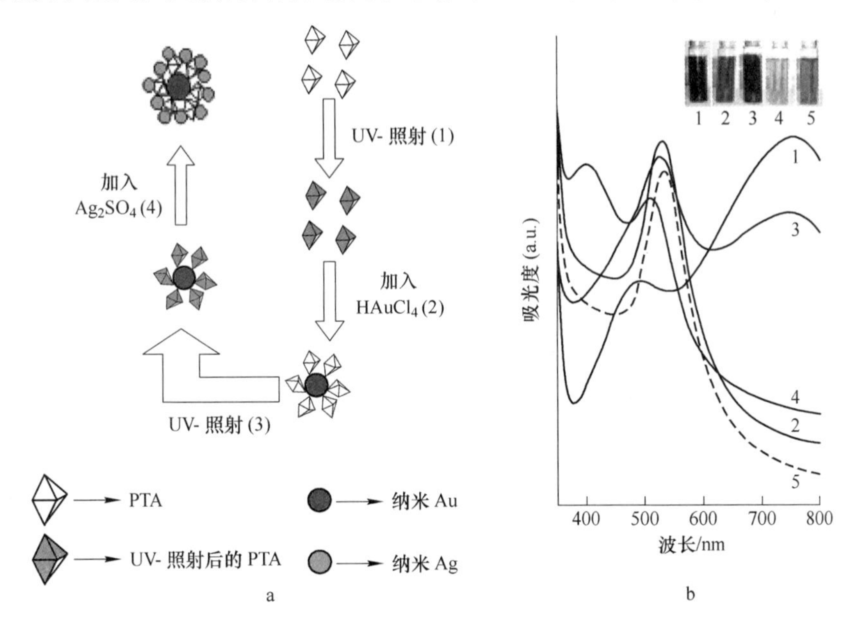

图 7-1　Keggin 离子介导的 Au－Ag 核－壳纳米粒子合成方案（a）（为简单起见，Keggin 离子显示为八面体形式）和紫外－可见光谱（b）

（已经针对溶液稀释效应调整了所有的 UV-vis 光谱，插图是装有 1～5 溶液样品的试管）

1—UV 照射后的 0.01mol/L 的 PTA 水溶液；2—加入 0.001mol/L $HAuCl_4$ 后，UV 照射的 PTA 溶液；3—进一步紫外线照射后的溶液 2；4—加入 0.001mol/L Ag_2SO_4 溶液后的溶液 3；5—加入 0.001mol/L Ag_2SO_4 后的溶液 2

使用12K截止透析袋，用蒸馏水彻底透析 PTA－金纳粒子溶液2天，除去溶液中未配位的 PTA 离子。透析的溶液随着时间的推移也非常稳定。X 射线衍射分析（如图7-2中的曲线2所示）证明了透析过的 PTA－金纳米粒子溶液中 Keggin 离子依然存在。在该 XRD 衍射图中可以清楚地识别出金的 fcc 布拉格反射特征，充分地表明纳米粒子是晶态的（如图7-2中的曲线1所示）[12]。Keggin 离子的特征布拉格反射表明紫外激活和还原 $AuCl_4^-$ 离子没有扰乱它们的基本结构。图7-3a 所示是 PTA－金纳米粒子的低放大率透射电子显微镜（TEM）图像。从图像中可以看出，纳米粒子是多分散的，尺寸范围为（15～70nm）并且具有不规则的形貌。图7-4a 所示是挑选出来的一个金纳米颗粒的高分辨率 TEM 图像。从高分辨率 TEM 图像可以看出整个粒子的对比度是均匀的，因此表明它是单个纳米晶。许多多重孪晶金纳米粒子也可以被观察到，其在更高的放大倍数下清楚地显示了金的 fcc 晶格。

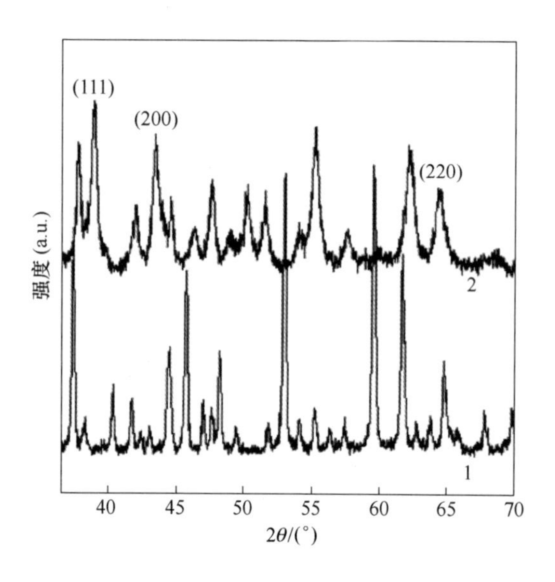

图7-2 PTA（曲线1）和透析后 PTA－金纳米粒子溶液的液滴薄膜（曲线2）的 XRD 图像（曲线2中 Au 的 fcc 布拉格反射可检索到）

7.2.3 Ag 壳的形成

在透析 PTA－金纳米粒子溶液后，将此溶液再次紫外光照射4h（如图7-1a 中的步骤（3）所示）。照射后的 PTA－金纳米粒子溶液的紫外－可见光谱如图7-1b 中的曲线3所示。图7-1b 插图中的试管3中溶液颜色从粉红色变为蓝红色，同时伴随有760nm 处的吸收增加。长波区的吸收增加清楚地表明金纳米粒子表面上的 PTA 离子已经被还原。向15mL 该溶液中搅拌加入15mL、0.001mol/L

Ag_2SO_4水溶液（如图7-1a中的步骤（4）所示），15min内，图7-1b插图中的试管4中溶液变成浅棕色。该溶液的UV-vis吸收光谱（如图7-1b中的曲线4所示）显示金纳米粒子表面等离子共振带出现降低并且蓝移，同时在415nm处出现明显的吸收带。这些观察结果都是在PTA包覆的金核周围形成银壳的象征，正如图7-1a中的方案所示。

7.2.4 Au-Ag核-壳纳米粒子的表征

图7-3b所示是按上述方法合成的Au-Ag核-壳纳米粒子的代表性TEM照片。与单独的金纳米粒子的情况相似，Au-Ag核-壳纳米粒子也是多分散的，尺寸略有增加（尺寸范围为20~100nm）并且有多种形貌，形貌不均一。图7-4b所示是Au-Ag核-壳纳米粒子的高分辨率TEM图像。暗色金核和浅色的银壳之间明显的对比度变化可以清楚地观察到。壳的厚度在纳米粒子上是变化的，并且通常表现出与核的形貌不同的形态。许多大的Au-Ag核-壳粒子的X射线光斑轮廓能量色散分析（EDX）表明，在核的区域Au：Ag平均摩尔比为3：1，而在壳的区域Au：Ag平均摩尔比则为1：10。这充分地说明图7-4b中的壳对应于银，小的金信号可能是由EDX中的光束直径效应产生。大量纳米粒子的光斑轮廓EDX分析总是显示出Au和Ag信号的同时存在，这说明没有发生Ag的二次成核。

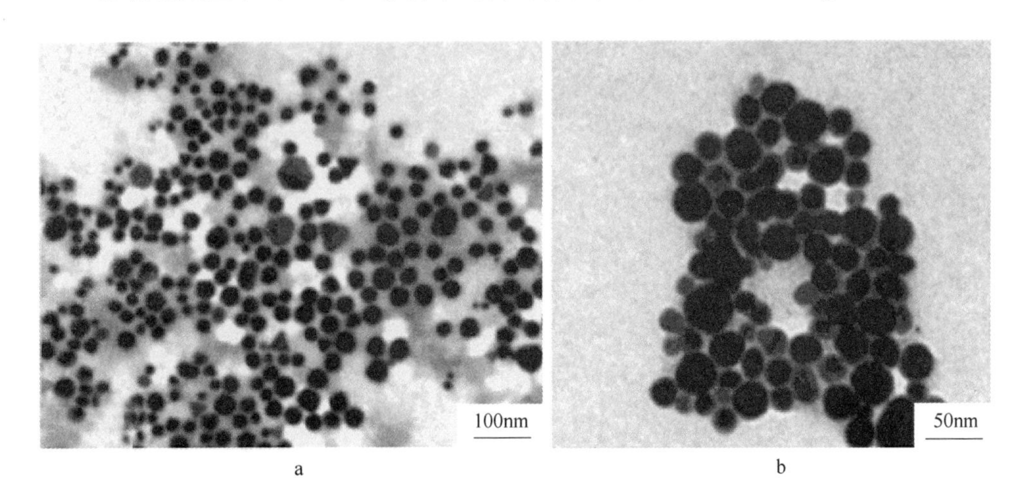

图7-3 被紫外光照射后得到的PTA溶液还原的金纳米粒子的TEM照片（a）和被紫外光照射后的PTA溶液依次还原的金、银离子形成的金-银核-壳纳米粒子的TEM照片（b）

将Ag^+离子加入PTA包覆的金纳米粒子中不用紫外光照射进行对照实验（如图7-1b插图中的试管5所示），溶液颜色几乎没有变化（比较图7-1b插图中的试管2和试管5），并且在Ag^+离子加入之前（如图7-1b中的曲线2所示）和

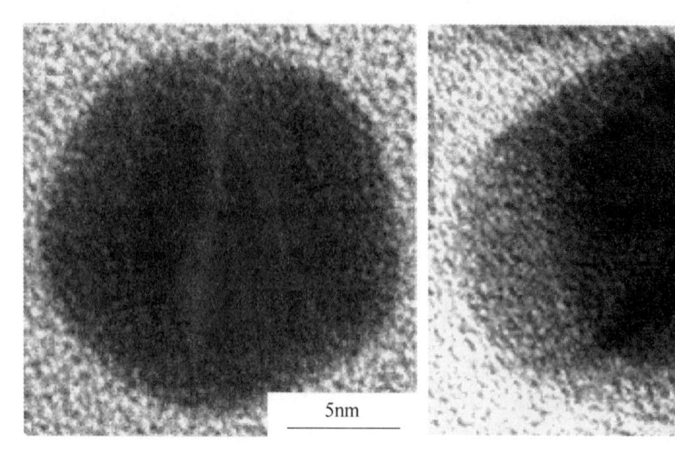

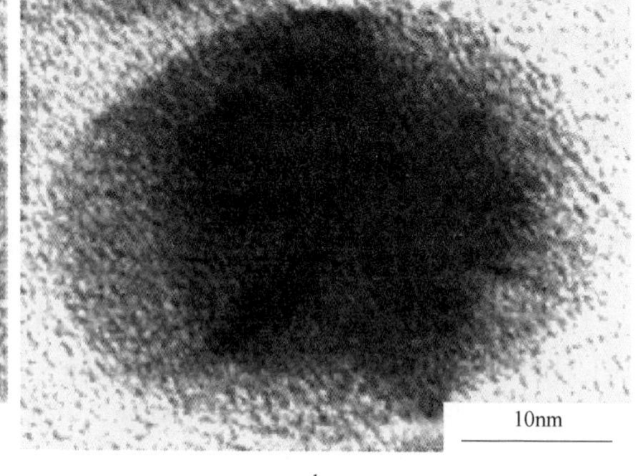

a　　　　b

图 7-4　一个金纳米粒子的高分辨率 TEM 图像（a）和一个 Au - Ag 核 - 壳粒子的高分辨率 TEM 图像（b）

加入之后（如图 7-1b 中的曲线 5 所示），溶液的 UV-vis 吸收光谱的变化可以忽略不计。与曲线 2 相比，曲线 5 略微向下移动。因此，金纳米粒子表面包覆 PTA 的光致还原分子是合成 Au - Ag 核 - 壳纳米粒子工作中的关键步骤，这使得它与那些在反应介质中使用普通还原剂合成双金属纳米粒子核 - 壳结构的方法是有所不同的。利用紫外光照射可以激活 Keggin 离子的还原能力，这给 Keggin 离子附加了一个额外的功能，从而增强了该合成方法中 POM 的多功能性。

7.3　小结

本章介绍了 Sastry 研究小组使用光化学还原的 Keggin 型磷钨酸离子制备 Au - Ag 核 - 壳纳米粒子的方法。该方法使用表面包覆了可逆还原剂（例如，由可还原型 Keggin 离子）的金纳米粒子，能够仅在金粒子表面上还原 Ag^+ 离子，从而避免了 Ag 纳米粒子在溶液中二次成核的可能性。初步研究表明，使用 Keggin 型 POM 离子还有可能合成出 Au - Pt 核 - 壳纳米结构。因此，使用在纳米材料合成及催化领域具有潜在应用性的 Keggin 型 POM 离子制备双金属核 - 壳结构是一个合成纳米核壳结构的新策略。

本章所有图片均出自文献［9］。

参考文献

［1］Schmid G. Clusters and Colloids［J］. Zeitschrift Fur Kristallographie, 2008, 210（10）: 816.

[2] Toshima N, Yonezawa T. Bimetallic nanoparticles—novel materials for chemical and physical applications [J]. New Journal of Chemistry, 1998, 22 (11): 1179 ~ 1201.

[3] (a) Link S, Wang Z A. Alloy formation of gold-silver nanoparticles and the dependence of the plasmon absorption on their composition [J]. Journal of Physical Chemistry B, 1999, 103 (18): 3529 ~ 3533. (b) Mallin P M, Murphy C J. Solution-Phase Synthesis of Sub-10nm Au – Ag Alloy Nanoparticles [J]. Nano Letters, 2015, 2 (11): 1235 ~ 1237.

[4] Ah C S, And S D H, Jang D J. Preparation of Au core Ag shell Nanorods and Characterization of Their Surface Plasmon Resonances [J]. Journal of Physical Chemistry B, 2001, 105 (33): 7871 ~ 7873.

[5] Cao Y W, Rongchao Jin A, Mirkin C A. DNA-modified core-shell Ag/Au nanoparticles [J]. Journal of the American Chemical Society, 2001, 123 (32): 7961.

[6] Srnovasloufova I, Lednicky F, Gemperle A, et al. Core – Shell (Ag) Au Bimetallic Nanoparticles: Analysis of Transmission Electron Microscopy Images [J]. Langmuir, 2000, 16 (25): 9928 ~ 9935.

[7] Papaconstantinou E. Photochemistry of polyoxometallates of molybdenum and tungsten and/or vanadium [J]. Cheminform, 1989, 20 (42): 1 ~ 31.

[8] Troupis A, Hiskia A, Papaconstantinou E. Synthesis of metal nanoparticles by using polyoxometalates as photocatalysts and stabilizer [J]. Angew. Chem. Int. Ed., 2002, 41: 1911 ~ 1914.

[9] Mandal S, Selvakannan P, Pasricha R, et al. Keggin Ions as UV-Switchable Reducing Agents in the Synthesis of Au Core Ag Shell Nanoparticles [J]. Journal of the American Chemical Society, 2003, 125 (28): 8440 ~ 8441.

[10] Pope M T. Heteropoly and Isopoly Oxometalates; Inorganic Chemistry Concepts 8 [M]. Springer-Verlag: New York, 1983, Chapter 4.

[11] Watzky M A, Finke R G. Nanocluster Size-Control and "Magic Number" Investigations. Experimental Tests of the "Living-Metal Polymer" Concept and of Mechanism-Based Size-Control Predictions Leading to the Syntheses of Iridium (0) Nanoclusters Centering about Four Sequential [J]. Chemistry of Materials, 1997, 9 (12): 3083 ~ 3095.

[12] And L A P, Matijevic E. Preparation of Uniform Colloidal Particles of Salts of Tungstophosphoric Acid [J]. Chemistry of Materials, 1998, 10 (5): 1430 ~ 1435.

8 多金属氧酸盐辅助电还原的 Ag@POM 树枝状纳米结构的合成

8.1 引言

银纳米结构在摄影[1]、荧光增强[2,3]、催化[4,5]、抗菌活性[6]、超疏水表面[7]和传感[8]等领域有着广泛的应用。众所周知，所有这些潜在应用都归因于它们的物理化学和光电性质，而这些性质又强烈地依赖于银纳米结构尺寸和形貌。因此，人们对于银纳米结构的注意力越来越多的集中在了它的尺寸和形状控制合成上。银纳米结构有各种各样的形貌，例如，有球形纳米粒子（NP）[9~11]、链状纳米线[12]、纳米多面体[9,10,13]、纳米线[11,14~17]、纳米棒[14]、纳米枝[4]以及纳米簇[18]、纳米带、纳米锯[19]等。其中，树枝状银纳米结构由于其有趣的结构特征而受到强烈关注。此外，研究发现银纳米枝是表面增强拉曼光谱（SERS）[20]的最有效材料，以前曾有许多报道[8,21~25]。目前，有许多方案可用于获得银纳米枝，包括电化学[13,26,27]或光化学技术[28]，使用聚乙烯吡咯烷酮作为表面活性剂的传统湿化学反应[29]，以及电化学还原反应[24,30,31]。各种形状的银纳米枝被合成出来，包括花状树突[26,32]、蕨类树枝状[26,33]、珊瑚状树突[26]、分形状树突[34]和仙人掌状树突[4]。

最近，使用多金属氧酸盐（POMs）作为还原剂和包覆剂，开发了一种绿色湿化学法合成金属 NPs 方法[11,35,37]，合成了许多核－壳结构纳米粒子，包括 Ag@POM[11]，Au@POM[36]和 Pt@POM[37]。这些 POM 具有嵌入式的还原能力[35]，同时还可以电化学或光化学还原[38]。POM 是前过渡金属氧阴离子簇，具有显著、独特的氧化还原和光化学性质。目前，利用 POM 法已经合成了各种形状的银纳米结构，包括 NP、纳米线[11]、纳米带和纳米锯[19]。最近有文献报道了一种用 $VOSO_4$做原料的绿色湿化学法合成银和钯纳米枝的途径[39]。

本章要介绍一种由张光晋研究组报道的 POM 辅助合成的银纳米枝结构[40]。该方法描述了在选定的 POM 存在下通过电化学还原法对银纳米枝的尺寸和形貌的调控。该方法的研究基于两个内容：（1）选择两种具有完全不同的还原电位的金属（Al 为 -1.66V，Cu 为 +0.337V，而 Ag 为 +0.799V），这样的选择可能会引起银纳米枝不同形貌的出现；（2）该方法即便不需要表面活性剂或模板，在无有机物的系统中，POM 的存在也可能对调节反应动力学有一定的作用，并且有利于银纳米结构各向异性的生长。该方法选择的 POM 是 $[PW_{12}O_{40}]^{3-}$（简写为 PW_{12}）作为 POM，获得的银纳米枝显示出良好的拉曼增强散射。

8.2 实验部分

8.2.1 材料

磷钨酸 $[PW_{12}O_{40}]^{3-}$ (PW_{12})(试剂级) 和罗丹明 B (RhB)(分析级) 购自 Sigma-Aldrich，硝酸银和异丙醇 (分析级) 购自北京化学试剂公司。所有化学试剂均未进一步纯化。使用 Milli-Q Simplicity 185 过滤系统 (Millipore，USA) 制备电阻率为 18.2MΩ · cm 的超纯水。

8.2.2 合成

设计了几种银纳米枝的合成方案并进行了比较：在无 POM 的条件下直接电还原；在存在氧化型 POM 的情况下电还原；在单电子光致还原型 POM 存在下的电还原；以及在预先形成的 Ag@ POM 胶体存在下的电还原。后两种方法 (下文将有详细地描述) 首先要将 PW_{12}光致化学还原：使用 500W Hg 灯作为 UV 光源。在分光光度计样品仓 (1cm 路径长度) 中加入 3mL 浓度范围为 0.03 ~ 1.0mmol/L 的 PW_{12}，再加入 11μL 异丙醇混合。用 UV 光照射混合溶液 30min。单电子还原型 POM 的浓度可以使用消光系数 $\varepsilon_{752} = 2000/(cm \cdot mol/L)$ 的分光光度计测定。这种定量测定可以证明大约 90% 的 PW_{12}被光致还原了，这对后面结果的影响是至关重要的。接着，将具有一定银离子浓度 (SIC) 的硝酸银溶液注入“还原型 PW_{12}”的溶液中，剧烈手摇混合 3s，静置。整个反应需要在室温、常压下暗处进行。最后，将此溶液熟化 24h，即得 Ag@ POM 纳米结构的母液。所有实验方案中的样品，均取 2μL 母液(浅黄色、黄色或棕色，基于硝酸银的浓度)滴在碳涂覆的铜网、铝晶片或硅晶片上进行分析。滴好样品的铜网在分析前，均在白炽灯下照射 12min，使液滴完全干燥。在实验之前，所有晶片依次用丙酮、乙醇和纯水处理。

为了测定银纳米枝的生长随时间的变化情况，将母液 (初始浓度为 0.3mmol/L) 滴在三个不同的铝晶片上，然后将这些液滴晶片在白炽灯的照射下分别干燥 2min、4min 和 8min，并立即用滤纸吸出残留的液体。

8.2.3 用于 SERS 测定的银纳米枝上 RhB 的吸附

为了用于 SERS 测定，将在铝晶片上形成的银纳米枝在 50nmol/L 的 RhB 水溶液 (10mL) 中温育 10h。随后，用蒸馏水彻底冲洗基片，最后在室温下空气中暗室晾干，用于测试[41]。

8.2.4 表征方法

样品用 D/max 2500，Rigaku，X 射线衍射(XRD)仪进行表征。X 射线光电子能谱(XPS)数据采用 VG Scientific 公司的 ESCALab220i-XL 型电子光谱仪在 300W Al

K_{α} 射线下收集。扫描电子显微镜(SEM)分析采用日立公司的 S－4300 型场发射扫描电子显微镜(FESEM)进行。透射电子显微镜(TEM)采用 JEOL JEM－2100 型透射电子显微镜在 200kV 的加速电压下对样品进行观察。拉曼光谱使用 Renishaw 公司的 1000 型 Raman 光谱仪获得。激发源来自 632.8nm、20mW 的空冷氩离子激光器。激光直径为 1μm,样品位置的激光强度为 4.0mW,数据采集时间为 10s。

8.3　结果与讨论

8.3.1　在铝晶片上形成的银纳米枝

首先，要强调 Al 晶片是作为基底使用。将文献中的在 Al 晶片上进行的普通电还原和本书中介绍的有不同量的氧化型 PW_{12} 时进行的电还原进行比较，其相似性和差异性如图 8-1 所示。在本章介绍的实验中，用 0.03mmol/L $AgNO_3$ 大约

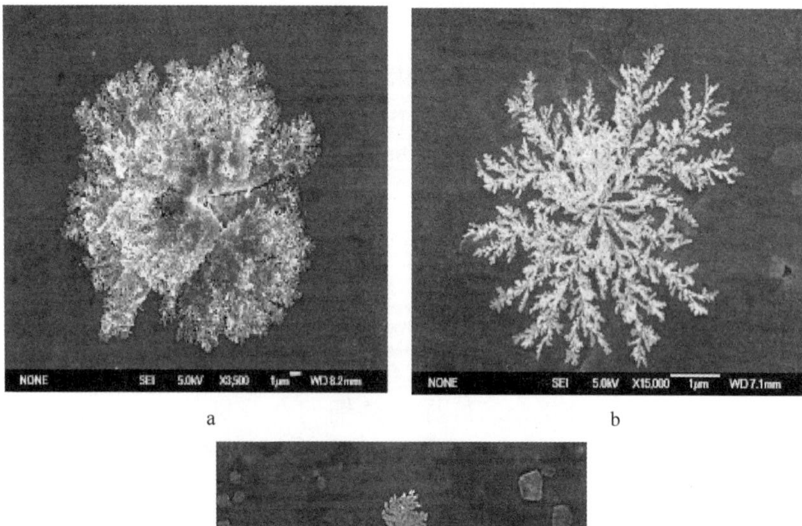

a　　　　　　　　b

c

图 8-1　POM 存在下在铝晶片上形成 Ag^0 结构的 FESEM 照片

a—[POM]=0.3mmol/L,[Ag^+]=0.3mmol/L;b—[POM]=0.03mmol/L,[Ag^+]=0.03mmol/L;
c—[POM]=0.3mmol/L,[Ag^+]=0.03mmol/L

10min 内会获得的不规则的银纳米结构，并且下文将会对该方法与其他合成模式进行比较。

张光晋研究组从以往的实验中总结出，通过在 Al 晶片上逐滴滴加 0.3mmol/L 的 POM 和 0.3mmol/L 的 Ag^+ 母液，可以获得相对形貌较好的枝状纳米晶，其组成为：在指定的 Ag@POM 中包覆在 Ag^0 NP 表面上的 POM（0.035mmol/L），Ag^+（0.035mmol/L），Ag@POM（0.265mmol/L）。图 8-2 显示了这些银纳米枝晶体的 FESEM 图像（由于视野的限制，照片中只显示了一个银纳米枝，并且只是该纳米枝的 95%）。这种独特的结构其底部是大的片状结构（标记为 A 的圆形区域），其边缘呈分岔的树枝状结构（标记为 C 的区域）。在纳米枝的底部和枝端之间（茎部，标记为 B 的环形区域）观察到了包含小的片状结构和不对称的枝状结构的中间结构。这些枝状纳米晶的分支大部分（约 95%）都是从茎的一侧生长，大多数分支（约 80%）都是对称的，这可以在图 8-2b 中清楚地观察到。这些银纳米枝的茎是弯曲的，大多是随机分枝的，其中有一部分（5%）是裸

a　b　c　d

图 8-2　枝状银纳米结构晶体在铝晶片上的 FESEM 照片

（总计[POM]=0.3mmol/L，总计[Ag^+]=0.3mmol/L）

a—典型的银纳米枝晶体；b—对应于图 a 的矩形区域的放大图像；c—对应于图 b 的矩形区域的放大图像；d—对应于图 a 中标记为 A 的区域的放大图像

露。茎和枝的直径大约为 100 ~ 200nm，长度分别为 40 ~ 50μm 和 2 ~ 4μm。图 8-2c 是对应于图 8-2b 的矩形区域的放大图像。从图中可以看到，银纳米粒子聚集在枝的尖端，其直径约为 50 ~ 100nm。图 8-2d 是枝状纳米晶底部的片状结构的放大图像，从图中可以看出其表面非常平坦，其光滑程度可以与之前描述的银纳米片中间体进行比较[31]。

这些复杂的银纳米枝的 XRD 图像清楚地显示了它们具有银的(111)、(200)、(220)和(311)晶面上的面心立方(fcc)布拉格反射(如图 8-3A 所示)。图 8-4 中的 XPS 分析证实了前面的结果,从图中可以清楚地观察到 Ag 的 $3d_{3/2}$和 $3d_{5/2}$的贡献。通过将碳的 1s 光电峰固定在 284.8eV 来校正电荷效应,$3d_{5/2}$的电位定于(368.2 ±0.3)eV,$3d_{3/2}$的电位定于(374.2 ±0.3)eV。这些数据强有力地证明了银仅以金属形式存在。图 8-2 的 EDX 数据证实了 Ag 和 W 的存在(如图 8-5 所示)。

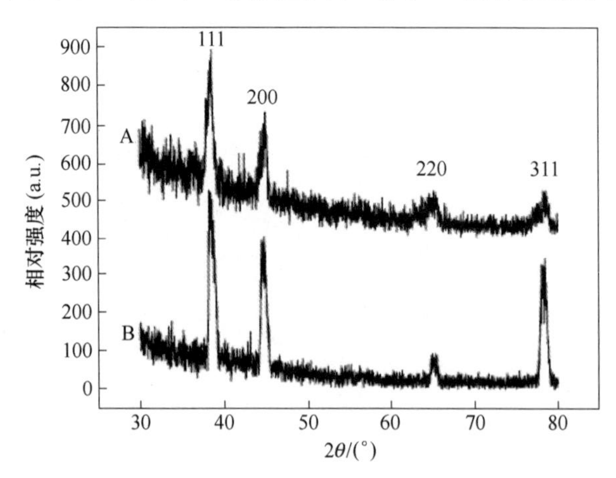

图 8-3　图 8-2a（标记为 A）和图 8-9a（标记为 B）中的银纳米枝晶体的 XRD 图谱

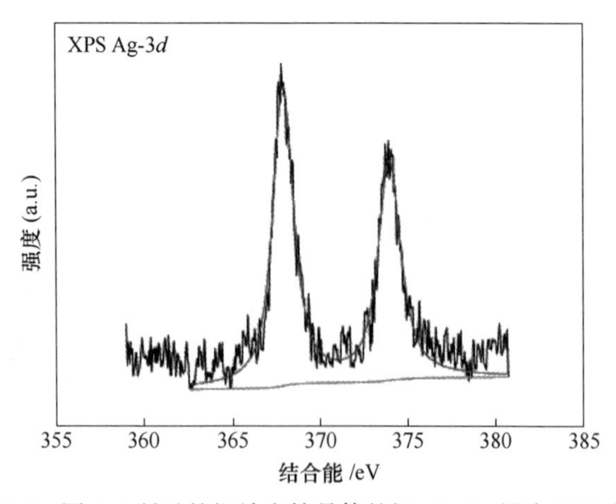

图 8-4　图 8-2 所示的银纳米枝晶体的银（3d）的确 XPS 光谱

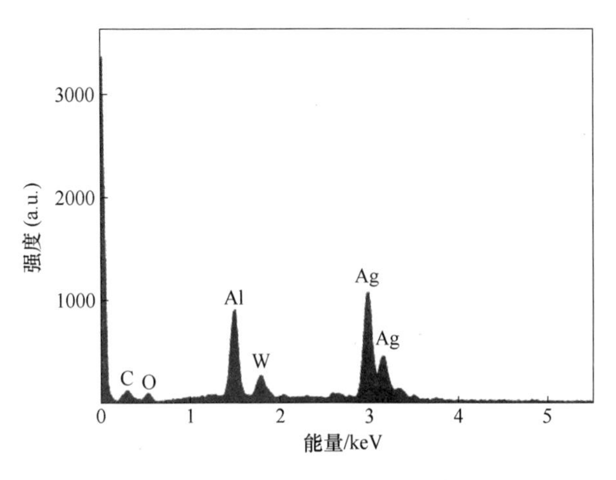

图 8-5 图 8-2 所示的确 Ag 纳米枝晶体的 EDX 分析

8.3.2 基底对银纳米枝的影响

将相同的母液（Ag^+（0.035mmol/L），Ag @ POM（0.265mmol/L），POM（0.035mmol/L））滴到铜网上时，获得了不同的形貌的银纳米结构。图 8-6 是在碳涂覆的铜网上形成的银纳米枝的 FESEM 和 TEM 图像。从图 8-6a 可以观察到，在大规模范围内都出现了许多类似银枝的碎枝状结构。从图 8-6b 中放大的 FESEM 图像看，茎和枝的直径约为 25 ~ 30nm，茎的长度约为 500nm ~ 1.5μm，而枝的长度约为 100 ~ 250nm，这比在铝晶片上观察到的要小得多。茎和枝之间的角度范围很宽，在 20° ~ 90°之间。纳米枝相应的 TEM 图像显示如图 8-6c 和图 8-6d 所示，从图中可以清楚地观察到银纳米枝由尺寸为几十纳米的银纳米粒子聚集而成，而相应的溶液中并没有观察到聚集的 Ag^0 NPs。

当将相同的母液滴到硅晶片上时，则仅观察到了 Ag^0 NPs（如图 8-7 所示）。所有这些结果都表明基底对所观察到的这些独特的 Ag 纳米结构的生长是非常重要的。这也提醒了我们，如果在 TEM 分析期间观察到了可能与铜元素发生反应的物种，那么其他交叉检测表征手段则是非常有必要进行的[42]。在该实验中，POM 的作用受到了质疑。然而，当通过离心和洗涤将 Ag^+ 和 POM 从母液中除去后，无论使用何种基底，都只能观察到反应过程中形成的 Ag^0 NPs（如图 8-8 所示）。于是，母液中少量 Ag^+ 存在的作用将按如下方法进一步阐明。正如定量分析所显示的那样，POM 的光致还原不够完全（大约还原 90%），因此，最终母液中存在多余的银离子，通常大约是含有 0.3mmol/L POM 和 0.3mmol/L $AgNO_3$。当这些 Ag^+ 离子与具有较低还原电位的基板（例如，铜和铝）接触时，将发生电还原，将 Ag^+ 还原至 Ag^0。这种反应构成了大的 Ag^0 纳米枝晶形成的关键条件，而 POM 的存在的作用则仍需要进一步考证。

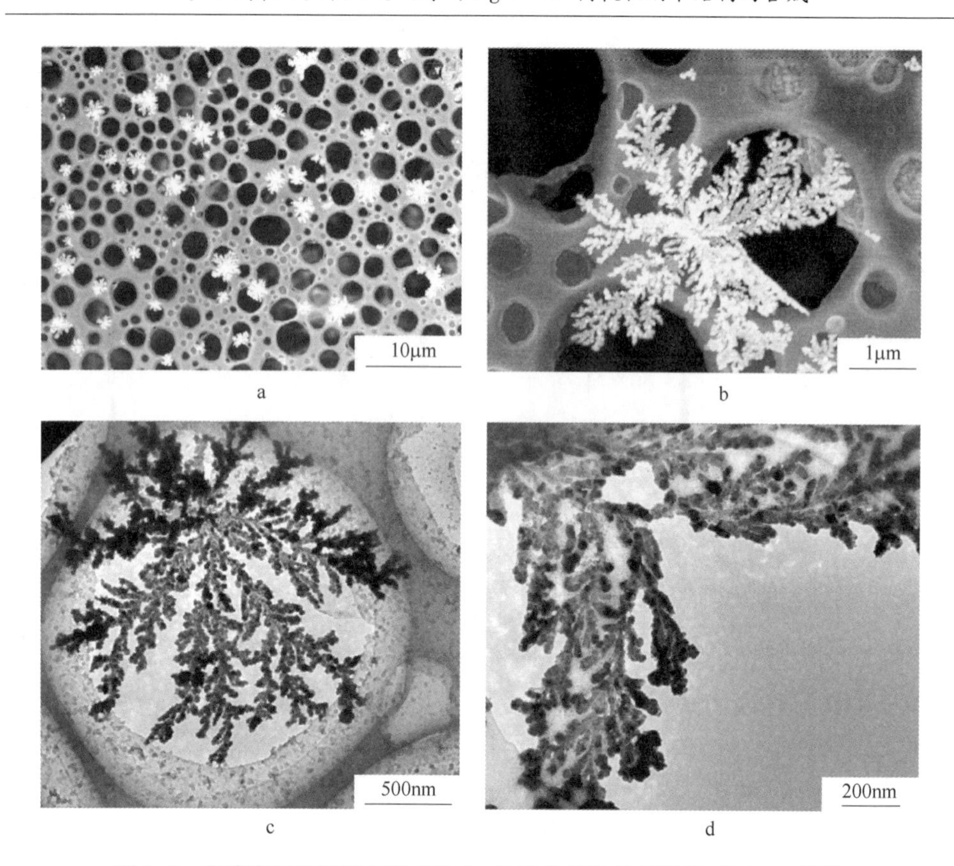

图 8-6 在碳涂覆的铜网上形成的 Ag 纳米枝晶体的 FESEM 和 TEM 照片

（总计[POM] = 0.3mmol/L，总计[Ag^+] = 0.3mmol/L）

a—大尺寸、多层状银纳米枝结构的 FESEM 图像；b—其中的一个银纳米枝的放大的 FESEM 图像；c—银纳米枝的 TEM 图像；d—放大的银纳米枝的 TEM 图像

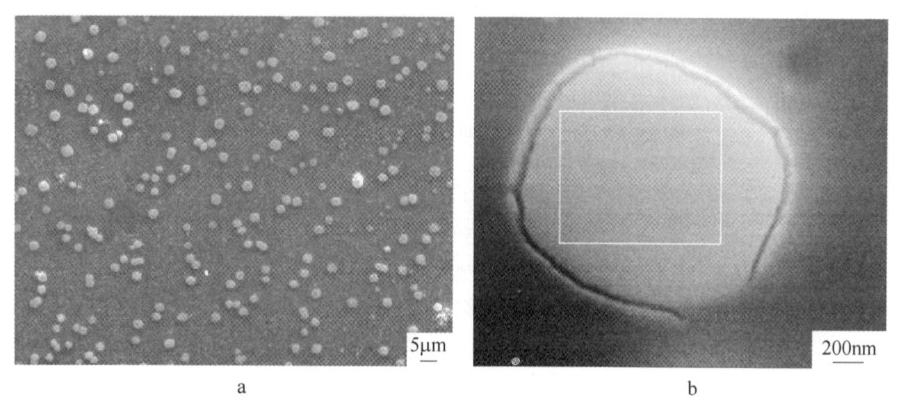

图 8-7 在硅晶片上形成的银纳米结构的 FESEM 图像

a—大范围观察；b—图 a 所示的一个粒子的放大图像

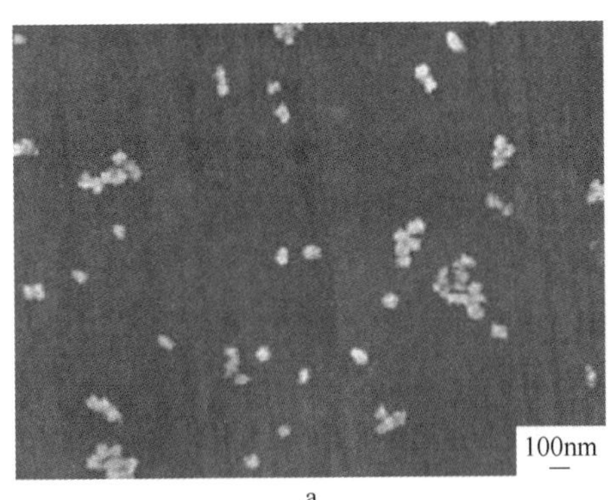

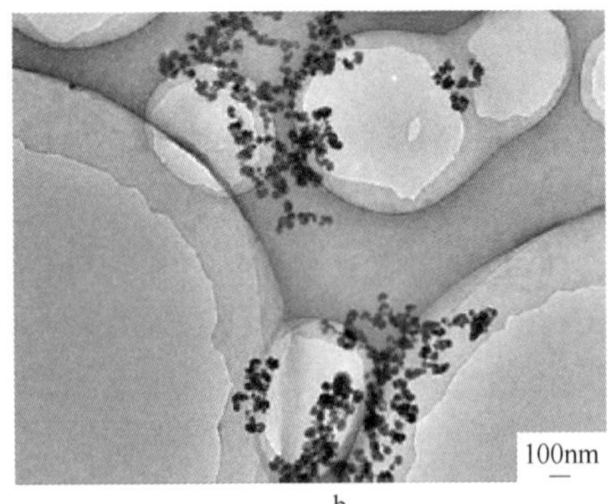

a b

图 8-8 在铝晶片上形成的 Ag^0 NP 的 FESEM 图像，样品通过离心和洗涤母液获得（a）和相应的在碳涂覆的铜网上的银纳米粒子的 TEM 图像（b）

8.3.3 母液组分对银纳米枝的影响

为了探索银纳米枝的生长机制，张光晋研究组又进一步研究了母液中各组分的影响。

首先，将浓度为 0.03mmol/L 的纯 $AgNO_3$ 溶液滴到铝晶片上并按之前所述操作进行干燥。形成的银纳米枝结构的 FESEM 图像如图 8-9a 所示。从图中可以看到，形成的银纳米结构普遍尺寸约为 4～8μm 的片状纳米枝晶体。这些银纳米枝的 XRD 图像也显示了银的（111）、（200）、（220）和（311）晶面的面心立方（fcc）布拉格反射（如图 8-3B 所示），XPS 也分析证实了前面的结果（如图 8-10 所示）。图 8-9a 的 EDX 数据证实了 Ag 的存在和 W 的缺失（如图 8-11 所示）。

其次，将另一份纯的 $AgNO_3$ 溶液与 Ag^0 NPs 的胶体溶液混合。$AgNO_3$ 的浓度保持在 0.03mmol/L，Ag 的总浓度保持在 0.3mmol/L。接着，将混合溶液滴在铝晶片上并在相同条件下干燥。形成的银纳米结构的 FESEM 图像如图 8-9b 所示。从图中可以观察到尺寸约为 2～3μm 的不规则羽支状银纳米结构，该结构倾向于形成碎的、不规则的枝状结构。此外，在该羽支状纳米结构的周围还观察到了许多直径约为 50～100nm 的 Ag^0 NPs。XPS 分析和图 8-9b 的 EDX 数据分析都表明有 Ag 的存在而没有 W 的存在（如图 8-12 所示）。为了进一步比较，POM 被添加到上述 Ag^+ 和 Ag^0 NPs 的混合物中。POM 的浓度保持在 0.3mmol/L。然后，将混合溶液滴到铝晶片上并按前述操作方法干燥，结果观察到了形貌良好的分枝状银纳米结构形成（如图 8-9c 所示），其尺寸约为 6～10μm，大于之前没有 POM 时形成的枝状纳米晶的尺寸。图 8-9c 的 EDX 数据证实了 Ag 和 W 均有存在（如图 8-13 所示）。形成的晶状纳米枝的形状与图 8-2 中观察到的形貌非常相似。

图 8-9 在铝晶片上形成的银纳米结构的 FESEM 照片

a—片状银纳米枝晶体（[Ag^+] = 0.03mmol/L）；b—不规则的羽枝状银纳米结构（[Ag^+] = 0.03mmol/L，[Ag NP] = 0.265mmol/L）；c—分枝的银纳米结构（[Ag^+] = 0.03mmol/L，[Ag NP] = 0.265mmol/L，[POM] = 0.265mmol/L）；d—Ag@POM 复合粒子（[Ag NP] = 0.265mmol/L，[POM] = 0.265mmol/L）

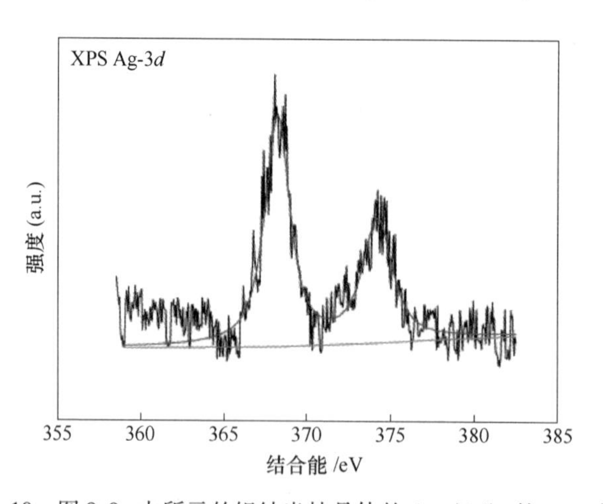

图 8-10 图 8-9a 中所示的银纳米枝晶体的 Ag（3d）的 XPS 光谱

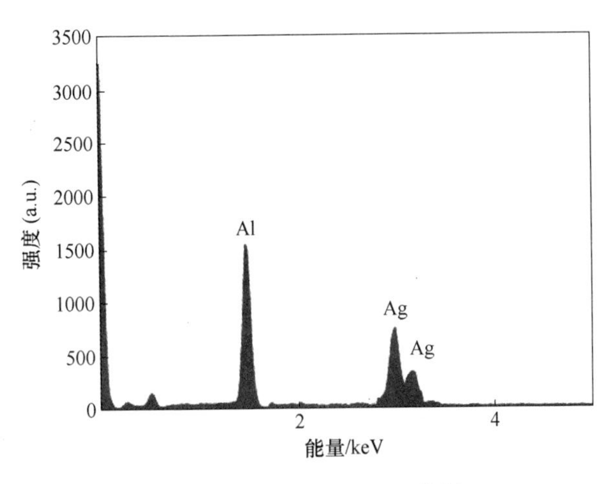

图 8-11 图 8-9a 的 EDX 分析

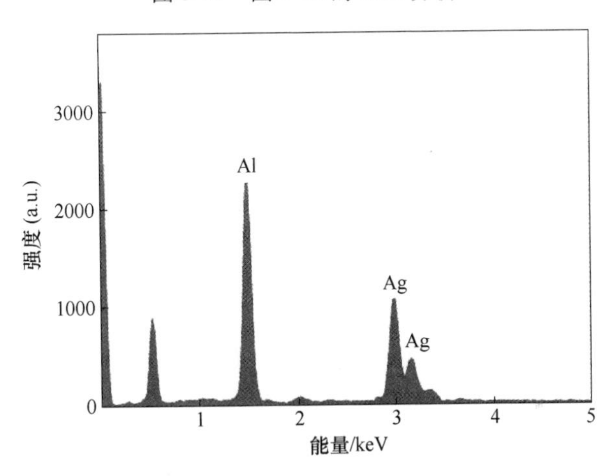

图 8-12 图 8-9b 的 EDX 分析

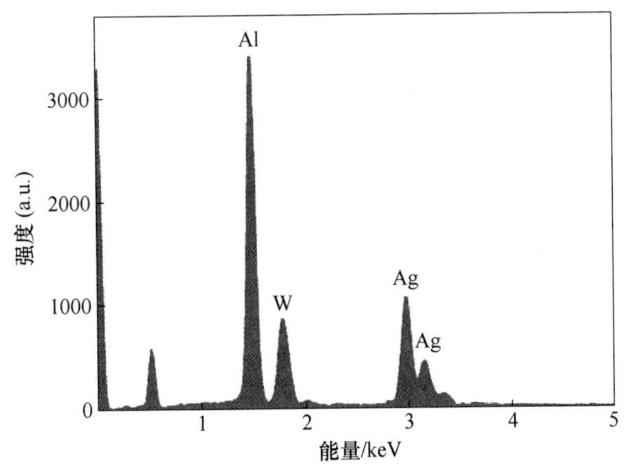

图 8-13 图 8-9c 的 EDX 分析

最后，将 POM 与相同浓度的纯 Ag^0 NP 混合进行比较，结果在相同的基底上仅观察到直径约为 1 ~ 2μm 的大的纳米粒子，并未发现纳米枝（如图 8-9d 所示）。这些纳米粒子的 EDX 分析证实了 Ag 和 W 都有存在（如图 8-14 所示）。所有这些结果都有力地证明了母液中的游离的 Ag^+ 和 POM 在基底上形成大的银纳米枝过程中均发挥了关键作用。

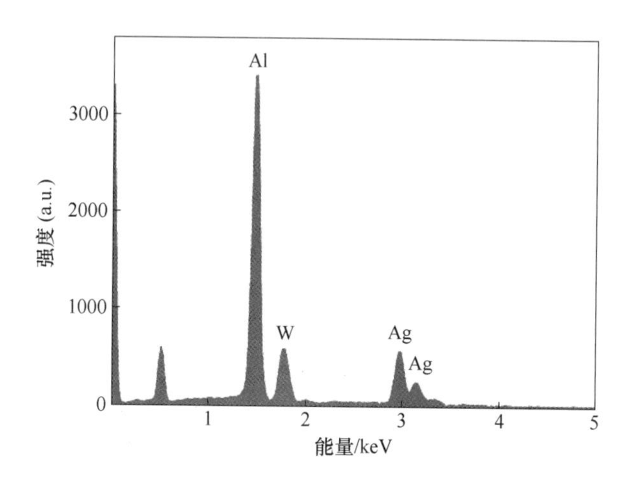

图 8-14　图 8-9d 的 EDX 分析

8.3.4　变量参数 $[Ag^+]/[POM]$ 对银纳米枝的影响

变量参数定义为 $\gamma = [Ag^+]/[POM]$。图 8-15 显示了在不同 γ 值条件下形成的不同银纳米结构。当 $\gamma = 0.25$ 时，在基底上获得了许多 Au^0 NP（如图 8-15a 所示）。在这种情况下，由于还原型的 POM 大过量，溶液中没有游离的 Ag^+，并且形成了大量的 Ag@ POM 簇。当 γ 值增加到 1 时，将获得如上所述的典型的银纳米枝晶体。当 γ 值进一步增加到 2 时，将获得许多复杂且致密的、彼此重叠的银纳米枝（如图 8-15b 所示）。图 8-15b 的左上插图显示了银纳米结构中心部位的致密片状结构，图 8-15b 的左下插图显示了银纳米结构枝端部位密集的分枝状结构。当 γ 值达到 3 时，将观察到厚密的、块状的 Ag^0 纳米结构（如图 8-15c 所示）。

仔细观察这些块状的 Ag^0 纳米结构，发现它们是由大量聚集在一起的 Ag^0 NP 组成（如图 8-15c 的插图所示）。这可能主要是与 POM 的模板效应的急剧下降有关，该效应随着 γ 值的增加而关联着反应动力学效应。因此，过量的 Ag^+ 可以与基底反应，并且形成的 Ag^0 NP 可以进一步与母液中的那些 Ag^0 NP 聚集以形成大体积的 Ag^0 结构。

图 8-15 不同的 γ 值条件下形成的不同银纳米结构的 FESEM 图像（[POM] = 0.3mmol/L）
a—分散在基底上的 Ag@ POM NPs（γ = 0.25）；b—复杂且密集的银枝状晶体（γ = 2）；c—厚密的、块状的 Ag^0 纳米结构（γ = 3）

8.3.5 初始浓度对银纳米枝的影响

为了观察初始浓度对银纳米枝的影响，张光晋研究组通过在给定摩尔比下改变初始浓度的方法进行了一系列实验。保持 $\gamma = 1$ 不变，POM 的初始浓度在 0.2 ~ 1mmol/L 之间变化。在 C_0 = 0.3mmol/L 下获得的晶状纳米枝已显示在了图 8-15 中，从中可以看出树枝状银纳米结构是多层生长的。当 C_0 = 0.2mmol/L 时，获得了如图 8-16a 中所示的树枝状结构，该结构与图 8-2a 所示结构相似，但树枝状晶体的尺寸较小。当 C_0增加至 0.4mmol/L 时，获得了更厚且更致密的银纳米枝晶体（如图 8-16b 所示）。这些银纳米枝与在较低的 C_0条件下获得的十分不同，没有观察到在银纳米晶上有聚集的 NPs，这说明银纳米枝有很好的结晶度。所获得的银纳米枝，其茎的长度为 5 ~ 10μm，主枝和分枝则分别是 1 ~ 3μm 及 200 ~ 500nm。许多分枝以大约 60°的角度不对称地围绕主枝生长，并且这些从主枝的底部到尖端生长的分枝变得越来越短。张光晋研究组认为，上述观察意味着单体浓度驱动的各向异性晶体生长。进一步将 C_0增加至 1.0mmol/L，获得了更加密集的片状银纳米结构，这与先前描述的银纳米片中间晶体[31]相似（如图 8-16c 所示）。

图 8-16 在铝晶片上形成的不同初始浓度下的各种银纳米结构的 FESEM 图像（γ 定义为 1）
a—多重方向生长的银纳米枝晶体（C_0 为 0. 2mmol/L）；b—片状银纳米枝晶体（C_0 为 0. 4mmol/L）；
c—密集堆积的片状银纳米结构（C_0 为 1. 0mmol/L）

随着初始浓度的增加可以观察到，银纳米结构显示出越来越多的片状形貌。这似乎可以用动力学控制机制来解释。这个现象表明定向聚集和定向附着在这些不同类型的银纳米结构的形成过程中都是十分重要的。扩散过程也可以随着溶剂的蒸发、Ag^0 NP 在基质上的聚集而发生，这在先前的许多工作中已经提出过[8,42,43]。随着初始浓度的增加，母液中有更多的 Ag^0 NPs 和游离 Ag^+ 离子。随着电还原反应速率的增加，Ag^0 NP 的聚集可能会被加速。因而，由于 Ag^0 NP 在相同条件下的更快熔合，将形成更多的片状结构。

8. 3. 6 银纳米枝的生长机制

根据以上分析结果，大体上可以用图 8-17 来概述树枝状银纳米晶的生长机制。首先，Ag^+ 与铝晶片（或碳涂覆的铜网）之间的电还原反应是引发和诱导银纳米枝晶沉积过程的关键和先决条件。最终获得的树枝状形貌与图 8-2c 中所示的初始的 Ag^0 纳米粒子的排列有关。如图中所示，Ag^0 NPs 会生长成分枝，随后通过 Ag^0 纳米粒子的自组装会形成越来越多的分枝；最后，形成了小的 Ag^0 枝。较早形成的小的 Ag^0 枝成为 Ag^0 NPs 进一步聚集的种子。首先，沉积出树枝状纳米结构必须具有非平衡条件。其次，由于实验中氧化还原电对之间的电势差很大，($\Delta E_{Al/Ag}=2.46V$，$\Delta E_{Cu/Ag}=0.46V$)，电还原过程预计会进行得非常快。然而，快速的反应经常会导致不均匀的沉积和粒子聚集，这是不利于 Ag^0 纳米结构的各向异性生长的。因此，POM 应该是起到了软模板的作用，并且调节了反应动力学，保持了各向异性的条件并诱导了在溶液中的 Ag^0 NPs 种子的生长方向。值得注意的是，根据以往报道[11]，POM 是选择性地吸附在 Ag^0 NPs 的表面上的，因此有利于形成树突。所以，Ag^0 NP 上的 POM 为区域选择性生长创造了独特的局部环境，这也被 Pan 等人提出用于解释 3D 树枝状金纳米结构的生长[44]。后期树枝状生长阶段的解释可能涉及纳米粒子的线性聚集，这种聚集可能是偶极诱导引起的线性聚集，也可能是静电斥力引起的线性聚集[44~46]。这可能更类似于前文中提到的，由于 POM 阴离子的包围而带负电荷的 Ag^0 NPs，其茎和分枝的外延生长会伴随有静电斥力控制的聚集[11]。张光晋研究组认为，在末端附着到纳米链上的 NP 的静电斥力弱于附着在侧面上的 NP，这在解释金纳米球的线性组装时也被提出过[45,46]。

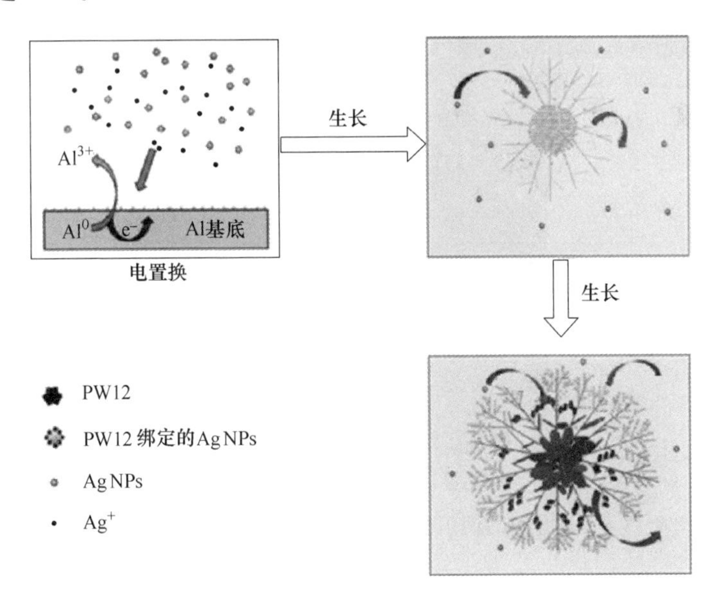

图 8-17　银纳米枝晶体的生长过程示意图

张光晋小组也研究了反应时间对银纳米结构的影响实验，在不同反应时间形成的纳米结构进一步证实了他们对生长机制的假设。如图 8-18a 所示，在生长开始约 2min 时，可以观察到尺寸为 30 ~ 40μm 的小的树枝状结构。这些树枝状结构是松散的，并且其中心由许多 Ag^0 NP 组成（如图 8-18a 的插图所示）。当生长时间增加至 4min 时，观察到的分枝和子分枝的密度也会增加（如图 8-18b 所示）。枝晶的尺寸达到 40 ~ 50μm，并且在银纳米枝的中心生长出一些叶状结构（如图 8-18b 的插图所示）。当生长时间增加至 8min 时，银纳米枝的尺寸达到 50 ~ 60μm（如图 8-18c 所示），并且具有更密集的茎和枝。在树枝状银纳米结构的中心，叶状结构也变得更加密集（如图 8-18c 的插图所示）。最后，当生长在 12min 完成时，就可以观察到更大更复杂的银枝状结构，该结构具有更多的主枝和分枝，如图 8-2a 所示。

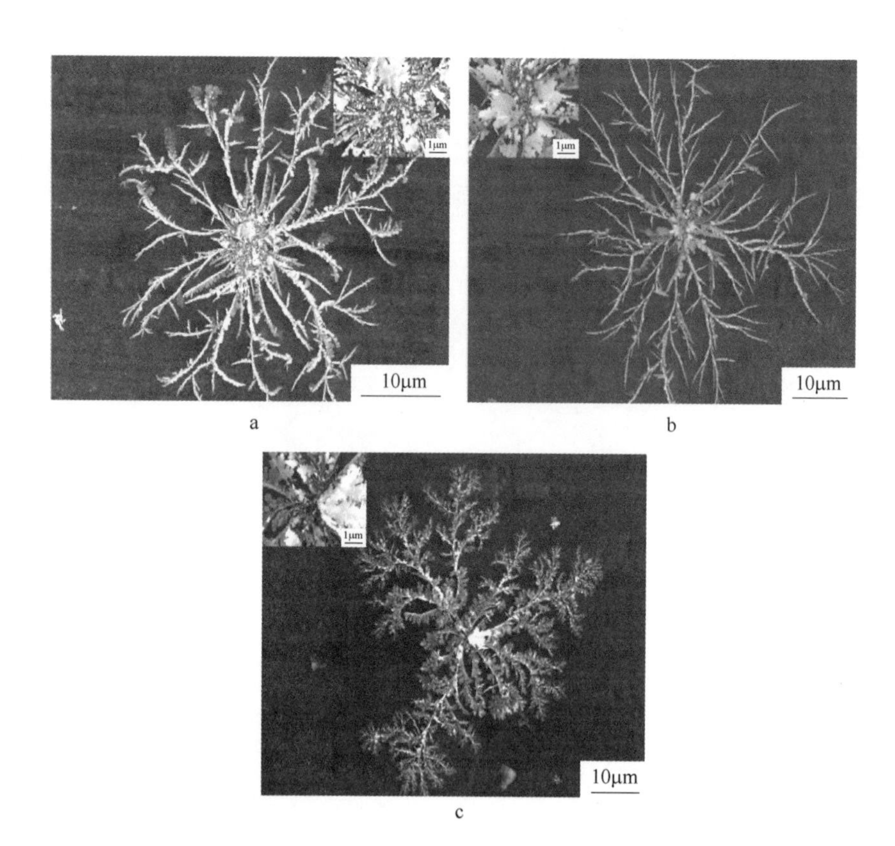

图 8-18　不同生长时间下的银纳米枝晶体的 FESEM 图像插图分别显示了相应结构的中心部分

（总计[POM] = 0.3mmol/L，总计[Ag^+] = 0.3mmol/L）

a—t = 2min；b—t = 4min；c—t = 8min

从上述的实验工作中可以推测，不同程度上的扩散限制聚集（DLA）机制[47]的定性组合应该是完全可以用于解释树枝状银纳米结构的生长机制的。首先，通过 Ag^+ 与基板的电还原形成初始结构的种子，接着再通过银纳米粒子黏附到随机路径上选定的种子上，形成了银纳米粒子的生长结构，然后在中心形成 3D 片状结构，最终形成簇状结构。POM 对成核和定向聚集起到了明显的控制作用，提供了非平衡系统，从而有利于银纳米枝晶的形成。树枝状生长发生在茎和分枝上。随着茎长度的增加，新的较短枝在尖端处不断地形成。POM 选择性地吸附在 NP 表面的不同晶面上，导致了银纳米枝晶体的各向异性生长。在生长过程中，聚集机制和熟化机制的协同作用导致了多晶态的复杂树枝状银纳米结构的形成[31]。应该注意的是，银纳米枝的多层结构在 2D 空间中被限制在了基板表面，如其他文献中所报道的一样[44,48]，没有向上生长形成半球形树枝状结构。可能的一个原因是同时发生的电还原起了作用，在该过程中通过电还原形成的 Ag^0 作为黏合/熔合剂将 Ag^0 NP 黏合在了一起。另一个可能的原因是 POM 负电荷的静电斥力。

8.3.7 银纳米枝的 SERS 分析

众所周知，银纳米枝由于其独特的结构而为 SERS 提供了卓越的基底。在这个问题上，张光晋小组关注的重心是在 PW_{12} 存在下合成的树枝状 Ag^0 纳米结构的有效性。吸附在银纳米枝晶的不同部分上的 RhB 的 SERS 光谱，如图 8-19 所示。在图 8-19b 所示的光谱中，谱线 A 和 B 分别代表吸附在银纳米枝晶的尖端和中心

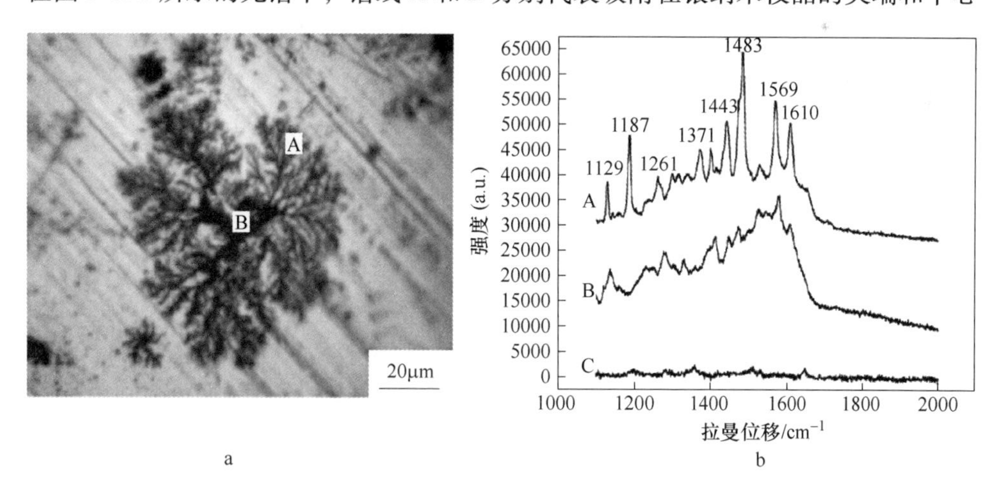

图 8-19 银纳米枝晶体的光学显微照片（[POM] = 0.3mmol/L，[Ag^+] = 0.3mmol/L）（a）和 RhB 吸附在银纳米枝不同部位的 SERS 光谱（b）

曲线 A—RhB 吸附在标记为 A 区域的银纳米枝枝端部位；曲线 B—RhB 吸附在标记为 B 区域的银纳米枝中心部位；曲线 C—RhB 吸附在空白的铝晶片上的对照 SERS 光谱

上的 RhB（50nmol/L）的光谱（图 8-19a 中标记为 A 和 B 的区域）。光谱 C 是通过在铝晶片上晾干 RhB（0.2mmol/L）溶液而获得的纯 RhB 的光谱。

从图中可以观察到，与吸附在片状结构上的那些相比，吸附在多层枝状结构上的 RhB 的 SERS 光谱显著增强。此外，吸附在铝晶片上的纯 RhB 的 SERS 信号很弱。在约 1610cm^{-1}、1569cm^{-1}、1483cm^{-1}、1443cm^{-1}和 1371cm^{-1}处的强峰归属为芳香族 C—C 的伸缩振动，以 1261cm^{-1}处为中心的振动带归属为 C—C 桥基伸缩振动，而以 1187cm^{-1}和 1129cm^{-1}为中心的振动带归属为芳环分子的 C—H 面内弯曲振动[5]。这种差异的最重要原因可能与 Ag^0 纳米枝晶体潜在的相应形貌变化有关[5]。许多研究[49~51]都证实了，树枝状纳米结构由许多处于有效等离子体共振距离的纳米结构组成，从而导致了电磁（EM）场的放大和吸附分子有效极化速率的增强。正如前文所描述的那样，银纳米枝结构中存在许多直径在 50～100nm 范围的纳米粒子，并且这些粒子聚集在多层的银纳米枝结构中，这正是 EM 增强的合适尺寸。因此，该增强主要归功于 EM 机制。另外，与片状结构相比，这种多层的树枝状银纳米结构还具有非常粗糙的表面和大的表面积。所有这些特性都有利于 SERS 增强。应该注意的是，所合成的 Ag^0 纳米枝的拉曼增强效果比文献合成的产品要强得多[5]。

8.4 小结

本章介绍了张光晋研究组基于 POM 辅助的电还原方法对复杂树枝状银纳米晶尺寸和形貌的控制方法。这些银纳米枝结构可以通过使用不同的 SICs 和不同的金属盐与 POM 的摩尔比进行调控。POM 首先用作还原剂，但也同时用作稳定剂、软模板剂和形貌控制剂。在合成银纳米枝的过程中，电化学还原和 POM（大过量）的存在对于复杂银纳米枝的合成非常重要。最后，所合成的银纳米枝的 SERS 研究（使用 RhB 作为分析物）结果表明，铝表面支撑的这种复杂的银纳米枝十分适用于拉曼增强，可广泛用于拉曼分析和成像。对于不同基底上可形成不同形貌的银纳米结构的研究说明，在没有确认 SEM 或其他相关辅助成像数据的情况下解释 TEM 数据时需要小心。该方法可以扩展到其他贵金属以研究纳米晶体的生长行为。此外，树枝状晶体可以提高 POM 基修饰电极的效率和稳定性。

本章所有图片均出自文献［40］。

参考文献

［1］Gould I R, Lenhard J R, Muenter A A, et al. Two-Electron Sensitization: A New Concept for Silver Halide Photography［J］. Journal of the American Chemical Society, 2015, 122（48）: 11934～11943.

[2] Drozdowicztomsia K, Fang X, Goldys E M. Deposition of Silver Dentritic Nanostructures on Silicon for Enhanced Fluorescence [J]. J. Phys. Chem. C, 2010, 114 (3): 1562 ~ 1569.

[3] Shanmugam S, Viswanathan B, Varadarajan T K. Photochemically reduced polyoxometalate assisted generation of silver and gold nanoparticles in composite films: a single step route [J]. Nano Scale Research Letters, 2007, 2 (3): 175 ~ 183.

[4] Rashid M H, Mandal T K, et al. Synthesis and catalytic application of nanostructured silver dendrites [J]. Journal of Physical Chemistry C, 2007, 111 (45): 16750 ~ 16760.

[5] Huang J, Vongehr S, Tang S, et al. Ag dendrite-based Au/Ag bimetallic nanostructures with strongly enhanced catalytic activity [J]. Langmuir, 2009, 25 (19): 11890 ~ 11896.

[6] Sharma V K, Yngard R A, Lin Y. Silver nanoparticles: Green synthesis and their antimicrobial activities [J]. Advances in Colloid and Interface Science, 2009, 145 (1 ~ 2): 83 ~ 96.

[7] Cao Z, Xiao D, Kang L, et al. Superhydrophobic pure silver surface with flower-like structures by a facile galvanic exchange reaction with $[Ag(NH_3)_2]OH$ [J]. Chemical Communications, 2008, 23 (23): 2692 ~ 2694.

[8] Wen X, Xie Y T, Mak M W C, et al. Dendritic Nanostructures of Silver: Facile Synthesis, Structural Characterizations, and Sensing Applications [J]. Langmuir, 2006, 22 (10): 4836 ~ 4842.

[9] Zeng J, Zheng Y, Rycenga M, et al. Controlling the shapes of silver nanocrystals with different capping agents [J]. Journal of the American Chemical Society, 2010, 132 (25): 8552 ~ 8553.

[10] Zhang Q, Li W, Moran C, et al. Seed-Mediated Synthesis of Ag Nanocubes with Controllable Edge Lengths in the Range of 30 ~ 200nm and Comparison of Their Optical Properties [J]. Journal of the American Chemical Society, 2010, 132 (32): 11372 ~ 11378.

[11] Zhang G J, Keita B, Dolbecq A, et al. Green Chemistry-Type One-Step Synthesis of Silver Nanostructures Based on $Mo^V - Mo^{VI}$ Mixed-Valence Polyoxometalates [J]. Chem. Mater., 2007, 19: 5821 ~ 5823.

[12] Wei G D, Nan C W, Deng Y, et al. Self-organized Synthesis of Silver Chainlike and Dendritic Nanostructures via a Solvothermal Method [J]. Chemistry of Materials, 2003, 15 (23): 4436 ~ 4441.

[13] Gu C, Zhang T Y. Electrochemical synthesis of silver polyhedrons and dendritic films with superhydrophobic surfaces [J]. Langmuir the Acs Journal of Surfaces & Colloids, 2008, 24 (20): 12010 ~ 12016.

[14] Xia Y N, Yang P D, Sun Y G, et al. One-dimensionalnanostructures: synthesis, characterization, and applications [J]. Advanced Materials, 2010, 15 (5): 353 ~ 389.

[15] Fang J, Hahn H, Krupke R, et al. Silver nanowires growth via branch fragmentation of electrochemically grown silver dendrites [J]. Chemical Communications, 2009, 9 (9): 1130 ~ 1132.

[16] Sun Y, Gates B, Mayers B, et al. Crystalline Silver Nanowires by Soft Solution Processing [J]. Nano Letters, 2002, 2 (2): 165 ~ 168.

[17] Sun Y, Yin Y, Mayers B T, et al. Uniform Silver Nanowires Synthesis by Reducing AgNO\r,

3\r, with Ethylene Glycol in the Presence of Seeds and Poly (Vinyl Pyrrolidone) [J]. Chemistry of Materials, 2002, 14 (11): 4736 ~ 4745.

[18] Aizawa M, Cooper A M, Malac M, et al. Silver Nano-Inukshuks on Germanium [J]. Nano Letters, 2005, 5 (5): 815 ~ 819.

[19] Marchal-Roch C, Mayer C R, Michel A, et al. Facile synthesis of silver nano/micro-ribbons or saws assisted by polyoxomolybdate as mediator agent and vanadium (IV) as reducing agent [J]. Chemical Communications, 2007, 36 (36): 3750 ~ 3752.

[20] Fleischmann M, Hendra P J, Mcquillan A J. Raman spectra of pyridine adsorbed at a silver electrode [J]. Chemical Physics Letters, 1974, 26 (2): 163 ~ 166.

[21] Gutes A, Carraro C, Maboudian R. Silver Dendrites from Galvanic Displacement on Commercial Aluminum Foil As an Effective SERS Substrate [J]. Journal of the American Chemical Society, 2010, 132 (5): 1476 ~ 1477.

[22] Ye W, Shen C, Tian J, et al. Self-assembled synthesis of SERS-active silver dendrites and photoluminescence properties of a thin porous silicon layer [J]. Electrochemistry Communications, 2008, 10 (4): 625 ~ 629.

[23] He L, Lin M, Hao L, et al. Surface-enhanced raman spectroscopy coupled with dendritic silver nanosubstrate for detection of restricted antibiotics [J]. Journal of Raman Spectroscopy, 2010, 41 (7): 739 ~ 744.

[24] Song W, Cheng Y, Jia H, et al. Surface enhanced raman scattering based on silver dendrites substrate [J]. Journal of Colloid & Interface Science, 2006, 298 (2): 765 ~ 768.

[25] Lin H H, Mock J, Smith D, et al. Surface-Enhanced Raman Scattering from Silver-Plated Porous Silicon [J]. Journal of Physical Chemistry B, 2004, 108 (31): 11654 ~ 11659.

[26] Tang S, Meng X, Lu H, et al. PVP-assisted sonoelectrochemical growth of silver nanostructures with various shapes [J]. Materials Chemistry & Physics, 2009, 116 (2): 464 ~ 468.

[27] Zhu Junjie, Liu S, Palchik O, et al. Shape-Controlled Synthesis of Silver Nanoparticles by Pulse Sonoelectrochemical Methods [J]. Langmuir, 2000, 16 (16): 231 ~ 236.

[28] Zhou Y, Yu S H, Wang C Y, et al. A novel ultraviolet irradiation photoreduction technique for the preparation of single-crystal Ag nanorods and Ag dendrites [J]. Adv. Mater, 1999, 11: 850 ~ 852.

[29] Mdluli P S, Revaprasadu N. Time dependant evolution of silver nanodendrites [J]. Materials Letters, 2009, 63 (3): 447 ~ 450.

[30] Fang J, You H, Kong P, et al. Dendritic Silver Nanostructure Growth and Evolution in Replacement Reaction [J]. Crystal Growth & Design, 2007, 7 (5): 864 ~ 867.

[31] Fang J, Ding B, Song X. Self-Assembly Ability of Building Units in Mesocrystal, Structural, and Morphological Transitions in Ag Nanostructures Growth [J]. Crystal Growth & Design, 2008, 8 (10): 3616 ~ 3622.

[32] Swatek A L, Zheng D, Jr J S, et al. Self-assembly of silver nanoparticles into dendritic flowers from aqueous solution [J]. Journal of Experimental Nanoscience, 2010, 5 (1): 10 ~ 16.

[33] Wang Z, Zhao Z, Qiu J. A general strategy for synthesis of silver dendrites by galvanic displace-

ment under hydrothermal conditions [J]. Journal of Physics & Chemistry of Solids, 2008, 69 (5): 1296 ~ 1300.

[34] Wang X, Naka K, Itoh H, et al. Synthesis of silver dendritic nanostructures protected by tetrathiafulvalene [J]. Chemical Communications, 2002, 12 (12): 1300 ~ 1301.

[35] Keita B, Liu T, Nadjo L. Synthesis of remarkably stabilized metal nanostructures using polyoxometalates [J]. Journal of Materials Chemistry, 2008, 19 (1): 19 ~ 33.

[36] Li S, Yu X, Zhang G, et al. Green chemical decoration of multiwalled carbon nanotubes with polyoxometalate-encapsulated gold nanoparticles: Visible light photocatalytic activities [J]. Journal of Materials Chemistry, 2011, 21 (7): 2282 ~ 2287.

[37] Li S, Yu X, Zhang G, et al. Green synthesis of a Pt nanoparticle/polyoxometalate/carbon nanotube tri-component hybrid and its activity in the electrocatalysis of methanol oxidation [J]. Carbon, 2011, 49 (6): 1906 ~ 1911.

[38] Troupis A, Hiskia A, Papaconstantinou E. Synthesis of Metal Nanoparticles by Using Polyoxometalates as Photocatalysts and Stabilizers [J]. Angew. Chem. Int. Ed., 2002, 41 (11): 1911 ~ 1914.

[39] Keita B, Holzle B, et al. Green Wet Chemical Route for the Synthesis of Silver and Palladium Dendrites [J]. European Journal of Inorganic Chemistry, 2015, 2011 (8): 1201 ~ 1204.

[40] Liu R, Li S, Yu X, et al. Polyoxometalate-Assisted Galvanic Replacement Synthesis of Silver Hierarchical Dendritic Structures [J]. Crystal Growth & Design, 2011, 11 (8): 3424 ~ 3431.

[41] Guo B, Han G, Li M, et al. Deposition of the fractal-like gold particles onto electrospun polymethylmethacrylate fibrous mats and their application in surface-enhanced raman scattering [J]. Thin Solid Films, 2010, 518 (12): 3228 ~ 3233.

[42] Nadagouda M N, Varma R S. Silver Trees: Chemistry on a TEM Grid [J]. Australian Journal of Chemistry, 2009, 62 (3): 260 ~ 264.

[43] Wang Shizhong, Xin A H. Fractal and Dendritic Growth of Metallic Ag Aggregated from Different Kinds of γ-Irradiated Solutions [J]. J. Phys. Chem. B, 2000, 104 (24): 5681 ~ 5685.

[44] Pan M, Xing S, Sun T, et al. 3D dendritic gold nanostructures: seeded growth of a multi-generation fractal architecture [J]. Chemical Communications, 2010, 46 (38): 7112 ~ 7114.

[45] Yang M, Chen G, Zhao Y, et al. Mechanistic investigation into the spontaneous linear assembly of gold nanospheres [J]. Physical Chemistry Chemical Physics Pccp, 2010, 12 (38): 11850 ~ 11860.

[46] Zhang H, Wang D Y. Controlling the Growth of Charged-Nanoparticle Chains through Interparticle Electrostatic Repulsion [J]. Angew. Chem. Int. Ed., 2008, 47: 3984 ~ 3987.

[47] Witten T A, Sander L M. Diffusion-limited aggre-gation, a kinetic critical phenomenon [J]. Phys. Rev. Lett., 1981, 47: 1400 ~ 1403.

[48] Lim B, Jiang M, Camargo P H, et al. Pd-Pt bimetallic nanodendrites with high activity for oxygen reduction [J]. Science, 2010, 40 (33): 1302 ~ 1305.

[49] Zhang J, Li X, Sun X, et al. Surface Enhanced Raman Scattering Effects of Silver Colloids with Different Shapes [J]. The Journal of Physical Chemistry B, 2005, 109 (25): 12544 ~ 12548.

[50] Jing C, Fang Y. Simple method for electrochemical preparation of silver dendrites used as active and stable SERS substrate [J]. Journal of Colloid & Interface Science, 2007, 314 (1): 46 ~ 51.

[51] Jiang J, Bosnick K, Maillard M et al. Single Molecule Raman Spectroscopy at the Junctions of Large Ag Nanocrystals [J]. J. Phys. Chem. B, 2003, 107 (37): 9964 ~ 9972.

9 聚阴离子多金属氧酸盐包覆的 Pd^0 纳米粒子在水溶液中的自组装

9.1 引言

多金属氧酸盐簇（POM）是均相电子转移反应理想的候选物。Keggin 或 Dawson 型结构的 POM，尤其是其中一个或多个金属原子被含有 d - 电子的第一或第二过渡系金属阳离子取代的 POM，这一类 POM 会使氧化还原过程进行得更容易[1~4]，并且在经历逐步多电子氧化还原过程时不发生结构变化。POM 的这些有价值的性质使它们非常适合于合成一些具有功能性和基础性质的胶体纳米粒子[5~8]。此外，除了可以作为光催化剂之外，POM 还可以同时作为稳定剂。在这种情况下[9]，一层 POM 聚阴离子会被吸附到新合成的金属纳米粒子（NP）的表面上。被吸附在纳米粒子表面的 POM 阴离子为 NP 提供了负电荷，使粒子和粒子之间产生了强的静电斥力，进而防止了纳米粒子的聚集。而那些维持电荷平衡所必需的小的反荷离子，通常存在于 POM 包覆的金属纳米粒子的表面，进而形成了双电层。在铱胶体纳米粒子的研究中，高负电荷的 POM 大阴离子比其他类型的阴离子（在铱胶体纳米粒子的研究中）具有更好的稳定金属纳米粒子的能力[10]。

最近，许多合成钯胶体纳米粒子的不同方法已经报道了。钯胶体纳米粒子是一种催化活性受尺寸和形貌影响敏感的重要催化剂[11~13]。有作者报道了一种在室温下通过 Dawson 型钒取代的 POM $K_9[H_4PV^{IV}W_{17}O_{62}]$（$HPV^{IV}$）在水中还原 $PdCl_4^{2-}$ 制备 Pd^0纳米粒子的新方法[14]。HPV^{IV}同时起到了还原剂（将被氧化成 HPV^{V}）和稳定剂作用，这明显简化了合成过程。TEM 研究证实，合成的 Pd^0纳米粒子平均粒径约为 3nm[14]。中性的 Pd^0 纳米粒子可以在其表面上吸附一层 HPV（HPV^{IV}或 HPV^{V}），使得整个纳米粒子带有相对亲水的表面负电。

这种 POM 包覆的 Pd^0纳米粒子的溶液行为虽然仍然是完全未知的，但可能会非常有趣。因为 POM 包覆的 Pd^0纳米粒子可以作为亲水性大阴离子处理，最近，一些作者还发现了一些亲水性大分子（主要是 POM）在溶液中会产生独特的自缔合行为。许多类型的巨型 POM 阴离子是亲水性的，并且极易溶于极性溶剂，因为它们具有负电荷和化学键合到 POM 的外表面水配位基[15~28]，例如，$[Mo_{72}Fe_{30}O_{252}(CH_3COO)_{12}\{Mo_2O_7(H_2O)\}_2\{H_2Mo_2O_8(H_2O)\}(H_2O)_{91}]$（$\{Mo_{72}Fe_{30}\}$）[15~20]，$[\{Mo_{72}O_{252}(H_2O)_{72}\}\cdot\{Mo_2O_4(CH_3COOH)\}_{30}]^{42-}$

({Mo132})[21~24]，{[$Mo_{154}O_{462}H_{14}(H_2O)_{70}$]$_{0.5}$[$Mo_{152}O_{457}H_{14}(H_2O)_{68}$]$_{0.5}$}$^{15-}$ ({Mo154})[25~27]，[$Cu_2OCl(OH)_{24}(H_2O)_{12}(P_8W_{48}O_{184})$]$^{25-}$ ({$Cu_{20}P_8W_{48}$}) 等[28]。不同于那些在水溶液中常见的以离散离子形式存在的小无机离子，这种亲水性大阴离子倾向于自组装成空心球形单层“黑莓”型结构，即使在稀溶液中也是如此[15,24,26,28]。这种黑莓结构的形成不同于疏水胶体（因为范德华力）的聚集。疏水胶体的聚集由于疏水相互作用会导致相分离和由两亲表面活性剂形成的胶束/囊泡结构；相反，黑莓溶液却是热力学稳定的。黑莓的尺寸可以通过溶剂的量以及大阴离子的电荷密度来精确调整。在 POM 之间的抗衡离子引力和特殊氢键作用很可能是黑莓形成的原因。黑莓形成的临界条件是阴阳离子之间的尺寸差异，这会导致围绕在大阴离子周围的小阳离子的缔合。一个重要的问题是黑莓的形成到底是非常易溶的 POM 大分子的独特现象，还是其他有着合适尺寸和电荷的亲水性纳米粒子的普遍现象。极稀溶液中的 POM 包覆的 Pd^0纳米粒子刚好可以用作这个体系的研究模型，本章要介绍的正是 Nadjo 研究组对这个研究体系的一些细节研究[29]。纯的 Pd^0纳米粒子是典型的疏水胶体颗粒，其仅在水溶液中形成悬浮液并且倾向于最终从溶液中凝聚和沉淀。然而，POM 包覆的 Pd^0纳米颗粒在溶液中却非常稳定，显示出了与 POM 大阴离子的相似性。二者主要的区别在于 POM 包覆的纳米粒子具有更高的质量，并且其包覆的疏水性 Pd^0 表面并未被 HPV 阴离子完全覆盖。在反应之前，通过调节 Pd（Ⅱ）和 POM 之间的摩尔比（定义为 γ）可以控制 Pd^0超分子纳米粒子的结构。

9.2 实验部分

9.2.1 样品的制备

首先制备 2mmol/L 的 K_2PdCl_4（Aldrich 公司生产，99.8%）水溶液（pH 值约为 3.54）。为了避免 K_2PdCl_4的水解和氢氧化钯沉淀物的形成（这将干扰光散射测量），通过加入 HCl 将 K_2PdCl_4溶液的 pH 值调节至 1.53。多金属氧酸盐 HPV 根据之前的文献报道方法合成[14]。将适量的 K_2PdCl_4溶液（0.05 ~ 0.75mL）与 10mL、0.1mmol/L 的 $HPV^{Ⅳ}$ 水溶液混合，制备一系列具有不同摩尔比的 K_2PdCl_4 和 POM $HPV^{Ⅳ}$ 的反应溶液。将混合物剧烈搅拌几分钟，然后通过孔径为 0.10μm 的微孔过滤器过滤。反应几个小时后，溶液颜色从蓝色变为黄色。通过静态和动态光散射技术（SLS 和 DLS）对反应过程进行监测。

9.2.2 静态和动态光散射分析

BIZPM 型激光散射仪（Brookhaven Instruments）（配备相干辐射 200mW 二极管泵浦固态（DPSS 532）激光，波长为 532nm，BI－9000 型相关器）用于 SLS

和 DLS 分析。DLS 在 25℃下以 30°~90°的散射角测量强度－强度时间相关函数。通过 CONTIN 法分析 DLS 的相关函数。在 30°~150°的散射角范围内进行 SLS 测量。对于 Pd^0的水溶液，25℃时 $dn/dc = -0.125$mL/g（波长为 535nm），通过差示折射计（Brookhaven Instruments）测量。SLS 的数据分析以 Rayleigh-Gans-Debye 方程为基础[30]。光散射原理可参见参考文献［28］。

9.2.3 X 射线光电子能谱（XPS）

将黑色的 Pd^0纳米粒子从反应溶液中离心，并用去离子水洗涤沉淀物两次，以除去离散的 HPV^{V}和 HPV^{IV}聚阴离子或 K_2PdCl_4。接着，将此钯沉淀物粉末转移到硅基底上并空气晾干。样品通过 Scienta ESCA-300 型 X 射线光电子能谱仪测量。

9.2.4 透射电子显微镜（TEM）

采用 JEOL-2000FX 型透射电子显微镜在 200kV 的加速电压下对所合成的样品进行透射电子显微镜（TEM）观察。将一滴含有 Pd^0纳米粒子的水溶液滴在电镜铜网上并空气晾干。在配备有场发射源的 JEOL 2200FS 型电子显微镜上拍摄高分辨率 TEM 照片。工作电压为 200kV。

9.2.5 Zeta 电位分析

使用 Zeta PALS（Brookhaven Instruments）型分析仪测量溶液中的 Zeta 电位和粒子的迁移率。分析仪配备 35mW 的固态激光器，工作波长为 660nm。样品在 25℃下进行测量。根据仪器设置，可以测量直径为 10nm~30μm（取决于颗粒密度），Zeta 电位范围为－150~＋150mV 的粒子。

9.3 结果与讨论

9.3.1 Zeta SLS 和 DLS 监测的反应和自组装过程

K_2PdCl_4和 HPV^{IV}之间的电子交换在室温下进行，没有添加任何其他试剂。纯的 K_2PdCl_4水溶液（pH 值约为 3.4）不稳定并倾向于水解成不溶的氢氧化钯。为了解决这个问题，将 K_2PdCl_4溶液酸化至 pH 值约等于 1.5。在将 K_2PdCl_4溶液与 HPV^{IV}混合后，溶液颜色在几小时内逐渐从蓝色变为黄色，这表明 HPV^{IV}在不断地转化为 HPV^{V}，并通过以下反应将 Pd（Ⅱ）离子还原为 Pd^0。

$$K_2PdCl_4 + 2[H_4PV^{IV}W_{17}O_{62}]^{9-} = Pd^0 + 2[H_4PV^{V}W_{17}O_{62}]^{8-} + 2K^+ + 4Cl^- \quad (9\text{-}1)$$

由于 Pd^0的初始浓度极低，在溶液中不能观察到 Pd^0典型的黑色。但是，离心后可以将黑色沉淀物从黄色溶液中分离出来，这意味着溶液中形成了 Pd^0 粒子。在不同条件下进行的上述反应通过光散射技术进行监测。新混合的 K_2PdCl_4 和 $HPV^{Ⅳ}$ 溶液在 SLS 测量中显示出非常弱的散射强度，这表明在这种溶液中没有大的结构，因为所有的反应物都是可溶的小离子。反应通常在 1h 或 2h 后发生，并在几天内完成。图 9-1 显示了含有 0.1mmol/L $HPV^{Ⅳ}$ 的溶液的散射强度随时间的增长（$K_2PdCl_4/HPV^{Ⅳ}$ 的摩尔比，在此定义为 γ 值，为 1.0）。散射强度的连续增加表明在所合成的 Pd^0 粒子上有更大的结构在持续形成。几天后，由于超分子结构形成的完成，散射强度缓慢稳定在非常高的水平（1600kcp；相比之下，纯水只具有约 20kcp 的散射强度）。在此期间，溶液保持清澈和稳定，没有显示任何聚沉的迹象。不同起始浓度的溶液具有与时间曲线非常相似的散射强度。将溶液在室温下保持半年后，散射强度和平均 R_h 值均未发生改变。

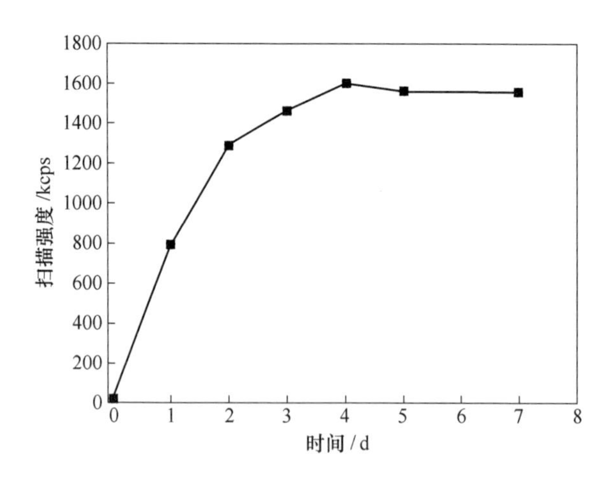

图 9-1 $K_2PdCl_4/HPV^{Ⅳ}$ 溶液散射强度随时间的增长（$\gamma=1.0$）

9.3.2 K_2PdCl_4 摩尔比对 $HPV^{Ⅳ}$ 的影响

众所周知，改变还原剂或稳定剂的起始浓度或它们的相对摩尔比可以使 Pd^0 纳米粒子的尺寸得到一些控制[13,31,32]。Nadjo 研究组在固定的 $HPV^{Ⅳ}$ 浓度（0.1mmol/L）下，研究了 K_2PdCl_4 浓度对合成的 Pd^0 纳米粒子尺寸的影响。$K_2PdCl_4/HPV^{Ⅳ}$ 摩尔比在 0.1 ~ 2.0 之间变化。动态光散射和 TEM 用于研究所合成的组装物的结构。

如图 9-2 所示，当 $\gamma<0.6$ 时，大的组装物的平均 R_h 随着 γ 值的增加从 15nm 增加到 25nm。TEM 图像（如图 9-3a 所示）显示溶液中形成了规则形状的钯纳米粒子。立方形钯粒子的电子衍射图（如图 9-3b 的插图所示）显示的尖锐衍射斑分别对应于 0.225nm^{-1}、0.194nm^{-1}、0.138nm^{-1} 和 0.117nm^{-1} 的 d 间距，可归属

于面心立方（fcc）结构的 Pd^0 纳米晶的（111）、（200）、（220）和（311）晶面。高分辨率的 TEM 照片（如图 9-3b 所示）也清楚地表明这些纳米粒子是单晶态的，并且沿着（200）晶面具有 0.191nm 的间距。人们普遍认为，对于纳米晶的生长，它们的最终尺寸取决于化学反应开始时的成核速率和生长速率。通常，还原剂浓度的增加会提高还原速率，而稳定剂浓度的增加则降低了生长速率。在张光晋小组的这项研究中，HPV^{IV} 同时作为还原剂和稳定剂。较高摩尔比的 K_2PdCl_4 与 HPV^{IV}（较高的 γ 值）对应于较慢的还原速率和较快的生长过程。于是，更大的纳米晶的形成则可以预期。

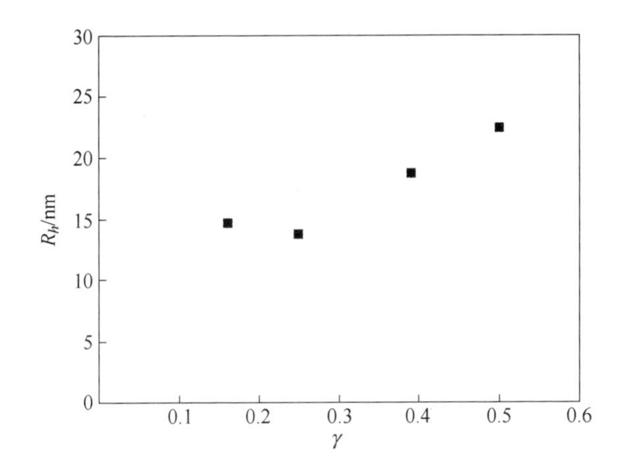

图 9-2 不同 K_2PdCl_4/HPV^{IV} 摩尔比（γ 值，$\gamma<0.6$ 范围内）下的钯纳米晶的 R_h（90°散射角下的 DLS 测量）

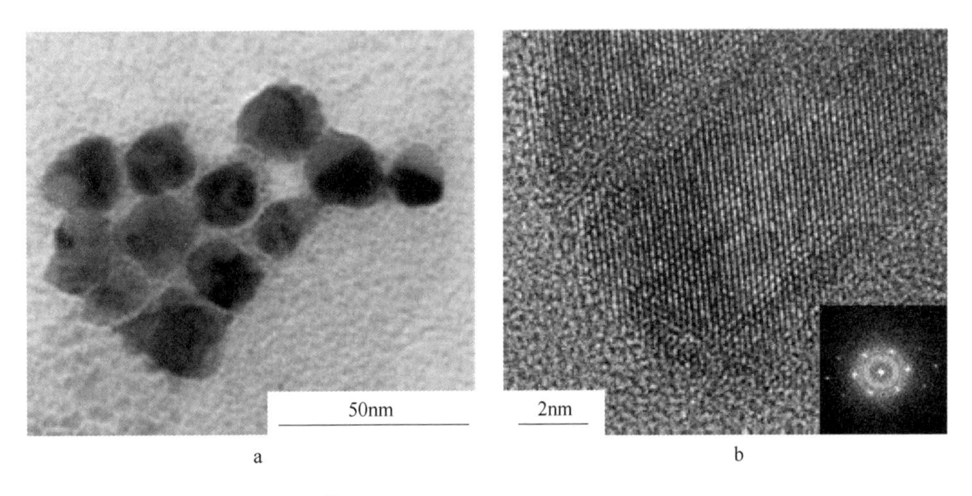

图 9-3 合成于 K_2PdCl_4/HPV^{IV} 摩尔比为 0.5（$\gamma=0.5$）条件下的钯纳米晶的 TEM 照片（a）和 Pd^0 纳米粒子的高分辨率 TEM 照片和电子衍射图（b）（插图显示了 Pd^0 的晶格）

当 $\gamma \geqslant 0.6$ 时，大的组装结构（约 40nm）的平均 R_h 几乎保持不变（如图 9-4 所示），并且它与在 $\gamma < 0.6$ 时获得的单个纳米晶的性质完全不同。完成反应需要几天时间。在反应期间进行 SLS 和 DLS 测量以监测溶液中粒子尺寸的变化。图9-5 是 $\gamma = 1.0$ 的不同时间溶液的 DLS 的 CONTIN 分析。在 90°的散射角下平均 R_h 值约为 3nm 和 35nm 的两种不同的模式可以被识别到，并且对应于溶液中的两种不同类型的结构。两者都具有相对较窄的分布并且在整个过程中都共存于溶液中。这两种模式可以被归属为 3nm 半径的单 Pd^0 纳米粒子（被 POM 覆盖）以及由其自组装的超分子结构。正如前面所描述的那样，散射强度在几天内保持增加，但大的超分子结构的平均 R_h 值基本上不随时间变化。在低溶质浓度下，散射强度 I 遵循关系式 $I \propto CM$，其中 C 和 M 分别是溶质的浓度和摩尔质量。在目前的情况下，由于大的组装物的大小（它是溶液中的大部分散射强度的原因）不随时间变化，因此可以假设组装物的总质量也几乎不随时间变化。因此，散射强度的连续增加应归因于超分子结构数量的增加。

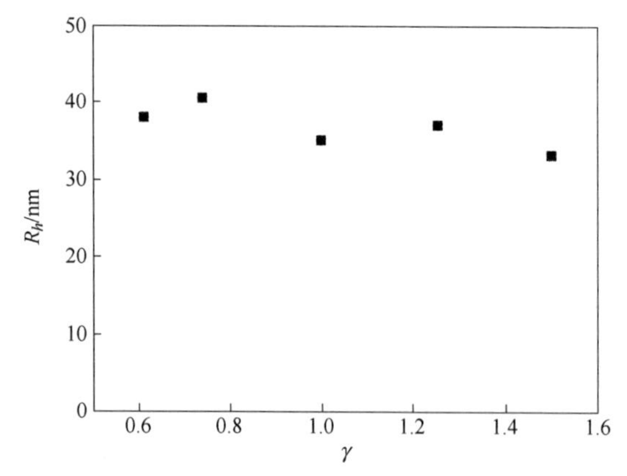

图 9-4 不同 K_2PdCl_4/HPV^{IV} 摩尔比（γ 值，$\gamma \geqslant 0.6$ 范围内）下的钯纳米晶的 R_h（90°散射角下的 DLS 测量）

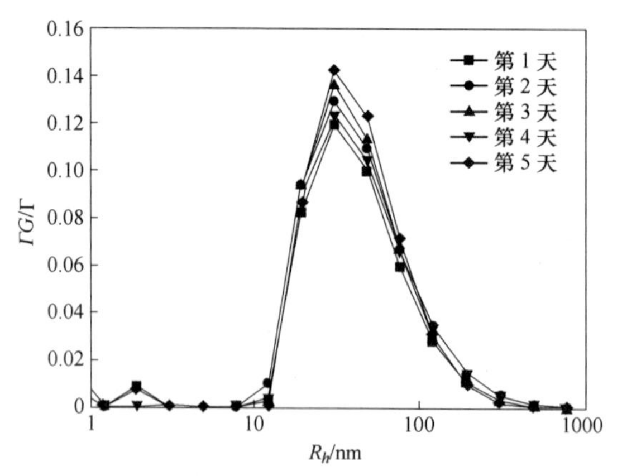

图 9-5 $\gamma = 1.0$ 条件下的 K_2PdCl_4/HPV^{IV} 溶液不同时间时的 DLS 结果（R_h 值及其分布）的 CONTIN 分析（散射角为 90°）

9.3.3 由 HPV 包覆的 Pd^0 纳米粒子形成的超分子结构的表征

在散射强度变得稳定之后，即溶液中没有进一步的形成超分子结构后，进行详细的 SLS、DLS 和 TEM 表征以获得组装的 Pd^0 纳米粒子的结构信息。正如之前所述，当 $\gamma \geqslant 0.6$ 时，两种类型的 Pd^0 纳米结构（R_h 大约分别为 3nm 和 35nm）共存于溶液中。对于大的组装 Pd^0 结构，DLS 测量显示出平均 R_h 值的弱角度依赖性。将表观扩散系数外推至零散射角和零浓度则得到绝对平均 R_h 值（R_h，0）。对于 $\gamma = 1.24$ 的溶液，$R_h = (48.5 \pm 1.5)$ nm。将相同的溶液（以及稀释后的溶液）进行 SLS 测量。从图 9-6 中所示的 Zimm 图可以看出，大的组装 Pd^0 结构的平均旋转半径（$R_{g,0}$）为（50.2 ± 0.6）nm。因为尺寸为 3nm 的单 Pd^0 纳米粒子对散射强度的贡献可以忽略不计，所以测量的平均 $R_{g,0}$ 代表大的组装 Pd^0 结构的旋转半径。研究中获得的 $R_{g,0}/R_{h,0}$ 的比率为 1.03 ± 0.05，固态的均一球体，$R_{g,0}/R_{h,0} = 0.778$。如果更多的质量分布在更靠近 Pd^0 纳米球体表面的位置，则 $R_{g,0}/R_{h,0}$ 比率将增加。如果 Pd^0 纳米球体的全部质量分布在表面上，那么 $R_{g,0}/R_{h,0} = 1$，这就是当前的情况。Pd^0 纳米粒子的球形形貌可以通过 TEM 研究确认，如图 9-7 所示。这是典型的中空的囊泡状结构。另外，囊泡状组装结构的重量均分子量 M_w 可以根据 SLS 结果计算。考虑到大粒子比小粒子对入射光有更强烈的散射（与 $R_h^{[6]}$ 成比例），在溶液中存在的相当数量的 3nm 的单 Pd^0 纳米粒子需要考虑进去。因此，为了计算大的组装结构的分子量，需要从总浓度中扣除单个 Pd^0 纳米粒子的浓度。这可以通过比较图 9-4 中 R_h 分布图中的两种类型粒子的相对面积比来实现。因此，在浓度校正后得到 $M_w \approx (8.2 \pm 0.8) \times 108$ g/mol，相当于大约（9 ± 1）$\times 10^2$ 个 Pd^0 纳米粒子。

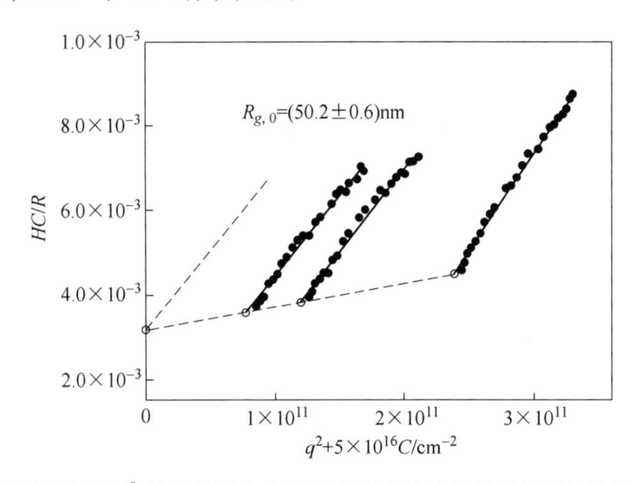

图 9-6 HPV 包覆的 Pd^0 纳米粒子在水溶液中形成的稳定的超分子结构的 SLS 实验的 Zimm plot，初始含量为 K_2PdCl_4 和 $HPV^{Ⅳ}$ 的摩尔比为 1.0（$\gamma = 1.0$）

TEM 研究如图 9-7 所示，表明 Pd^0 组装结构的直径约为 50 ~ 100nm，与 DLS 结果一致。有趣的是，从 TEM 图像中可以清楚地看到，大的 Pd^0 组装结构是由 3nm 半径的小 Pd^0 粒子组成，这应该归因于 POM 对单 Pd^0 纳米粒子的包覆。在组装结构内部的单个 Pd^0 纳米粒子之间仍然存在一定量的空间，表明单个 Pd^0 纳米粒子彼此间是弱相互作用，这很可能是由包覆在 Pd^0 粒子上的 HPV 阴离子引起的静电斥力造成的。组装结构中心的相对较低的电子密度支持了先前的假设，即球形组装结构不是实心的。这种中空的聚集体结构比溶液中的单个 3nm 半径的钯纳米粒子更稳定。根据 SLS 获得的分子重量数据，每个中空的聚集体由大约 900 个小的、3nm 半径的 Pd^0 纳米粒子组成。如果聚集体是固体，则每个球形聚集体应该包含 6100 个单个的 3nm 半径的 Pd^0 纳米粒子。这么大的差距强烈地表明聚集体不可能是固体。

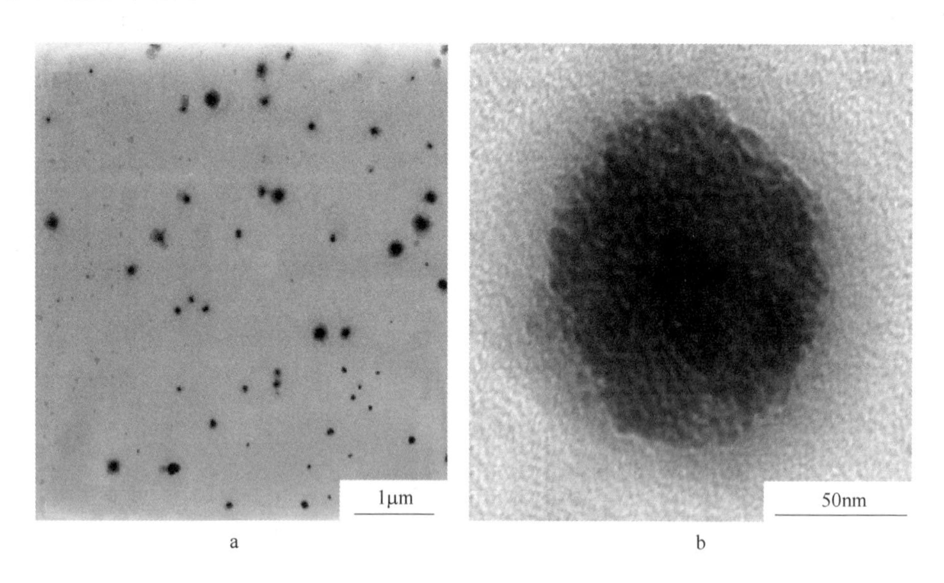

图 9-7　HPV 包覆的尺寸为 3nm 的钯粒子在 $\gamma = 1.0$ 时形成的超分子结构的 TEM 图像（a）和高放大倍率下的放大图像（b）

9.3.4　空心结构聚集体的形成机理

之前的一些报道显示，在 TEM 研究中偶然会观察到由小粒子组成的自组装球形金属聚集体，但它们在溶液中的超分子本质却从未被研究过[33~35]。这些结果表明，弱还原剂是形成金属纳米粒子的球形聚集体的先决条件。然而，吸附在纳米粒子表面上的保护剂由于其化学交联或结晶性质而在各个粒子之间提供了适当的吸引力，这在金属纳米粒子的自组装中起到了重要作用。在本例中，HPV^{IV} 或 HPV^{V} 与其他类型的稳定剂如聚合物和表面活性剂（如文献中所报道的）十分不同。HPV 是完全亲水且带负电荷的。POM 在钯纳米粒子上的吸附（阴离子对电子缺乏、配位不饱和的初始中性金属表面的吸附）产生了静电层，导致各个小的纳米粒子之间产生静电斥力。于是，吸附了 HPV 的 Pd 纳米粒子的表面被修饰为（至少部分地）亲水的。然而，Pd^0 纳米粒子未被 HPV 覆盖的部分仍然是疏水的。考虑到疏水相互作用是短程相互作用，研究发现在自组装的 Pd^0 纳米结构内部，相邻的 Pd^0 纳米粒子之间存在距离（约为 1 ~ 2nm，当前实验尚无法精确确定，如图 9-7b 所示）。但可以确定的是，疏水相互作用不太可能是 Pd^0纳米粒子产生自组装的原因。黑莓型结构的形成不同于疏水胶体因为范德华力的聚体。后者会导致相分离，而 Pd^0溶液是透明且热力学稳定的，没有任何相分离。

Nadjo 研究组之前已经证明，由于抗衡离子介质的吸引力和氢键，2 ~ 6nm 亲水性的 POM 大阴离子可以自组装成独特的中空、球形、单层的黑莓结构[18,20,24,28]。同时，排除了疏水相互作用和范德华力的主要贡献。在 POM 簇上存在适量的电荷，这对于黑莓结构形成是至关重要的。小的 Pd^0纳米粒子具有与 POM 簇相当的尺寸和电荷密度，并且有趣的是，它们也可以在溶液中形成类似的中空球形超分子结构。即便如此，Pd^0 纳米粒子的部分疏水表面也使其与 POM 簇略有不同，疏水相互作用也不是上面提到的主要驱动力。钯纳米粒子的自组装机制很可能类似于 POM 簇，即反离子介质的吸引力，这是 POM 大阴离子的典型特征。这些相关的抗衡离子的存在可以在自组装的中空结构形成之前出现，并且它们在带负电的 Pd^0 纳米粒子之间起到桥连的作用（如图 9-8 所示）。

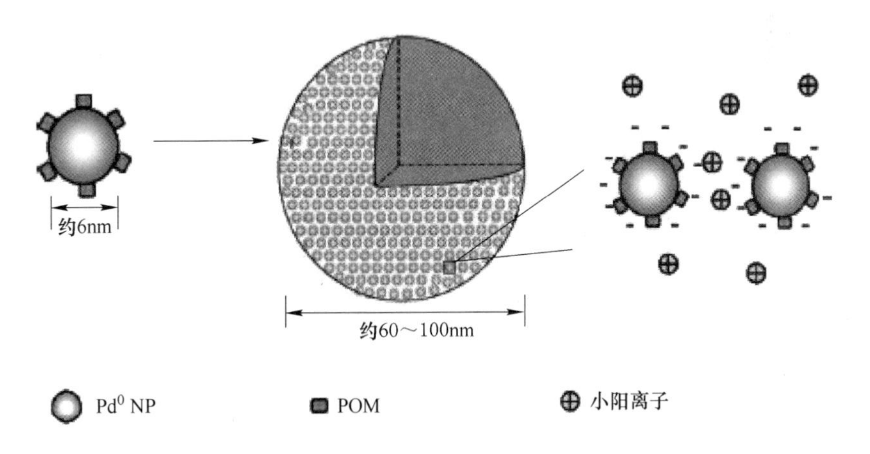

图 9-8　Pd^0 聚集体的中空超分子结构示意图

（表面自组装一层 POM（HPV^{IV} 或 HPV^{V}）后变大的 3nm 半径的 Pd^0粒子；60 ~ 100nm 的空心聚集体；小的反阳离子可以结合到大的中空结构中）

9.3.5　HPV 包覆的 Pd^0 纳米粒子形成的超分子结构中的反离子的作用

当意识到抗衡离子的重要性之后，估计 Pd^0 纳米粒子上的电荷密度以了解它们之间的吸引力是至关重要的。因此，还需要确定每个 3nm 的 Pd^0 粒子上平均吸附了多少 HPV 阴离子。基于这个目的进行了 XPS 分析。在 XPS 光谱中，如图 9-9 所示，由 Pd $5d_{3/2}$ 和 W $4f_{7/2}$ 引起的结合能分别定位在 335.6eV 和 35.7eV。这表明 HPV 阴离子已经吸附在了 Pd^0 纳米粒子的表面上。337.0eV 处发现的相应峰值证明，仍然存在少量的 Pd(Ⅱ) 离子，这可能是在空气中干燥期间 Pd^0 表面的氧化所致。在自组装的聚集体中 W 和 Pd 的相对含量分别为 3.8% 和 96.2%。这表明平均每个 Pd^0 纳米粒子上吸附 10 个 HPV 阴离子。由于钒的含量太小，无法通过 XPS 测量，所以无法确定吸附的 HPV 阴离子中 V 的价态。受这种不确定

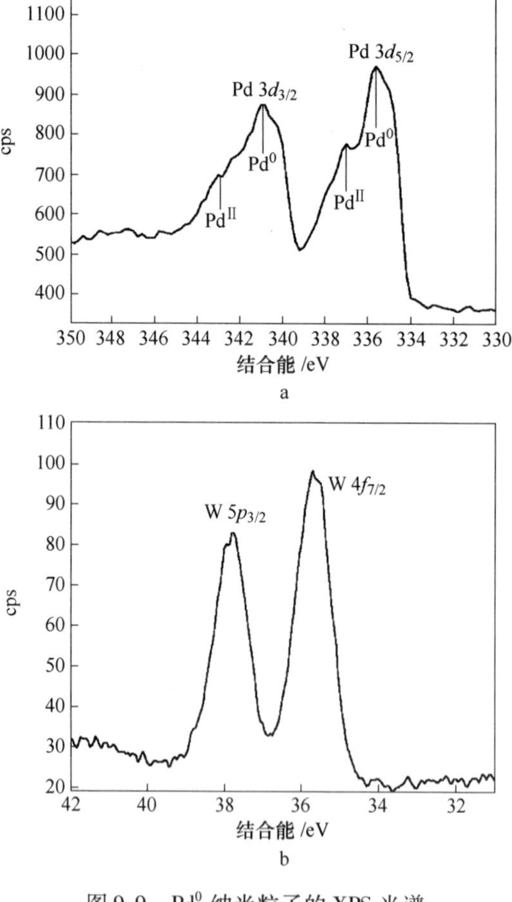

图 9-9　Pd^0 纳米粒子的 XPS 光谱

a—Pd^0 核；b—表面上的 W

性（$HPV^{Ⅳ}$或$HPV^{Ⅴ}$）的影响，只能粗略地估计出每个3nm半径的Pd^0纳米粒子携带大约80～90个负电荷。

采用Zeta电位分析研究空心钯聚集体表面的抗衡离子状态。Zeta电位分析广泛用于通过测量外部电场中胶体颗粒的电泳迁移率来确定胶体系统的Zeta电位。平均电荷由Hückel方程计算：

$$\mu_0 = q/6\pi\eta r \tag{9-2}$$

式中，μ_0、q、η和r分别是零缓冲离子强度、粒子电荷、溶剂黏度和粒子半径的粒子绝对迁移率。具有R_h =39nm的自组装中空球形结构的平均迁移率为-1.28±0.16（μ/s）/（V/cm），负号表示负电荷。每个自组装结构的平均负电荷为-52±0.6。再结合每个自组装结构中含有约900个Pd^0纳米粒子，每个3nm的Pd^0粒子仅携带约0.05个净电荷，说明这些粒子几乎是无电荷的。根据XPS结果，每个3nm的Pd^0纳米粒子在表面上携带80～90个负电荷。这种差异表明，这些大的自组装结构周围存在强烈的反离子的静电作用。这与Nadjo研究组之先前对POM黑莓体系的观察结果一致[24]。在形成中空自组装结构之前，一些抗衡离子可能已经与HPV覆盖的Pd^0纳米粒子相关联，它们部分地屏蔽了Pd^0纳米粒子上的负电荷，并使得它们之间产生抗衡离子桥连的引力作用。

9.4 小结

Dawson型V-取代的多金属氧酸盐$HPV^{Ⅳ}$在3nm半径的Pd^0纳米粒子的合成过程中表现出良好的还原和稳定能力。金属前体/POM比例的变化使得Pd^0纳米粒子聚合而成的超分子结构具有一定的可控性。当K_2PdCl_4和$HPV^{Ⅳ}$反应物的摩尔比低于0.6时，POM包覆的Pd^0纳米粒子是单个纳米晶。当该比率大于0.6时，Pd^0纳米粒子自组装成30～50nm半径的稳定、中空、球形的超分子结构，这显示出了与亲水性多金属氧酸盐大阴离子（黑莓形成）的独特自组装的某些相似性。研究结果表明，黑莓型结构的形成很可能是在极性溶剂中具有合适尺寸和适量电荷的亲水性大分子的一般现象，并且不是巨型多金属氧簇的特定特征。

本章所有图片均出自文献［29］。

参 考 文 献

［1］Papaconstantinou E. Photochemistry of polyoxometallates of molybdenum and tungsten and/or vanadium［J］. Chem. Soc. ReV., 1989, 18: 1～31.

［2］Pope M T, Muller A. Polyoxometalate Chemistry: An Old Field with New Dimensions in Several Disciplines［J］. Angewandte Chemie International Edition, 2010, 30 (1): 34～48.

［3］Kogan V V, Aizenshtat Z, Neumann R. Polyoxometalates as Reduction Catalysts: Deoxygenation and Hydrogenation of Carbonyl Compounds [J]. Angewandte Chemie International Edition, 2010, 38 (22): 3331 ~ 3334.

[4] Mbomekalle I M, Keita B, Lu Y W, et al. Synthesis, Characterization and Electrochemistry of the Novel Dawson-Type Tungstophosphate $[H_4PW_{18}O_{62}]^{7-}$ and First Transition Metal Ions Derivatives [J]. European Journal of Inorganic Chemistry, 2004, 2004 (2): 276 ~ 285.

[5] (a) Troupis A, Gkika E, Hiskia A. Papaconstantinou, reduction and recovery of metals from aqueous solutions with polyoxometallates [J]. E. New J. Chem., 2001, 25: 361 ~ 363. (b) Troupis A, Gkika E, Hiskia A, et al. Synthesis of Metal Nanoparticles by Using Polyoxometalates as Photocatalysts and Stabilizers [J]. Angew. Chem. Int. Ed., 2002, 41: 1911 ~ 1914.

[6] (a) Mandal S, Rauntaray D, Sastry M. Ag^+ – Keggin ion colloidal particles as novel templates for the growth of silver nanoparticle assemblies [J]. J. Mater. Chem., 2003, 13: 3002. (b) Saikat M, Pr S, Renu P, et al. Keggin ions as UV-switchable reducing agents in the synthesis of Au core-Ag shell nanoparticles [J]. Journal of the American Chemical Society, 2003, 125 (28): 8440 ~ 8441.

[7] Flynn N T, Gewirth A A. Synthesis and characterization of molybdate-modified platinum nanoparticles [J]. Physical Chemistry Chemical Physics, 2004, 6 (6): 1310 ~ 1315.

[8] Watzky M A, Finke R G. Nanocluster Size-Control and "Magic Number" Investigations. Experimental Tests of the "Living-Metal Polymer" Concept and of Mechanism-Based Size-Control Predictions Leading to the Syntheses of Iridium (0) Nanoclusters Centering about Four Sequential [J]. Chemistry of Materials, 1997, 9 (12): 3083 ~ 3095.

[9] (a) Keita B, Zhang G J, Dolbecq A, et al. Mo^V – Mo^{VI} Mixed Valence Polyoxometalates for Facile Synthesis of Stabilized Metal Nanoparticles: Electrocatalytic Oxidation of Alcohols [J]. Journal of Physical Chemistry C, 2007, 111 (23): 8145 ~ 8148. (b) Zhang G, Keita B, Dolbecq A, et al. Green Chemistry-Type One-Step Synthesis of Silver Nanostructures Based on Mo^V – Mo^{VI} Mixed-Valence Polyoxometalates [J]. Chem. Mater., 2007, 19: 5821 ~ 5823.

[10] And S O, Finke R G. Nanocluster Formation and Stabilization Fundamental Studies: Ranking Commonly Employed Anionic Stabilizers Via the Development, Then Application of Five Comparative Criteria [J]. Journal of the American Chemical Society, 2002, 124 (20): 5796 ~ 5810.

[11] Chen S W, Huang K, Stearns J A. Alkanethiolate-Protected Palladium Nanoparticles [J]. Chem. Mater., 2000, 12: 540 ~ 547.

[12] Yee C K, Jordan R, Ulman A, et al. Novel One-Phase Synthesis of Thiol-Functionalized Gold, Palladium, and Iridium Nanoparticles Using Superhydride [J]. Langmuir, 1999, 15 (15): 3486 ~ 3491.

[13] Teranishi T, Miyake M. Size Control of Palladium Nanoparticles and Their Crystal Structures [J]. Chemistry of Materials, 1998, 10 (2): 594 ~ 600.

[14] Keita B, Mbomekalle I M, Nadjo L, et al. Tuning the formal potentials of new V-substituted Dawson-type polyoxometalates for facile synthesis of metal nanoparticles [J]. Electrochemistry Communications, 2004, 6 (10): 978 ~ 983.

[15] Liu T. Supramolecular structures of polyoxomolybdate-based giant molecules in aqueous solution [J]. Journal of the American Chemical Society, 2002, 124 (37): 10942.

[16] Liu T. An unusually slow self-assembly of inorganic ions in dilute aqueous solution [J]. Journal of the American Chemical Society, 2003, 125 (2): 312 ~ 313.

[17] Liu G, Cai Y, Liu T. Automatic and subsequent dissolution and precipitation process in inorganic macroionic solutions [J]. Journal of the American Chemical Society, 2004, 126 (51): 16690 ~ 16691.

[18] Liu G, Lee T M H, Wang J. Nanocrystal-Based Bioelectronic Coding of Single Nucleotide Polymorphisms [J]. Journal of the American Chemical Society, 2005, 127 (1): 38 ~ 39.

[19] Liu G, Liu T. Thermodynamic properties of the unique self-assembly of $Mo_{72}Fe_{30}$ inorganic macro-ions in salt-free and salt-containing aqueous solutions [J]. Langmuir the Acs Journal of Surfaces & Colloids, 2005, 21 (7): 2713.

[20] Liu T B, Imber B, Diemann E, et al. Deprotonations and Charges of Well-Defined $Mo_{72}Fe_{30}$ Nanoacids Simply Stepwise Tuned by pH Allow Control/Variation of Related Self-Assembly Processes [J]. Journal of the American Chemical Society, 2006, 128 (49): 15914 ~ 15920.

[21] Zhu Y, Cammers-Goodwin A, Zhao B, et al. Kinetic Precipitation of Solution-Phase Polyoxomolybdate Followed by Transmission Electron Microscopy: A Window to Solution-Phase Nanostructure [J]. Chem. Eur. J., 2004, 10: 2421 ~ 2427.

[22] Chen B, Jiang H, Zhu Y, et al. Monitoring the growth of polyoxomolybdate nanoparticles in suspension by flow field-flow fractionation [J]. Journal of the American Chemical Society, 2005, 127 (12): 4166 ~ 4167.

[23] Muller A, Krickemeyer E, Bogge H, et al. Organizational Forms of Matter: An Inorganic Super Fullerene and Keplerate Based on Molybdenum Oxide (p 3359 ~ 3363) [J]. Angewandte Chemie International Edition, 2010, 37 (24): 3359 ~ 3363.

[24] (a) Kistler M L, Bhatt A, Liu G, et al. A complete macroion- "blackberry" assembly-macroion transition with continuously adjustable assembly sizes in Mo_{132} water/acetone systems [J]. Journal of the American Chemical Society, 2007, 129 (20): 6453 ~ 6460. (b) Liu G, Kistler M L, Tong L, et al. Counter-Ion Association Effect in Dilute Giant Polyoxometalate $[As^{III}_{12}Ce^{III}_{16}(H_2O)_{36}W_{148}O_{524}]^{76-}$ (W_{148}) and $[Mo_{132}O_{372}(CH_3COO)_{30}(H_2O)_{72}]^{42-}$ (Mo_{132}) Macroanionic Solutions [J]. Journal of Cluster Science, 2006, 17 (2): 427 ~ 443.

[25] Muller A, Diemann E, Kuhlmann C, et al. Hierarchic patterning: architectures beyond giant molecular [J]. Chem. Commun., 2001, 19: 1928 ~ 1929.

[26] Liu T, Diemann E, Li H, et al. Self-assembly in aqueous solution of wheel-shaped Mo_{154} oxide clusters into vesicles. [J]. Nature, 2003, 426: 59 ~ 62.

[27] (a) Muller A, Das S K, Fedin V P, et al. Rapid and simple isolation of the crystalline molybdenum-blue compounds with discrete and linked nanosized ring-shaped anions [J]. Zeitschrift Fur Anorganische Und Allgemeine Chemie, 1999, 625 (7): 1187 ~ 1192. (b) Muller A, Das S K, Krickemeyer E, et al. Inorganic Syntheses; Shapley. J. R. Ed.; Wiley: New York, 2004, 34: 191.

[28] Liu G, Liu T, Mal S S, et al. Wheel-shaped polyoxotungstate [$Cu_{20}Cl(OH)_{24}(H_2O)_{12}(P_8W_{48}O_{184})]^{25-}$ macroanions form supramolecular "blackberry" structure in aqueous solution [J]. Journal of the American Chemical Society, 2006, 128 (31): 10103 ~ 10110.

[29] Zhang J, Keita B, Nadjo L, et al. Self-Assembly of Polyoxometalate Macroanion-Capped Pd\r, 0\r, Nanoparticles in Aqueous Solution [J]. Langmuir, 2008, 24 (10): 5277 ~ 5283.

[30] Chu B. Laser Light Scattering [M]. 2nd ed. , Academic Press: New York, 1991.

[31] Hoogsteen W, Fokkink L G J. Polymer-Stabilized Pd Sols: Kinetics of Sol Formation and Stabilization Mechanism [J]. Journal of Colloid & Interface Science, 1995, 175 (1): 12 ~ 26.

[32] Papp S, Dekany I. Nucleation and growth of palladium nanoparticles stabilized by polymers and layer silicates [J]. Colloid Polym. Sci. , 2006, 284: 1049 ~ 1056.

[33] Chen M, Feng Y G, Wang L Y, et al. Study of palladium nanoparticles prepared from water-in-oil microemulsion [J]. Colloids & Surfaces A Physicochemical & Engineering Aspects, 2006, 281 (1): 119 ~ 124.

[34] Adachi E. Three-Dimensional Self-Assembly of Gold Nanocolloids in Spheroids Due to Dialysis in the Presence of Sodium Mercaptoacetate [J]. Langmuir, 2000, 16 (16): 6460 ~ 6463.

[35] Naka K, Itoh H, Chujo Y. Self-Organization of Spherical Aggregates of Palladium Nanoparticles with A Cubic Silsesquioxane [J]. Nano Letters, 2007, 2 (11): 1183 ~ 1186.

10 多金属氧酸盐稳定的 Pt 纳米粒子及其电催化活性

10.1 引言

开发商业上可行的低温氢或甲醇燃料电池的基本障碍之一是 ORR 的阴极动力学缓慢[1]。虽然在过去的十年中，在设计更活跃的金属表面方面取得了重要进展，其中最著名的例子是基于单晶的 $Pt_3Ni(111)$ 表面[2]和 Pt/Pd(111) 表面[3]，它们表现出了显著的 ORR 增强活性，然而它们的替代品（特别是实际生产中的电催化剂形式的纳米粒子（NPs）形式的替代品）仍然是非常需要的。虽然各种 Pt 基合金材料显示出了比现有技术的电催化剂更高的活性，但是这种合金材料由于浸出容易使质子交换膜中毒的阳离子而易于腐蚀。因此，目前的挑战是创建一种复合材料，以解决一些常见的电催化问题，如活性和稳定性（就腐蚀而言）。本章介绍了 Tong 研究组报道的一种 POM 稳定的 Pt NPs，这些 POM - Pt NPs 与商业 Pt 黑相比可以在 ORR 和 MOR 中具有增强活性，并且其催化活性可以通过使用不同的 POM 负离子进行调节。作为一种材料，POM 可以很容易地由廉价、丰富的元素合成，可以在酸性和碱性环境中稳定，已被提议作为铬酸盐的替代品用于耐腐蚀应用，并且最重要的是 POM 具有易于调节的化学性质（氧化还原/酸度）。更具体地说，POM 是一类组成多样化且结构良好的纳米级（0.6 ~ 2.5nm）前过渡金属氧无机分子[4]。这些分子通过氧配位的过渡金属八面体（MO_6）共边和共角相连形成，并且通常具有高对称性，其通式为 $X_mM_xO_y^{n-}$，其中 X 称作杂原子。这些独特的分子结构导致了 POM 的许多具有技术重要性的有趣且可控制的化学性质[5]。因此，可以预期 POM 的这些高度可控性质（特别是其最近发现的通过氧络合物[6]活化氧并将 O_2 还原成超氧化物[7]的能力），如果与 Pt 结合，可以产生许多工业所需的新催化性能，并且其催化性能具有很大的可调性。

虽然 Pt 仍然是催化应用的最佳元素，但是最近的研究表明在燃料电池应用中使用 POM 的潜力巨大。Kim 和他的伙伴最近证明，POM（$H_3PW_{12}O_{40}$）和 Au 作为催化剂可以用 CO 为燃料电池供电[8]；Kulesza 及其同事已经探索了使用 POM 浸泡的 Pt 电催化剂来提高 Pt 的反应活性，但他们发现只有 $H_3PW_{12}O_{40}$ 可以产生明显的效果[9]；Shannon 及其同事研究了一系列过渡金属取代的 Well-Dawson 型和 Keggin 型阴离子沉积在 Au、Pd 和 Pt 电极上作 ORR 的助催化剂，并报道了 $PCoW_{11}O_{39}^{5-}$ 在 Pt 上产生了 ORR 电势的最大正偏移（54mV）[10]。本章介绍的是

Tong 研究组报道的由在空气中稳定的硅钨酸盐（SiW_{12}）和偏钨酸盐（H_2W_{12}）稳定的 Pt NPs 的合成[11]。与商业 Pt 黑相比，所合成的 Pt NPs 在 MOR 和 ORR 中都具有显著的增强活性（所有观察结果已经被 Tong 研究小组多次重复验证）。这些有趣的观察给出了一种有希望的方法，该方法最终可能会开发出具有协同功能的更便宜、更活跃和更耐腐蚀的电催化剂。

10.2　实验部分

10.2.1　POM - Pt NP 的合成和结构表征

就合成 POM 稳定的金属 NP 而言，目前有许多合成方法，包括以复杂的有机金属/POM 环状化合物为基础的[12~14]、用光化学 - 丙醇辅助的[15~19]、合成生成还原型 POM 为基础的[20,21]以及以化学还原剂为基础的合成[22]，这些都可以在文献中查到。在最近的一篇综述中，刘等人详细讨论了使用 POM 作为金属 NPs 的还原剂和稳定剂的方法[23]。然而，为了寻找更简单（包括起始 POM 的更少合成步骤）和更环保（涉及更少化学药品）的合成方法，Tong 研究组采用了两步合成，在该合成过程中，POM 首先在没有任何支持电解质的情况下电解还原，然后直接与 Pt^{2+} 盐溶液混合。尽管在前面提到的综述中并没有讨论[23]，但基于 POM 方法的本体电解是非常简单的，只要使用市售的 POM 即可。

更重要的，通过使用 POM 作为还原剂和保护配体，在环境条件下（连续的 Ar 气保护除外）可以实现 POM 稳定的 Pt NP 的合成。在整个合成过程中，通过剧烈的 Ar 气流保护，将潜在的 O_2 干扰降到最小范围。为了更好地控制还原型 POM 的还原能力，Tong 小组使用原电池来还原 POM，并在其中使用大表面积的碳布电极以实现更大的电子流动和更短的还原时间。对照电极是 3mm 的商用 Pt 电极（Bioanalytical），恒电流仪是 CHI 760D EC 型。为了提供制备 Pt NP 过程中的还原条件，首先用没有支持电解质的原电池以本体电解的方式还原 10mL、2.5mmol/L 的 K_4SiW_{12} 或 $K_6H_2W_{12}$ 水溶液，因为在该 POM 浓度下电导率足够。在固定的 300s 的还原时间下，将 H_2W_{12} 和 SiW_{12} 的还原电流分别设定为 -0.01608A 和 -0.01206A。这相当于前者 POM 是 2 个电子还原，后者 POM 是 1.5 个电子还原。应该指出的是，实验表明，在这里使用的 POM：Pt 的比率下，被过度还原的（超过 1.5 个电子还原的）SiW_{12} 不会产生稳定的 Pt NPs，NP 会在一夜之间沉淀下来。相比之下，H_2W_{12} 即使被过度还原（超过 2 个电子还原）了，也仍然可以制备出稳定的 H_2W_{12} - Pt NP。Tong 小组认为这可能与众所周知的 H_2W_{12} 的本体电解过程中伴随的质子化有关，这样的质子化中和了不稳定因子[24]。

上述 SiW_{12} 或 H_2W_{12} 的本体电解还原产生了深蓝色溶液，然后向该还原态的溶液中加入 4mL、2.5mmol/L 的 K_2PtCl_4，使 POM：Pt 摩尔比为 2.5：1。得到的混合溶液慢慢地从 POM 的特征深蓝色变成了金黄色，这表明了 NP 的形成。在

Ar 气保护下将反应溶液再搅拌 10min。利用这样的化学计量比例（H_2W_{12} 和 SiW_{12} 两种反应溶液分别可以为每个 Pt^{2+} 离子提供 5 个和 3.75 个电子），以确保大多数（如果不是全部）Pt^{2+} 离子被还原为 Pt^0。由于 POM 结构的完整性敏感地受溶液 pH 值的影响，因此，Tong 小组还监测了反应前后的 pH 值。对于 SiW_{12}，起始溶液的 pH 值为 3.6（这是由于溶液中存在微量残余的 $H_4SiW_{12}O_{40}$，其未经调整），电解后 pH 值变为 3.3，Pt NPs 形成后 pH 值变为 3.6。对于 H_2W_{12}，将初始溶液的 pH 值调节至 2.75，随后的 pH 值在 2.7 处。所有这些 pH 值都在 SiW_{12} 和 H_2W_{12} 都能稳定存在的范围内。

合成后，通过重复离心（在 10000r/min 下 20min）除去溶液中残留的游离 POM 和未反应的 Pt^{2+} 并倾析上清液。通过吸管除去上清液，再加入等体积的纯水。重复该过程（≥8 次），直到 UV - Vis（Agilent，型号 8453）检测不到 NP 溶液中游离的 POM 和 Pt^{2+}（UV 对游离的 POM 和 K_2PtCl_4 形式的 Pt^{2+} 的存在都很敏感）。最终收集的 POM - Pt NP 可以再分散到水中。TEM（JEOL，JEM - 2100f；Peabody，MA）图像（如图 10-1 所示）证实了 Pt NPs 的形成，其溶液和固体形式在空气中均能稳定至少数月。相应的尺寸分布如图 10-2 所示。NP 形成后，用于做稳定剂的 POM 的结构完整性分析分别用 IR（Bruker，Vector 22）、UV - Vis 和电化学测定（参见下文）。IR 测量使用 POM - Pt NP 和 KBr 混合压片进行。

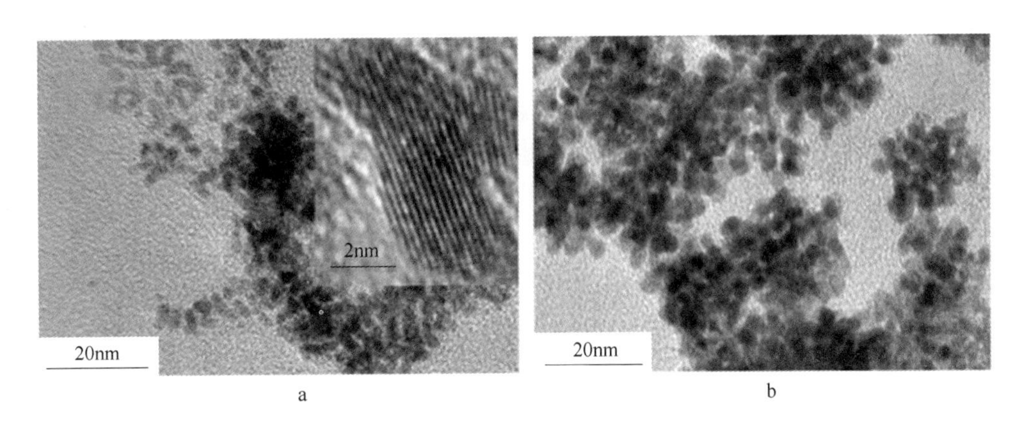

图 10-1 SiW_{12} - Pt NP(a) 和 H_2W_{12} - Pt NPs(b) 的 TEM 图像

（图 a 平均粒子尺寸为 3.8nm，图 b 为 3.2nm（约 250 个粒子统计数获得）；图 a 中的插图是 SiW_{12} - Pt NP 的高分辨率 TEM 图像，其中 Pt（111）晶面是清晰可辨的）

10.2.2 电化学分析和电极制备

EC 分析在 CHI 760D EC 型工作仪上使用标准三电极进行，分别是商用 Ag/AgCl（3.0mol/L）参比电极（Bioanalytical，在单独的隔室中），大表面积的 Pt

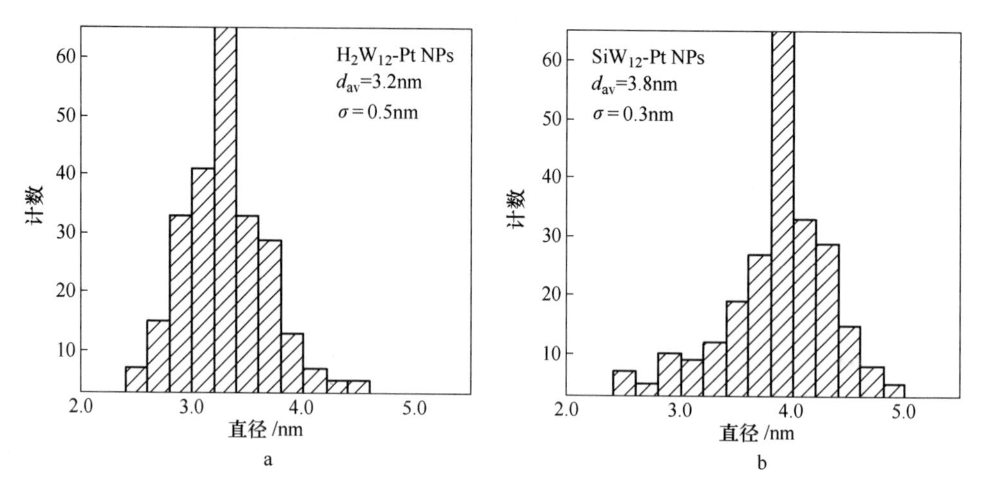

图 10-2　H_2W_{12} - Pt NPs（a）和 SiW_{12} - Pt NPs（b）的粒子尺寸分布

薄膜对照电极和用于ORR的6mm聚四氟乙烯覆盖的、直径3mm的玻璃碳（GC）旋转圆盘工作电极（RDE，Pine Instrument Co.）。后两个电极使用前均用0.3mm的氧化铝/水浆料将其抛光成镜面。电解质介质是用Milli-Q型超纯水仪制备的18.2MΩ · cm的0.1mol/L $HClO_4$。所有记录和表示的电压均是相对于Ag/AgCl（3.0mol/L）参比电极。

为了制备工作电极，将6mL（9mL用于RDE）Pt - POM NP用微量滴管滴加到干净的GC电极上并使其空气晾干。再滴3mL、0.5%的Nafion - 117（Fischer Scientific）溶液（4.5mL用于RDE），也使其空气晾干。在所有的EC实验开始之前，将电位保持在0.2V来清洁Pt NP表面，直到电流衰减到最小值（通常为10min）。对于循环伏安（CV）实验，电解质介质在测量期间用超纯Ar气流进行吹扫保护。对于CO的去除，首先用气态CO鼓吹EC电池5min，然后用超纯Ar气吹扫15min，同时电极电势相对于Ag/AgCl保持在0.0V。对于MOR，首先通过保持0.0V的电位来清洁电极，直到电流值衰减到可忽略为止。然后将适量的甲醇加入保持电位的电池中，使最终的甲醇浓度为0.5mol/L。所有上述EC实验均在Ar气保护下进行，扫描速率为50mV/s。对于ORR测量，电解质介质用氧饱和，扫描速率为5mV/s，RDE以1600r/min的速度旋转。扫描在负极上以1.0V开始，在此期间电解质用 O_2 气流鼓吹。商用Pt黑（尺寸为3～4nm[25]，由Johnson-Matthey提供）用作比较参考。在Ar气流保护下未观察到ORR反应电流。将测量的电流除以POM - Pt NP的电化学活性表面积（EAS）来归一化CV，该活性表面积使用CV氢解吸区域下的电荷测量。在这些计算中，Pt表面上氢的电荷密度为220μC/cm^2。对于ORR，通过相应的扩散限制电流对电流进行归一化，这样能够清楚地比较半波电位 $E_{1/2}$。这些归一化对不同催化剂体系进行有意义的比较是非常重要的，因为它们会产生引起关于催化剂的固有反应性的信息，并且可以避免 Mayrhofer 等人所指出的在使用 GC 电极的几何表面积时出现的问题[26]。

10.3 结果与讨论

10.3.1 POM – Pt NP 的结构表征

图 10-1 显示了 SiW_{12}（a）和 H_2W_{12}（b）稳定的 Pt NPs 的 TEM 图像。前者的平均粒径（250 个左右的计数）为 3.8nm，后者为 3.2nm。需要注意的是，这两个样品的粒径范围与参考 Pt 黑的粒径范围重叠了，Pt 黑的尺寸也在 3 ~ 4nm 之间[25]。因此，ORR 反应物对尺寸的依赖性扩散的可能影响不能成为导致观察到的 ORR 活性差异的影响因素。

当 POM 阴离子作 Pt NPs 的稳定剂时，它是否还保持其原始分子结构是一个基本又重要的实际问题，可以将合成的样品分别加入和不加入固体 $(NH_4)_2SO_4$ 进行盐析并进行 IR、UV – Vis 和 CV 测定来解决该问题。图 10-3a 和 b 分别是由 SiW_{12}和 H_2W_{12}稳定的 Pt NPs 的红外光谱与它们各自自由的 POM 的红外光谱在红外指纹区域（500 ~ 1000/cm）的对比[27]。从图中可以清楚地看到，除了可能由 POM – Pt 之间的相互作用引起的一些微小差异之外（如箭头所示），IR 光谱几乎相同，这表明作为稳定剂的 POM 依然保持其原始分子结构。

对于 UV – Vis 和 EC 测定，首先将 2.0g 固体 $(NH_4)_2SO_4$ 加入 5.2mL（约 3mol/L）的 POM – Pt NP 溶液中，过夜，逐渐沉淀出 Pt NPs 并释放出 Pt 表面结合的 POM 阴离子。在此过程中，最初有色的 NP 溶液变为无色，并且在小瓶的底部出现黑色固体。与 POM – Pt NP 相反，后者不能在水中再分散。然后将这些盐析前和盐析后的溶液通过 UV – Vis（如图 10-3c 和 d 所示）和 EC（如图 10-3e 和 f 所示）分析进行比较。从图 10-3c ~ f 中收集的数据可以清楚地看出，在盐析前的 NP 溶液中仅获得了无特征峰的 UV – Vis 光谱和 CV 谱图，因为在溶液中不存在游离的 POM 阴离子，而在盐析后的溶液中却观察到了与各自游离的 POM 阴离子相同的显著的 UV – Vis 光谱和 EC 氧化还原特征。这些观察结果提供了令人信服的证据，说明结合在 Pt NP 表面的稳定剂 POM 阴离子确实保持了它们分子结构的完整性。然而，对于与 Pt NP 结合的 POM，在 Tong 小组研究中使用的电位范围内未观察到 UV 吸收峰和 EC 氧化还原峰。

采用标准曲线法测定 SiW_{12}和 H_2W_{12}的 UV – Vis，可以更定量地确定出它们在盐溶液中的各自浓度为 1.59mmol/L 和 1.74mmol/L。沉淀的黑色 Pt 固体的相应重量分别为 0.0014g 和 0.0013g。由此计算出，它们各自的 POM：Pt 的比率为 0.22 和 0.26。Tong 等人还对样品进行了元素 XPS 分析，得到 SiW_{12}体系中的

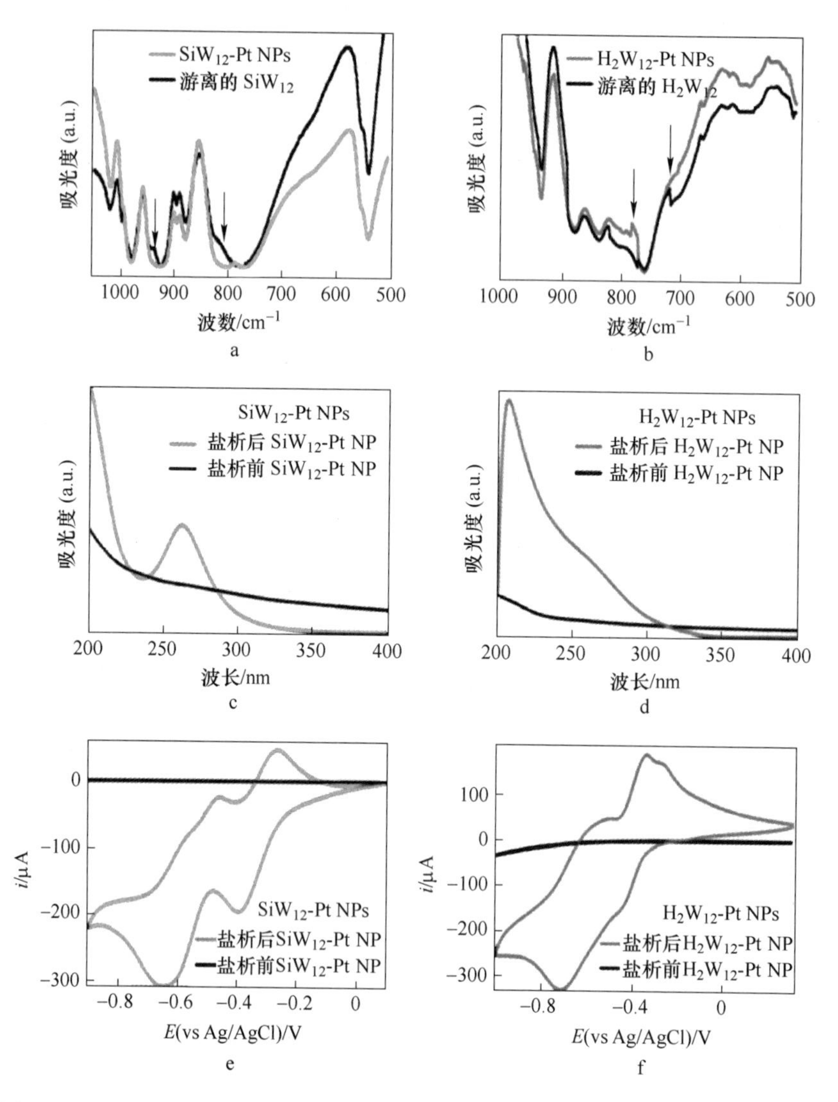

图 10-3　SiW_{12} – Pt NPs（灰色）和游离的 SiW_{12}阴离子（黑色）的 IR 光谱（a）、H_2W_{12} – Pt NPs（灰色）和游离的 H_2W_{12}阴离子（黑色）的 IR 光谱（b）、盐析后（灰色）和盐析前（黑色）的 SiW_{12} – Pt NP 溶液的 UV – Vis 光谱（c）、盐析后（灰色）和盐析前（黑色）的 H_2W_{12} – Pt NP 溶液的 UV – Vis 光谱（d）、盐析后（灰色）和盐析前（黑色）的 H_2W_{12} – Pt NP 溶液的循环伏安（f）

（图 c 中 263nm 处的 UV 峰、图 d 中 233nm 处的 UV 峰以及图 e 和图 f 中的电化学氧化还原电对分别与各自相应的自由 POM 的峰值相同）

POM：Pt 比率为 0.12，H_2W_{12}体系中 POM：Pt 比率为 0.18（如图 10-4 所示，Pt 和 W 的代表性 XPS 光谱）。尽管先前已经强调过了 Cl^-的存在，但 XPS 分析中并没有发现样品中存在 K^+ 离子和 Cl^- 离子的证据[28]。鉴于已经收集到并称出的少量“盐析”的黑色 Pt 固体可能潜在的不确定性，XPS 和 UV - Vis 测定的 POM：Pt 比率之间的一致性实际上非常合理，尤其是数学计算上。由于 SiW_{12} - Pt（3.8nm）和 H_2W_{12} - Pt（3.2nm）NP 的分散度分别为 0.32 和 0.37，因此 POM 的覆盖率（使用 XPS 测定的 POM：Pt 比率计算）前者为 0.38，后者为 0.49。由于 NP 尺寸较小，H_2W_{12} 样品的较高 POM 覆盖率可能与其较高的表面曲率有关。

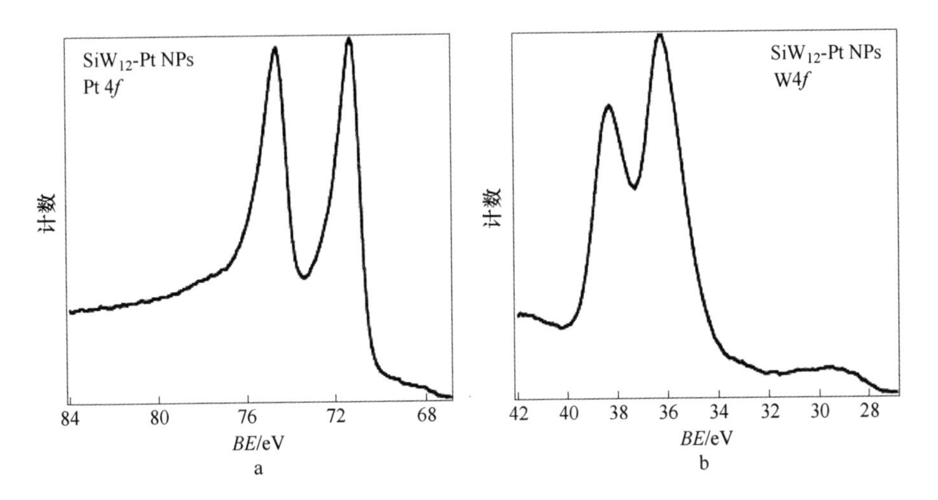

图 10-4 POM - Pt NP 中 Pt（a）和 W（b）的 XPS 光谱

（Pt $4f_{7/2}$ 和 $4f_{5/2}$ 的结合能与金属 Pt（Pt^0）的结合能一致；W $4f_{7/2}$ 和 $4f_{5/2}$ 的结合能与预期的在 Keggin POM 结构中的 W（Ⅵ）的结合能一致）

10.3.2 POM - Pt NP 的电化学表征

图 10-5a 是 SiW_{12} - Pt、H_2W_{12} - Pt 和 Pt 黑 NP 的 CV。与 Pt 黑相比，POM - Pt NP 的 CV 的一个显著特征是其 Pt 表面的氧化和相应的还原电荷均被抑制。由于电流由氢解吸电荷确定的 EAS 面积归一化了，这就意味着 POM - Pt NPs 上的 Pt 表面被氧化的原子的比例低于 Pt 黑表面的，其中 SiW_{12} - Pt NPs 表现出更强的效果。POM - Pt NP 中氧化态的 Pt 表面的还原峰位也是正偏移的，H_2W_{12} - Pt NPs 为 0.51V，SiW_{12} - Pt 为 0.50V，而 Pt 黑为 0.48V。这表明在 POM - Pt NP 上形成的 Pt 氧化物比在 Pt 黑上的更容易被还原，其中 H_2W_{12} - Pt NP 上的氧化物是最容易的。这也可能意味着 POM - Pt NP 表面上的键合较弱。在图 10-5b 中呈现的 CO 剥离的 CV 中也能观察到明显的差异。H_2W_{12} - Pt NPs 不仅具有最负的峰位值（0.54V），而且也具有最窄的峰宽（70mV）。该结果与 Pt 黑的（0.56V，120mV）以及 SiW_{12} - Pt NP 的（0.60V，150mV）相比，表明 H_2W_{12} - Pt NPs 上吸附的 CO 更容易被去除，氧化反应/CO 扩散最快。这些不同的 CV 特征反映出

了预料到的在催化性能中会表现出的不同表面条件，例如在 MOR 和 ORR 中，这确实被观察到。

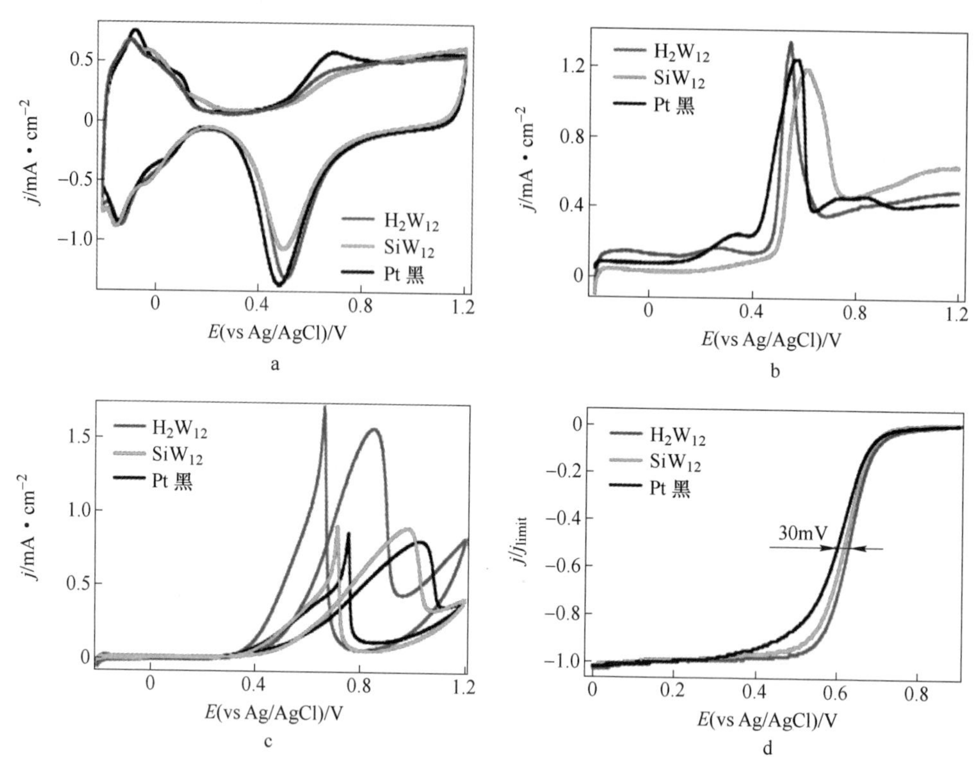

图 10-5 H_2W_{12} - Pt、SiW_{12} - Pt 和 Pt 黑 NPs 的正常的循环伏安（a）、CO 剥离的循环伏安（为简单起见，仅显示了第一次阳极扫描）(b)、MOR 循环伏安(c)以及 RDE ORR 阳极扫描(d)

（图 a ~ c 中的循环伏安的扫描速率为 50mV/s，图 d 中的 ORR 阳极扫描，扫描速率为 5mV/s）

MOR（CV）和 ORR（阳极扫描从 0 ~ 1.0V）的测量结果分别显示在图 10-5c 和 d 中。对于 MOR（如图 10-5c 所示），H_2W_{12} - Pt NPs 表现出最高活性，阳极峰值电流和峰值电位分别为 1.57mA/cm 和 0.84V。而 SiW_{12} - Pt NPs 和 Pt 黑的相应值分别为 0.90mA/cm、0.98V 和 0.81mA/cm^2、0.801V。也就是说，H_2W_{12} - Pt NPs 的 MOR 峰值电流是 Pt 黑的两倍。对于 ORR（如图 10-5d 所示），与 Pt 黑相比，H_2W_{12} - Pt NPs 也表现出最佳活性，半波电位 $E_{1/2}$ 显示出 30mV 的正偏移，而 SiW_{12} - Pt 的半波电位为 17mV。这与先前在含混合价 Mo 的 POM 稳定的 Pt NPs 上观察到的 MOR 活性类似[21]。

在 H_2W_{12} - Pt NPs 表面上观察到的活性增强可能与通常弱化的反应物 - 金属表面结合有关，正如其最大正表面氧化物还原电位和最低 CO 氧化峰值所暗示（参见上文）。虽然抑制/延迟的 Pt 氧化也可能在 Markovic 及其同事[2]提出观察到的 ORR 增强中发挥了作用，但它不会是主导作用。否则，SiW_{12} - Pt NPs 将显示出更强的增强，因为它们具有更强的 Pt 氧化抑制/延迟。另一方面，尽管 SiW_{12} - Pt NP 具有更正的 CO 剥离峰位，但它仍显示出了比 Pt 黑稍高的 MOR 活性。这表明观察到的活性增强的机制很有可能有多个来源。

10.4 小结

本章介绍了 Tong 研究组合成的由 SiW_{12} 和 H_2W_{12} 做稳定剂的 Pt NP 的合成方法。该方法合成的 POM - Pt NP 尺寸约为 3 ~ 4nm，空气中稳定，其表面上的稳定剂 POM 阴离子被充分地证明其分子结构是完整的。与商用 Pt 黑相比，POM 稳定的 Pt NPs 显示出更高的 ORR 和 MOR 活性，其中 H_2W_{12} - Pt NP 的性能更好。事实上，POM 稳定的 Pt NPs 的电催化性能取决于 POM 的类型这一事实指出了一种非常有前途的路线，即可以用不同类型的 POM 调节 NPs 的化学功能，包括众所周知的电子介导能力，（表面结合的）POM 可通过改变杂原子、取代过渡元素或修饰一级结构等方式来调节这些功能。此外，POM[24,29] 通过廉价、丰富的元素轻松合成。因此，POM - Pt NP 体系可以开辟许多有趣的可能性，例如，显著增加 Pt 基电催化剂的催化活性，同时降低其成本。

本章所有图片均出自文献［11］。

参 考 文 献

［1］ Stamenkovic V, Mun B S, Mayrhofer K J, et al. Cover Picture: Changing the Activity of Electrocatalysts for Oxygen Reduction by Tuning the Surface Electronic Structure (Angew. Chem. Int. Ed. 18/2006)［J］. Angewandte Chemie, 2010, 45 (18): 2815.

［2］ Stamenkovic V R, Fowler B, Mun B S, et al. Improved Oxygen Reduction Activity on Pt_3Ni (111) via Increased Surface Site Availability［J］. Science, 2007, 315: 493 ~ 497.

［3］ Zhang J, Vukmirovic M B, Xu Y, et al. Controlling the Catalytic Activity of Platinum-Monolayer Electrocatalysts for Oxygen Reduction with Different Substrates［J］. Angew. Chem. Int. Ed., 2005, 44: 2132 ~ 2135.

［4］ Pope M T. Heteropoly and Isopoly Oxometalates［M］. New York: Springer-Verlag, 1983.

［5］ Katsoulis D E. A Survey of Applications of Polyoxometalates［J］. Chemical Reviews, 1998, 98 (1): 359 ~ 388.

［6］ Anderson T M, Neiwert W A, Kirk M T, et al. A Late-Transition Metal Oxo Complex: $K_7Na_9[O=Pt^{IV}(H_2O)L_2], L=[PW_9O_{34}]^{9-}$［J］. Science, 2004, 306: 2074 ~ 2077.

［7］ Geletii Y V, Hill C L, Atalla R H, et al. Reduction of O_2 to Superoxide Anion (O^{2-}) in Water by Heteropolytungstate Cluster-Anions［J］. Journal of the American Chemical Society, 2006, 128 (51): 17033 ~ 17042.

[8] Kim W B, Voitl T, Rodriguez-Rivera G J, et al. Powering fuel cells with CO via aqueous polyoxometalates and gold catalysts [J]. Science, 2004, 305 (5688): 1280 ~ 1283.

[9] Wlodarczyk R, Chojak M, Miecznikowski K, et al. Electroreduction of oxygen at polyoxometallate-modified glassy carbon-supported Pt nanoparticles [J]. Journal of Power Sources, 2006, 159 (2): 802 ~ 809.

[10] Sankarraj A V, Ramakrishnan S, Shannon C. Improved oxygen reduction cathodes using polyoxometalate cocatalysts [J]. Langmuir the Acs Journal of Surfaces & Colloids, 2008, 24 (3): 632 ~ 634.

[11] Hsu-Yao T, Browne K P, Honesty N, et al. Polyoxometalate-stabilized Pt nanoparticles and their electrocatalytic activities [J]. Physical Chemistry Chemical Physics, 2011, 13 (16): 7433.

[12] Lin Y, Finke R G. Novel Polyoxoanion—and Bu_4N^+ – Stabilized, Isolable, and Redissolvable, 20 – 30 – ANG. Ir300 – 900 Nanoclusters: The Kinetically Controlled Synthesis, Characterization, and Mechanism of Formation of Organic Solvent-Soluble, Reproducible Size, and Reproducible Ca [J]. Journal of the American Chemical Society, 1994, 116 (18): 8335 ~ 8353.

[13] Aiken J D I. Polyoxoanion—and tetrabutylammonium-stabilized Rh (0) nanoclusters: Synthesis, characterization, and catalysis [J]. Chemistry of Materials, 1999, 11 (4): 1035 ~ 1047.

[14] Dolbecq A, Compain J D, Mialane P, et al. Hexa – and dodecanuclear polyoxomolybdate cyclic compounds: application toward the facile synthesis of nanoparticles and film electrodeposition [J]. Chemistry – A European Journal, 2010, 15 (3): 733 ~ 741.

[15] Gordeev A V, Ershov B G, Radiation-chemical reduction of the polyanions $PW_{12}O_{40}^{3-}$ and $PW_{11}O_{39}^{7-}$ in aqueous solutions: The stability of heteropoly blue and its reaction with silver ions [J]. High Energy Chem., 1999, 33: 218 ~ 223.

[16] Troupis A, Hiskia A, Papaconstantinou E. Synthesis of Metal Nanoparticles by Using Polyoxometalates As Photocatalysts and Stabilizers [J]. Angew. Chem. Int. Ed., 2002, 41: 1911 ~ 1914.

[17] Saikat M, Pr S, Renu P, et al. Keggin ions as UV-switchable reducing agents in the synthesis of Au core-Ag shell nanoparticles [J]. Journal of the American Chemical Society, 2003, 125 (28): 8440 ~ 8441.

[18] Maksimova G M, Chuvilin A L, Moroz E M, et al. Preparation of colloidal solutions of noble metals stabilized by polyoxometalates and supported catalysts based on these solutions [J]. Kinetics & Catalysis, 2004, 45 (6): 870 ~ 878.

[19] Mandal S, Das A, Srivastava R, et al. Keggin Ion Mediated Synthesis of Hydrophobized Pd Nanoparticles for Multifunctional Catalysis [J]. Langmuir, 2005, 21 (6): 2408 ~ 2413.

[20] Keita B, Mbomekalle I M, Nadjo L, et al. Tuning the formal potentials of new V-substituted Dawson-type polyoxometalates for facile synthesis of metal nanoparticles [J]. Electrochemistry Communications, 2004, 6 (10): 978 ~ 983.

[21] Keita B, Zhang G J, Dolbecq A, et al. Mo^{V} – Mo^{VI} Mixed Valence Polyoxometalates for Facile Synthesis of Stabilized Metal Nanoparticles: Electrocatalytic Oxidation of Alcohols [J]. Journal

of Physical Chemistry C, 2007, 111 (23): 8145 ~ 8148.

[22] Sun G, Li Q, Xu R, et al. Controllable fabrication of platinum nanospheres with a polyoxometalate-assisted process [J]. Journal of Solid State Chemistry, 2010, 183 (11): 2609 ~ 2615.

[23] Keita B, Liu T, Nadjo L. Synthesis of remarkably stabilized metal nanostructures using polyoxometalates [J]. Journal of Materials Chemistry, 2008, 19 (1): 19 ~ 33.

[24] Sadakane M, Steckhan E. ChemInform Abstract: Electrochemical Properties of Polyoxometalates as Electrocatalysts [J]. Chemical Reviews, 1998, 98 (1): 219 ~ 238.

[25] Susut C, Chapman G B, Samjeske G, et al. An unexpected enhancement in methanol electro-oxidation on an ensemble of Pt (111) nanofacets: a case of nanoscale single crystal ensemble electrocatalysis [J]. Physical Chemistry Chemical Physics Pccp, 2008, 10 (25): 3712 ~ 3721.

[26] Mayrhofer K J J, Strmcnik D, Blizanac B B, et al. Measurement of oxygen reduction activities via the rotating disc electrode method: From Pt model surfaces to carbon-supported high surface area catalysts [J]. Electrochimica Acta, 2008, 53 (7): 3181 ~ 3188.

[27] Lica G C, Browne K P, Tong Y Y. Interactions between Keggin-Type Lacunary Polyoxometalates and Ag Nanoparticles: A Surface-Enhanced Raman Scattering Spectroscopic Investigation [J]. Journal of Cluster Science, 2006, 17 (2): 349 ~ 359.

[28] Ott L S, Finke R G. Transition-metal nanocluster stabilization for catalysis: A critical review of ranking methods and putative stabilizers [J]. Coordination Chemistry Reviews, 2007, 251 (9 ~ 10): 1075 ~ 1100.

[29] Mizuno N, Misono M. Heterogeneous Catalysis [J]. Chemical Reviews, 2010, 15 (7): 199 ~ 218.